U0546305

積分導論
Introduction to Integration

程守慶 著

目錄

推薦序（一）：張介玉教授 v

推薦序（二）：沈俊嚴教授 ix

自序 xi

第 1 章 歐氏空間 1
§1.1 歐氏空間 $\mathbb{R}^n$ 1
§1.2 點集拓樸 3
§1.3 極限與連續 8
§1.4 參考文獻 15

第 2 章 黎曼積分 17
§2.1 前言 17
§2.2 黎曼積分 19
§2.3 勒貝格定理 28
§2.4 重積分 35
§2.5 後語 42
§2.6 參考文獻 43

第 3 章 有限變量函數 45
§3.1 前言 45
§3.2 有限變量函數 45
§3.3 可求長曲線 59

i

§3.4 參考文獻 64

第 4 章　黎曼-斯蒂爾吉斯積分　　67
§4.1 前言 67
§4.2 黎曼-斯蒂爾吉斯積分 68
§4.3 黎曼-斯蒂爾吉斯積分之存在性 76
§4.4 再訪黎曼-斯蒂爾吉斯積分 90
§4.5 參考文獻 98

第 5 章　測度論　　99
§5.1 前言 99
§5.2 外測度 101
§5.3 可測集合 107
§5.4 不可測集合 121
§5.5 參考文獻 127

第 6 章　勒貝格可測函數　　129
§6.1 可測函數 129
§6.2 可測函數的性質 141
§6.3 測度收斂 147
§6.4 參考文獻 152

第 7 章　勒貝格積分　　155
§7.1 非負函數之積分 155
§7.2 可測函數之積分 168
§7.3 勒貝格積分與黎曼-斯蒂爾吉斯積分的連結 177
§7.4 再訪勒貝格積分 187
§7.5 參考文獻 192

第 8 章　富比尼定理　　195

- §8.1 富比尼定理 195
- §8.2 富比尼定理之應用 205
- §8.3 參考文獻 212

第 9 章　L^p 空間　213

- §9.1 L^p 空間 213
- §9.2 巴拿赫空間 217
- §9.3 對偶空間 231
- §9.4 逼近函數 244
- §9.5 參考文獻 256

推薦序（一）

張介玉
國立清華大學數學系講座教授

程守慶教授在國立清華大學數學系任教三十載，為人正直、治學嚴謹，深受師生敬重。程教授專精於分析，在研究與教學的展現皆是一流水準：學術上，曾於國際頂級數學期刊 *Inventiones Mathematicae* 發表論文；教學方面，講課節奏沉穩，不疾不徐，內容直指核心，長年廣受學生推崇，並三度榮獲清華大學傑出教學獎，堪稱實至名歸。

這本《積分導論》融合微積分、高等微積分、實變數函數論等重要的積分理論，充分展現程教授多年的教學精華。書中自實係數歐氏空間出發，介紹基本點集拓樸、連續與微分的概念。第二章探討閉區間上的函數，介紹黎曼和這一微積分的基石。程教授首先在實數上引入測度概念，並藉由著名的 Lebesgue 定理，說明一個有界函數在閉區間上黎曼可積分的充分且必要條件。第三、四章主要介紹如何推廣黎曼積分到 Riemann-Stieltjes 積分，從基本的 Riemann-Stieltjes 和開始，重點內容介紹其存在性的必要條件、Riemann-Stieltjes 積分上的平均值定理、積分第一、第二基本定理，幫助讀者建立微積分中的對應觀念。這兩章涵蓋了高等微積分

中多數重要理論，敘述層次分明、簡潔有力，讓讀者在循序漸進的引導下掌握整體脈絡。

此書第五至九章聚焦於 Lebesgue 積分，其內容已涵蓋 Wheeden-Zygmund 經典實變函數論著作 Measure and Integral: An Introduction to Real Analysis 的精髓。有了前半段的鋪陳，程教授仔細介紹 Lebesgue 測度、可測函數、可積分性，並詳盡解說與推演幾個知名定理如：測度收斂定理、單調收斂定理、Fatou 引理、Lebesgue 控制收斂定理、Fubini 定理以及 Fubini 定理在 Convolution 上的應用。其講解過程嚴謹而不繁瑣，節奏俐落不拖泥帶水。除此之外，程教授花了些篇幅解釋 Lebesgue 積分和 Riemann-Stieltjes 積分的連結，對讀者統整整體架構極具幫助。最後一章介紹 L^p 空間、著名的 Hölder 與 Minkowski 不等式、Radon-Nikodym 定理等。最後程教授適當的引進 Poisson Kernel 和 Poisson 積分，解釋如何解決 Dirichlet 的連續延拓問題作為本書漂亮的結尾。

全書架構周延、循序漸進、章章精彩。書中文字不僅展現程教授深厚的數學功底，更蘊含其教學現場的節奏與神韻，讀來如沐春風。此外，個人欣賞本書以下幾項特色：

- 重視理論發展的歷史脈絡，例如從黎曼積分推演至 Riemann-Stieltjes 積分、Lebesgue 積分。

- 精選具代表性的例子，如例題 2.2.9 中以 Dirichlet 函數解釋黎曼積分理論再推廣的必要性。

- 善於由淺入深引導讀者，如以雙重積分指引 Fubini 定理的核心精神（2.4.2）。

- 定理論證簡明扼要，直指重點。

- 習題整理完善。

推薦序（一）：張介玉教授

　　本書內容豐富紮實，文筆流暢，充分展現作者的教學特色，堪稱高等數學的經典中文教材，個人極力推薦給高年級大學生與研究生研讀，對強化與深根分析基礎有莫大助益。近年來，程教授陸續撰寫數本中文數學書：《初等數學》、《數學：讀、想》、《數學導論》、《數學：我思故我在》等，涵蓋從小學到研究所各個階段，內容兼具深度與可讀性。經典書籍是文化傳承的橋樑，程教授以如此廣泛且系統的方式推動中文數學書，堪稱臺灣數學界的開創性典範，這些珍貴的知識資產必將使程教授的名字於臺灣數學教育史上留下深刻印記。

推薦序（二）

沈俊嚴
國立臺灣大學數學系教授

《積分導論》是一本全面性在介紹積分理論的數學書籍，對於有意深入理解積分概念和數學分析的讀者來說，無疑是一本不可多得的參考書。這本書涵蓋了幾個關鍵的主題，包括黎曼積分、測度論、Lebesgue 積分以及 L^p 函數空間等，這本書不僅提供學生可以當作自學的材料，也可以讓老師當作教學的用書。首先，黎曼積分作為傳統積分理論中的基礎，對於初學者來說，可謂是一個重要的起點。本書詳細且系統性的介紹黎曼積分，從最基本的黎曼和定義到黎曼積分存在的條件，逐步深入。作者並沒有停留在表面，而是通過清晰的步驟引導讀者理解黎曼積分如何被刻畫，並探討了其限制性和局限性，這為後續的 Lebesgue 積分鋪了準備的道路。

接著，本書另一亮點是 Lebesgue 積分的詳述。Lebesgue 積分作為現代積分理論的核心，它突破了黎曼積分的限制，特別是在處理更為複雜的函數和測度空間。這部分內容在本書中得到了深入剖析，作者從測度論的基本概念出發，逐步構建起 Lebesgue 積分的理論基礎，並進一步探討其在數學分析中的重要性。讀者不僅能夠學到 Lebesgue 積分的理論，還能理解其在現代數學中的應用，尤

其是在機率論和實分析中的深遠影響。

此外，L^p 函數空間的介紹也是另一特色，L^p 空間不僅在數學分析中佔有重要地位，也是許多應用數學領域中的常見函數空間。本書對於 L^p 空間的定義、基本性質、以及如何利用這些空間來進行函數的分析，提供了深入且具體的講解。尤其是在討論 L^p 空間的許多重要性質時，作者運用了許多直觀的例子來幫助讀者理解抽象的數學概念，使得本書非常適合對數學分析有興趣的讀者深入學習。

簡單來說，《積分導論》不僅是一本內容深刻的書籍，也是一本邏輯嚴謹、結構清晰的教材。每一部分內容的安排都恰到好處，從基礎到高階的理論逐步推進，讓讀者在理解積分理論的深度和廣度上都能有所收穫。不僅能夠幫助學生深入掌握積分理論的核心思想，更將其應用於更為廣泛的數學領域中。此外，作者將抽象的數學理論用清晰、簡潔的語言表達出來，對每個概念的介紹都具有邏輯性，可讓讀者充分理解和吸收。即便對於那些對積分理論已有一定瞭解的讀者，這本書也提供了更加深刻的數學視野；對於初學者而言，它更是提供了足夠的理論和實例，有助於逐步建立起對積分理論的直觀理解。

綜上所述，《積分導論》是一本兼具深度與廣度的數學書籍。無論是作為學術研究的基礎教材，還是作為數學愛好者的學習工具，它都無疑能夠激發讀者對積分理論的濃厚興趣，並幫助他們在數學的廣闊世界中邁出扎實的一步。

自序

這本書是繼《數學：讀、想》、《數學：我思故我在》與《數學導論》之後，重新整理撰寫的一本書。主要是介紹數學上的積分理論。積分是微積分裡一個重要的議題，它能幫助我們處理與計算面積、體積等問題。為了讓更多的人能夠瞭解積分的理論，以及提供一本合適的讀本與教科書，才有了撰寫本書的動機。

本書的編寫共分九章，包含了歐氏空間、黎曼積分、有限變量函數、黎曼-斯蒂爾吉斯積分、測度論、勒貝格可測函數、勒貝格積分、富比尼定理，以及 L^p 空間。黎曼-斯蒂爾吉斯積分把積分因子從自變數 x 推廣到一般的函數 $\alpha(x)$。勒貝格積分則是一套新的理論把可積分的函數空間變大，達到我們實際討論與研究上的需求。這本書適合大學生與研究生來閱讀。也可以作為實變函數論課程的教材。因此，在每一章也刻意收集了一些相關的問題以供學生們複習與練習用，達到相輔相成的效果。我們同時也希望它能有助於培養一般高中生與大學生對積分理論的數學素養。

在此，我也要感謝華藝學術出版部長久以來對數學的鼎力支持，讓本書得以出版問世。同時我也要對國立清華大學數學系張介玉教授與國立臺灣大學數學系沈俊嚴教授在百忙之中願意抽空為本書撰寫推薦序，表達由衷地謝意。

最後，我也要感謝家人在本書編寫的這段期間所給予之支持與鼓勵。

程守慶

2025 年 1 月于新竹

第 1 章
歐氏空間

§1.1 歐氏空間 $\mathbb{R}^n$

當 n 為一正整數時，我們稱一個由 n 個實數所組成的有序 n-元組 (ordered n-tuple) $(x_1, x_2, \cdots, x_n)$ 為一個有 n 個分量 (component) 的 n-維點或向量 (vector)。一般我們會把 n-維點記為 $x = (x_1, x_2, \cdots, x_n)$，把 x_k 稱作點 x 的第 k 個座標或分量。同時把所有 n-維點所形成的集合稱作 n-維歐氏空間，並記成 $\mathbb{R}^n$。接著，我們定義 $\mathbb{R}^n$ 上一些基本的代數運算。

定義 1.1.1. 假設 $x = (x_1, x_2, \cdots, x_n)$ 與 $y = (y_1, y_2, \cdots, y_n)$ 為 $\mathbb{R}^n$ 上的二個點。定義

(i) 相等 (equality) $x = y$ 若且唯若 $x_1 = y_1$，$x_2 = y_2$，$\cdots$，$x_n = y_n$。
(ii) 相加 (sum) $x + y = (x_1 + y_1, x_2 + y_2, \cdots, x_n + y_n)$。
(iii) 實數乘積 (multiplication by real numbers (scalars)) $cx = (cx_1, cx_2, \cdots, cx_n)$，$c$ 為任意一實數。

(iv) 差 (difference) $x - y = x + (-1)y$。
(v) 零或零向量 (zero or zero vector) $0 = (0, 0, \cdots, 0)$。
(vi) 內積 (inner product or dot product) $x \cdot y = \sum_{k=1}^{n} x_k y_k$。
(vii) 範數 (norm) 或長度 (length) $|x| = (x \cdot x)^{1/2} = (\sum_{k=1}^{n} x_k^2)^{1/2}$。

利用範數的觀念，我們定義二點 x 與 y 之間的距離為 $|x - y|$。底下是 $\mathbb{R}^n$ 上這些代數運算的基本性質。

定理 1.1.2. 假設 x 與 y 為 $\mathbb{R}^n$ 上的二個點。則我們有：

(i) $|x| \geq 0$，且 $|x| = 0$ 若且唯若 $x = 0$。
(ii) $|cx| = |c||x|$ 對於每一個實數 c 都成立。
(iii) $|x - y| = |y - x|$。
(iv) 柯西-施瓦茨不等式 (Cauchy-Schwarz inequality)：$|x \cdot y| \leq |x||y|$。
(v) 三角不等式 (triangle inequality)：$|x + y| \leq |x| + |y|$。

柯西 (Augustin-Louis Cauchy，1789–1857) 為一位法國數學家。施瓦茨 (Karl Hermann Amandus Schwarz，1843–1921) 為一位德國數學家。

現在，如果我們對 $\mathbb{R}^n$ 上任意二點 x 與 y 定義 $d(x, y) = |x - y|$，則函數 d 滿足下列之條件：

(i) $d(x, x) = 0$。
(ii) $d(x, y) > 0$，如果 $x \neq y$。
(iii) $d(x, y) = d(y, x)$。
(iv) $d(x, y) \leq d(x, z) + d(z, y)$，任意 $z \in \mathbb{R}^n$。

因此，我們說 $(\mathbb{R}^n, d)$ 形成一個 (標準的) 度量空間 (metric space)。一般而言，如果 X 是一個集合，$d: X \times X \to \mathbb{R}$ 是一個非負函數滿

足上述 (i)-(iv) 之條件，則 (X,d) 便會形成一個度量空間。函數 d 即為 X 上的一個度量 (metric)。$d(x,y)$ 則視為點 x 與點 y 之間的距離。條件 (iv) 即為三角不等式。在本書裡 $(\mathbb{R}^n, d)$ 將是我們討論之主要對象。

所以在這一節裡，最後我們定義 $\mathbb{R}^n$ 上子集合間的一些名詞。如果 A，B 為 $\mathbb{R}^n$ 上之二集合，定義 $A - B = \{x \in A \mid x \notin B\}$，稱之為 A 與 B 的差 (difference of A and B) 或 B 在 A 裡的相對補集 (relative complement of B in A)。我們稱 $A^c = \mathbb{R}^n - A$ 為 A 在 $\mathbb{R}^n$ 上的補集 (complement of A)。我們說一序列之子集合 $\{E_k\}_{k=1}^{\infty}$ 上升至 E，以符號 $E_k \nearrow E$ 記之，如果 $E_k \subseteq E_{k+1}$ $(k \in \mathbb{N})$ 且 $E = \bigcup_{k=1}^{\infty} E_k$。我們說一序列之子集合 $\{E_k\}_{k=1}^{\infty}$ 下降至 E，以符號 $E_k \searrow E$ 記之，如果 $E_{k+1} \subseteq E_k$ $(k \in \mathbb{N})$ 且 $E = \bigcap_{k=1}^{\infty} E_k$。如果 $\{E_k\}_{k=1}^{\infty}$ 是一序列之子集合，定義

$$\operatorname{limsup} E_k = \bigcap_{j=1}^{\infty} \bigcup_{k=j}^{\infty} E_k \quad \text{與} \quad \operatorname{liminf} E_k = \bigcup_{j=1}^{\infty} \bigcap_{k=j}^{\infty} E_k \text{。}$$

很明顯地，若令 $U_j = \bigcup_{k=j}^{\infty} E_k$ 與 $V_j = \bigcap_{k=j}^{\infty} E_k$，則 $U_j \searrow \operatorname{limsup} E_k$ 與 $V_j \nearrow \operatorname{liminf} E_k$。不難看出，我們有

$$\operatorname{liminf} E_k \subseteq \operatorname{limsup} E_k \text{。}$$

§1.2 點集拓樸

在這一節裡，我們將介紹 $\mathbb{R}^n$ 上的點集拓樸 (point set topology)。首先，就是開集 (open set) 的引進。我們定義以點 a 為球心 (center)，$r > 0$ 為半徑 (radius) 的開球 (open ball) $B(a;r)$ 如下：

$$B(a;r) = \{x \in \mathbb{R}^n \mid |x - a| < r\} \text{。}$$

定義 1.2.1. 假設 E 為 $\mathbb{R}^n$ 的一個子集合，$a \in E$。我們說 a 為 E 的一個內點 (interior point) 如果存在一個正數 r 使得 $B(a;r) \subseteq E$。集合 E 上所有的內點所形成的集合我們將之稱為 E 的內部 (interior)，記為 int E 或 E^o。因此，int $E \subseteq E$。我們說 E 為 $\mathbb{R}^n$ 上的一個開集，如果 E 的每一個點都是內點，亦即，int $E = E$。我們說 E 為 $\mathbb{R}^n$ 上的一個閉集 (closed set) 如果 $\mathbb{R}^n - E$ 是一個開集。

接著，我們列舉幾個典型的例子。

例 1.2.2. 空集合 (empty set) $\emptyset$ 與 $\mathbb{R}^n$ 都是 $\mathbb{R}^n$ 上的開集，也是 $\mathbb{R}^n$ 上的閉集。

例 1.2.3. 在 $\mathbb{R}$ 上，$(a,b) = \{x \in \mathbb{R} \mid a < x < b\}$ 是一個開集，稱作開區間 (open interval)；$[a,b] = \{x \in \mathbb{R} \mid a \leq x \leq b\}$ 是一個閉集，稱作閉區間 (closed interval)；區間 $(a,b] = \{x \in \mathbb{R} \mid a < x \leq b\}$ 既不是開的，也不是閉的。當 $n=1$ 時，我們也會以符號 $I(a;r) = (a-r, a+r)$ 來表示開球 $B(a;r)$。

例 1.2.4. 在 $\mathbb{R}^n$ 上，開球 $B(a;r)$ 是一個開集。閉球 (closed ball) $\overline{B}(a;r) = \{x \in \mathbb{R}^n \mid |x-a| \leq r\}$ 則是一個閉集。

例 1.2.5. $\mathbb{R}$ 是 $\mathbb{R}$ 上的開集。但是，$\mathbb{R}$ 在 $\mathbb{R}^2$ 上是一個閉集，而非開集。

定義 1.2.6. 假設 E 為 $\mathbb{R}^n$ 的一個子集合。我們說點 $p \in \mathbb{R}^n$ 為 E 的一個附著點 (adherent point)，如果對於任意 $r > 0$，$B(p;r) \cap E \neq \emptyset$ 恆成立。我們把 E 所有的附著點所形成的集合稱作 E 的閉包

(closure)，記為 $\overline{E}$。很明顯地，我們有

$$E \subseteq \overline{E}。$$

我們說點 $p \in \mathbb{R}^n$ 為 E 的一個聚集點 (accumulation point)，如果對於任意 $r > 0$，$B(p;r) \cap (E - \{p\}) \neq \emptyset$ 恆成立。

由定義 1.2.6可以看出 E 的聚集點就是 E 的附著點。反之，則不一定成立。底下是一些關於開集與閉集的基本性質。

定理 1.2.7. 假設 E 為 $\mathbb{R}^n$ 的一個子集合，則
  (i) $\overline{E}$ 為 $\mathbb{R}^n$ 上的一個閉集。
  (ii) E 為 $\mathbb{R}^n$ 上的一個閉集若且唯若 $E = \overline{E}$。

定理 1.2.8. $\mathbb{R}^n$ 上任意個開集的聯集 (union) 是一個開集。

定理 1.2.9. $\mathbb{R}^n$ 上有限多個開集的交集 (intersection) 是一個開集。

利用集合論 (set theory) 中的補集運算 (complement operation)，我們也可以馬上得到下面關於閉集的定理。

定理 1.2.10. $\mathbb{R}^n$ 上任意個閉集的交集是一個閉集。

定理 1.2.11. $\mathbb{R}^n$ 上有限多個閉集的聯集是一個閉集。

如果每一個以點 x 為球心的開球 $B(x;r)$ 都會包含至少 E 的一個點與至少 $\mathbb{R}^n - E$ 的一個點，我們便稱 x 是 E 的邊界點 (boundary point)。所有 E 的邊界點所形成的集合則稱為 E 的邊界 (boundary)，記為 ∂E。不難看出 $\partial E = \overline{E} \cap \overline{\mathbb{R}^n - E}$。所以，集合 E 的邊界 ∂E 是一個閉集。關於這些定理的證明，讀者可以嘗試自行驗證，或參考文獻 [1][2][3][4]。

接著，我們引進實數系 $\mathbb{R}$ 上所謂的完備公設 (axiom of completeness)，以方便後續討論其他的問題。

實數系的完備公設. 假設 E 是 $\mathbb{R}$ 上一個有上界的子集合，亦即，存在一個 $M \in \mathbb{R}$ 使得 $x \leq M$，對於 E 上的每個點 x 都成立。則存在一個 E 的最小上界 (least upper bound or supremum)，記為 $\sup E$。

利用實數系的完備公設，對於 $\mathbb{R}$ 上一個有下界的子集合 E，亦即，存在一個 $m \in \mathbb{R}$ 使得 $m \leq x$，對於 E 上的每個點 x 都成立，我們也可以證得 E 有一個最大的下界 (greatest lower bound or infimum)，記為 $\inf E$。

注意到 $\mathbb{R}$ 上一個有上界的子集合 E 它的最小上界並不一定屬於 E。比如說，$\sup [0,1] = 1 \in [0,1]$，但是 $\sup [0,1) = 1 \notin [0,1)$。我們說 $\mathbb{R}$ 上的一個子集合 E 是有界的 (bounded)，如果存在 $m, M \in \mathbb{R}$ 使得 $m \leq x \leq M$，對於 E 上的每個點 x 都成立。

另外，在此我們定義數學上一個很重要的概念，亦即，緊緻性 (compactness)，它有助於我們對函數在全域的瞭解。假設 E 是 $\mathbb{R}^n$ 上的一個子集合，$\mathcal{F} = \{U_\alpha\}_{\alpha \in \Lambda}$ 是 $\mathbb{R}^n$ 上的一個開集族 (family of open sets)。如果 $E \subseteq \bigcup_{\alpha \in \Lambda} U_\alpha$，我們便說 $\mathcal{F}$ 是 E 的一個開覆蓋 (open cover)。底下我們給出緊緻性的定義。

定義 1.2.12. 假設 E 是 $\mathbb{R}^n$ 上的一個子集合。如果在 $\mathbb{R}^n$ 上 E 的每一個開覆蓋 $\mathcal{F}$ 裡都存在一個 E 的有限子覆蓋 (finite subcover)，我們

便說集合 E 是緊緻的 (compact)。

比如說，在標準的歐氏度量空間 $\mathbb{R}$ 上，開區間 $(0,1) = \bigcup_{n=2}^{\infty}(0, 1-\frac{1}{n})$。但是有限個這種開區間 $(0, 1-\frac{1}{n})$ ($n \geq 2$) 的聯集是無法等於 $(0,1)$ 的。所以開區間 $(0,1)$ 在 $\mathbb{R}$ 上不是一個緊緻的子集合。同樣地 $\mathbb{R} = \bigcup_{n=1}^{\infty}(-n, n)$。但是 $\mathbb{R}$ 也是無法用有限個這種開區間 $(-n, n)$ ($n \geq 1$) 的聯集來得到。因此 $\mathbb{R}$ 也不是一個緊緻的子集合。主要是因為開區間 $(0,1)$ 在 $\mathbb{R}$ 上是有界的，但不是一個閉的子集合，而 $\mathbb{R}$ 是一個閉的子集合，但不是一個有界的子集合。底下的定理告訴我們，在 $\mathbb{R}^n$ 上一個子集合的緊緻性其實是等價於這個集合必須是有界且閉的。

定理 1.2.13 (海涅-博雷爾定理). 若 E 是 $\mathbb{R}^n$ 上的一個子集合，在標準的歐氏度量之下，則下面的敘述是彼此互相等價的：

(i) E 是緊緻的。
(ii) E 是有界且閉的。

海涅 (Eduard Heine，1821–1881) 是一位德國的數學家。博雷爾 (Émile Borel，1871–1956) 是一位法國的數學家與政治家。

關於定理 1.2.13 (海涅-博雷爾定理) 的證明，讀者可以參考文獻 [1][2][3][4]。

§1.3 極限與連續

在本節裡，我們將很快地回顧歐氏空間 $\mathbb{R}^n$ 上點列 (point sequence) 的收斂性 (convergence) 與函數的連續性 (continuity)。

定義 1.3.1. 假設 $\{a_m\}_{m=1}^{\infty}$ 為 $\mathbb{R}^n$ 上的一個點列。我們說點列 $\{a_m\}$ 收斂到 $\mathbb{R}^n$ 上的一個點 p，如果對於任意給定的正數 ϵ，都存在一個正整數指標 $m_0 = m_0(\epsilon)$，使得 $|a_m - p| < \epsilon$，當 $m \geq m_0$ 都成立。

注意到在此定義中指標 $m_0(\epsilon)$ 是會隨著 ϵ 而變動。我們稱 p 為點列 $\{a_m\}$ 的極限點 (limit point)，記為 $\lim_{m \to \infty} a_m = p$。一個 $\mathbb{R}^n$ 上收斂的點列 $\{a_m\}_{m=1}^{\infty}$ 也是一個所謂的柯西點列 (Cauchy sequence)，亦即，給定任意的正數 ϵ，都存在一個正整數指標 $m_0 = m_0(\epsilon)$，使得 $|a_j - a_k| < \epsilon$，當 $j, k \geq m_0$ 都成立。如果在一個度量空間上每一個柯西點列 $\{a_m\}_{m=1}^{\infty}$ 都會收斂到空間裡的一個點，我們便說此空間為一個完備的度量空間 (complete metric space)。基於實數系的完備公設，一個 $\mathbb{R}^n$ 上的柯西點列 $\{a_m\}_{m=1}^{\infty}$ 也會是一個收斂的點列。因此，$\mathbb{R}^n$ 是一個完備的度量空間。有理數 $\mathbb{Q}$ 在度量 $d(x, y) = |x - y|$ 之下，則不是一個完備的度量空間。

定理 1.3.2. 假設 $\{a_m\}_{m=1}^{\infty}$ 為 $\mathbb{R}^n$ 上一個收斂的點列。則其極限點是唯一的，並且此點列是有界的。

定理 1.3.3. 假設 E 為 $\mathbb{R}^n$ 上的一個子集合。則 $p \in \overline{E}$ 若且唯若存在一個 E 上的點列收斂到 p。

接下來，我們定義函數的連續性。

§1.3 極限與連續

定義 1.3.4. 假設 $f : I \to \mathbb{R}$ 為一個函數，I 為一個區間且 $p \in I$。我們說 f 在點 p 連續 (continuous)，如果對於任意給定之 $\epsilon > 0$，都存在一個相對應的正數 $\delta = \delta(p, \epsilon)$，使得

$$|f(x) - f(p)| < \epsilon，對所有 x \in I，|x - p| < \delta，都成立。$$

如果 f 在區間 I 上的每一個點都連續，我們便說 f 在區間 I 上是連續的。

在這裡，符號 $\delta = \delta(p, \epsilon)$ 表示 δ 是點 p 與 ϵ 的函數，亦即，δ 是會隨著點 p 與 ϵ 而變動的。

定義 1.3.5. 假設 $f : I \to \mathbb{R}$ 為一個函數，I 為一個區間。我們說 f 在 I 上均勻連續 (uniformly continuous)，如果對於任意給定之 $\epsilon > 0$，都存在一個相對應的正數 $\delta = \delta(\epsilon)$，使得

$$|f(x) - f(y)| < \epsilon，對所有 x, y \in I，|x - y| < \delta，都成立。$$

一個函數 f 在 I 上均勻連續，便自動在 I 上的每一個點連續。並且對於給定之任意 $\epsilon > 0$，所對應之正數 $\delta = \delta(\epsilon)$ 是適用於 I 上的每一個點。底下，我們看一個很簡單的例子。

例 1.3.6. $f(x) = x^2$ 在區間 $[a, b]$ 上，與 $g(x) = x^{-1}$ 在區間 $(0, 1]$ 上都是連續函數。但是，f 在 $[a, b]$ 上是均勻連續的，g 在區間 $(0, 1]$ 上則不是均勻連續的。特別地，如果給定 $\epsilon = 1$，當我們在討論函數 g 在點 $\frac{1}{100}$ 與 $\frac{1}{2}$ 的連續性時，就會發現相對應的正數 $\delta(\frac{1}{2}, 1)$ 可以取的比 $\delta(\frac{1}{100}, 1)$ 要來的大。

關於函數的連續性，我們有下面的基本性質。

定理 1.3.7. 假設 $f: I \to \mathbb{R}$ 為一個函數，I 為一個區間且 $p \in I$。則 f 在點 p 連續若且唯若如果 $\{x_n\}_{n=1}^{\infty}$ 為 I 上任意一個收斂到 p 的點列，則 $\{f(x_n)\}$ 也會收斂到 $f(p)$，亦即，$\lim_{x \to p} f(x) = f(p)$。

首先，我們必須注意到此極限 $\lim_{x \to p} f(x) = f(p)$ 指的是雙邊極限 (two-sided limit)。當然，我們也可以定義所謂的單邊極限 (one-sided limit)。假設 f 為定義在區間 $[a,b]$ 上的一個函數。對於一個點 p 滿足 $a \leq p < b$，我們說 f 在點 p 有右極限 (righthand limit)，記為 $f(p+)$，如果 $\lim_{x \to p^+} f(x)$ 存在，並且等於 $f(p+)$。符號 $x \to p^+$ 表示 x 是由 p 的右手邊逼進到點 p。類似地，當點 p 滿足 $a < p \leq b$ 時，我們也可以定義 f 在點 p 的左極限 (lefthand limit)，記為 $f(p-)$，如果 $\lim_{x \to p^-} f(x)$ 存在，並且等於 $f(p-)$。符號 $x \to p^-$ 表示 x 是由 p 的左手邊逼進到點 p。

很明顯地，當 $a < p < b$ 時，$\lim_{x \to p} f(x)$ 存在若且唯若

$$\lim_{x \to p} f(x) = f(p+) = f(p-)。$$

因此，函數 f 在點 p 連續若且唯若 $\lim_{x \to p} f(x) = f(p)$。我們說函數 f 在點 p 是右連續若且唯若 $\lim_{x \to p^+} f(x) = f(p)$；函數 f 在點 p 是左連續若且唯若 $\lim_{x \to p^-} f(x) = f(p)$。$f$ 在邊界點的連續性也是類似敘述。

是以當 f 在點 p $(a < p < b)$ 不連續時，如果 $f(p+)$ 與 $f(p-)$ 都存在，我們便說點 p 是 f 的第一類不連續點 (discontinuity of the first kind)。其他情形的不連續點皆稱為 f 的第二類不連續點 (discontinuity of the second kind)。

定義 1.3.8. 假設 f 為定義在區間 $[a,b]$ 上的一個函數，$c \in (a,b)$。如果 $f(c+)$ 與 $f(c-)$ 都存在，我們稱

(i) $f(c) - f(c-)$ 為 f 在點 c 的左跳躍 (lefthand jump)，
(ii) $f(c+) - f(c)$ 為 f 在點 c 的右跳躍 (righthand jump)，
(iii) $f(c+) - f(c-)$ 為 f 在點 c 的跳躍 (jump)。

如果上述三式中有一式不為零，我們便稱點 c 為 f 的跳躍式不連續點 (jump discontinuity)。在邊界點 a 我們只考慮右跳躍 (ii)，在邊界點 b 我們只考慮左跳躍 (i)。

至於函數 f 在全域的連續性，我們有下面的定理。

定理 1.3.9. 假設 $f : \mathbb{R} \to \mathbb{R}$ 為一個函數。則底下的敘述是彼此等價的。

(i) f 是 $\mathbb{R}$ 上的一個連續函數。
(ii) 對於 $\mathbb{R}$ 上的每一個點 p，如果 $\{x_n\}_{n=1}^{\infty}$ 為 $\mathbb{R}$ 上任意的一個點列收斂到 p，則 $\{f(x_n)\}$ 也會收斂到 $f(p)$。
(iii) $f^{-1}(V)$ 是 $\mathbb{R}$ 上的一個開集，對於 $\mathbb{R}$ 上的任意一個開集 V 都成立。
(iv) $f^{-1}(F)$ 是 $\mathbb{R}$ 上的一個閉集，對於 $\mathbb{R}$ 上的任意一個閉集 F 都成立。

在這裡，符號 $f^{-1}(V)$ 代表集合 V 的前像 (preimage)，亦即，$f^{-1}(V) = \{x \in \mathbb{R} \mid f(x) \in V\}$。

定理 1.3.10. 假設 f 為定義在 $\mathbb{R}^n$ 中一個緊緻子集合 E 上的實連續函數。則 f 在 E 上是均勻連續的，並且會取到其最大值與最小值。

底下則是關於區間 $[a, b]$ 上實連續函數的中間值定理 (intermediate value theorem)。

定理 1.3.11（中間值定理）. 假設 f 為定義在 $[a,b]$ 上的實連續函數。令 $M = \sup\{f(x) \mid x \in [a,b]\}$，$m = \inf\{f(x) \mid x \in [a,b]\}$。則對於任意實數 λ，$m \leq \lambda \leq M$，都存在一個 $c \in [a,b]$ 使得 $\lambda = f(c)$。

對於這些函數的基本性質，讀者可以嘗試自行驗證，或參考文獻 [1][2][3][4]。底下我們引進一個新的概念，它與函數的連續性有著密切的關係。

定義 1.3.12. 假設 f 為定義在 $\mathbb{R}$ 上一個區間 I 的有界函數。如果 $T \subseteq I$，我們定義 f 在 T 上的振盪 (oscillation) 如下：

$$\Omega_f(T) = \sup_{x,y \in T}\{f(x) - f(y)\}。$$

當 $x \in I$ 時，則定義 f 在 x 的振盪如下：

$$\omega_f(x) = \lim_{\epsilon \to 0^+} \Omega_f(I(x;\epsilon) \cap I)。$$

因為，當 $T_1 \subseteq T_2$，我們有 $\Omega_f(T_1) \leq \Omega_f(T_2)$。所以，$\omega_f(x)$ 是一定存在的。函數 f 在點 x 的連續性與在點 x 的振盪 $\omega_f(x)$ 可以由下面的定理來連結。

定理 1.3.13. 假設 f 為定義在一個區間 I 上的有界函數，$x_0 \in I$。則 f 在點 x_0 連續若且唯若 $\omega_f(x_0) = 0$。

證明： 首先，假設 f 在點 x_0 連續。依據定義 1.3.4，對於任意給定之 $\epsilon > 0$，都存在一個相對應的正數 δ，使得 $|f(x) - f(x_0)| < \frac{\epsilon}{3}$，對

§1.3 極限與連續

於所有 $x \in I$ 且 $|x - x_0| < \delta$，都成立。因此，

$$0 \leq \omega_f(x_0) \leq \Omega_f(I(x_0;\delta) \cap I) < \epsilon。$$

因為 ϵ 是可以任意小的正數，所以，$\omega_f(x_0) = 0$。

反過來說，假設 $\omega_f(x_0) = 0$。因此當給定 $\epsilon > 0$ 時，依據定義 1.3.12，存在一個正數 δ 使得

$$\Omega_f(I(x_0;\delta) \cap I) < \epsilon。$$

這表示當 $x \in I(x_0;\delta) \cap I$ 時，我們有

$$|f(x) - f(x_0)| < \epsilon，$$

亦即，f 在點 x_0 連續。證明完畢。 □

定理 1.3.14. 假設 f 是定義在閉區間 $[a,b]$ 上的有界函數。給定一個 $\epsilon > 0$，並假設 $\omega_f(x) < \epsilon$ 對於每一個 $x \in [a,b]$ 都成立。則存在一個 $\delta = \delta(\epsilon) > 0$ (δ 只與 ϵ 相關) 使得 $\Omega_f(T) < \epsilon$，對於每一個閉的子區間 $T \subseteq [a,b]$ 滿足 T 的長度小於 δ 都要成立。

證明： 對於每一個點 $x \in [a,b]$，由假設知道存在一個區間 $I(x;2\delta_x) = (x - 2\delta_x, x + 2\delta_x)$，$\delta_x > 0$，使得

$$\Omega_f(I(x;2\delta_x) \cap [a.b]) < \epsilon。$$

因此，$\mathcal{F} = \{I(x;\delta_x) \mid x \in [a,b]\}$ 形成 $[a,b]$ 上的一個開覆蓋。由於閉區間 $[a,b]$ 是一個緊緻集合，所以存在 $[a,b]$ 上有限個點 $x_1, x_2, \cdots, x_m$ 使得

$$[a,b] \subseteq \bigcup_{k=1}^{m} I(x_k;\delta_{x_k})。$$

現在,令 $\delta = \min\{\delta_{x_1}, \delta_{x_2}, \cdots, \delta_{x_m}\}$。符號 $\min\{a_1,\cdots,a_m\}$ (max $\{a_1,\cdots,a_m\}$) 表示我們選取括號中最小的數 (最大的數)。由於 T 是 $[a,b]$ 上一個長度小於 δ 的閉子區間,得到 $T \cap I(x_k; \delta_{x_k}) \neq \emptyset$,某一個 $1 \leq k \leq m$。因此,$T \subseteq I(x_k; 2\delta_{x_k})$,也推得

$$\Omega_f(T) \leq \Omega_f(I(x_k; 2\delta_{x_k}) \cap [a.b]) < \epsilon。$$

證明完畢。 □

定理 1.3.15. 假設 f 是定義在閉區間 $[a,b]$ 上的有界函數。給定一個 $\epsilon > 0$,定義集合 D_ϵ 如下:

$$D_\epsilon = \{x \mid x \in [a,b] \text{ 且 } \omega_f(x) \geq \epsilon\}。$$

則 D_ϵ 是一個閉集合。

證明: 假設 $x_0 \notin D_\epsilon$,則 $\omega_f(x_0) < \epsilon$。因此,存在一個區間 $I_0 = I(x_0; \delta_0)$,$\delta_0 > 0$,使得 $\Omega_f(I_0 \cap [a,b]) < \epsilon$。這說明了 $x \notin D_\epsilon$,對於任意 $x \in I_0 \cap [a,b]$ 都成立。所以,$[a,b] - D_\epsilon$ 是 $[a,b]$ 上的一個開集合,同時也推得 D_ϵ 是一個閉集合。證明完畢。 □

底下是與本章內容相關的一些習題。

習題 1.1. 證明定理 1.1.2。

習題 1.2. 證明定理 1.2.7、定理 1.2.8 與定理 1.2.9。

習題 1.3. 證明定理 1.2.13。

習題 1.4. 證明定理 1.3.2 與定理 1.3.3。

習題 1.5. 證明定理 1.3.7 與定理 1.3.9。

習題 1.6. 證明定理 1.3.10 與定理 1.3.11。

§1.4 參考文獻

1. 程守慶，數學：讀、想，華藝學術出版部，新北市，臺灣，2020。

2. Apostol, T. M., Mathematical Analysis, Second Edition, Addison-Wesley, Reading, MA, 1974.

3. Bartle, R. G., The Elements of Real Analysis, Second Edition, John Wiley and Sons, Inc., New York, 1976.

4. Rudin, W., Principles of Mathematical Analysis, Third Edition, McGraw-Hill, New York, 1976.

第 2 章
黎曼積分

§2.1　前言

在微積分 (calculus) 裡，微分 (differentiation) 與積分 (integration) 是其中之兩大主要課題。簡單地講，微分就是要尋求一條曲線 (curve) 上的切線 (tangent)；至於積分就是希望把一條曲線所圍出來之域的面積算出來。

是以，假設 $f:(a,b) \to \mathbb{R}$ 為一函數，$x_0 \in (a,b)$，我們考慮底下的極限：

$$\lim_{x \to x_0} \frac{f(x) - f(x_0)}{x - x_0} \text{。} \qquad (2.1.1)$$

如果極限 (2.1.1) 在點 x_0 存在的話，我們便把此極限定義為 f 在點 x_0 之切線的斜率 (slope)，記為 $f'(x_0)$。同時我們也說 f 在點 x_0 是可以微分的，或是可微的。對於一般函數而言，極限 (2.1.1) 是不一定存在的。最簡單的例子就是：$f(x) = |x|$，$x \in \mathbb{R}$。絕對值函數在點 0 是不能微分的。當一個函數 f 在點 x_0 是可以微分時，對於 x_0 附近的點 x，我們就可以把 $f(x)$ 表示成如下的式子：

$$f(x) = f(x_0) + c(x - x_0) + \epsilon(x)(x - x_0) \text{，} \qquad (2.1.2)$$

其中 c 為一常數，$\epsilon(x)$ 會趨近於零，當 x 趨近於 x_0。事實上，在定義微分時等式 (2.1.2) 反而更有助於我們把微分的概念推廣到高維度的歐氏空間。另外，一個淺顯的性質，由 (2.1.2) 可以看出，就是當函數 f 在點 x_0 可以微分時，f 便會在點 x_0 連續。但是，反過來說，一般是不成立的。絕對值函數在點 0 是連續的，但是它在點 0 是不能微分的。

關於微分一個常用的性質就是平均值定理 (mean value theorem)。

定理 2.1.1（平均值定理）. 假設 f 為閉區間 $[a,b]$ 上的實連續函數，f 在開區間 (a,b) 上都是可微的。則存在一個點 $c \in (a,b)$ 使得

$$f(b) - f(a) = f'(c)(b-a) \text{。} \tag{2.1.3}$$

關於積分，我們將從最基本的黎曼積分 (Riemann integral) 說起。考慮一個正函數 f 定義在閉區間 $[a,b]$ 上。令 $P = \{x_0, x_1, \cdots, x_{n-1}, x_n\}$，$a = x_0$，$x_n = b$，$x_{k-1} < x_k$ ($1 \leq k \leq n$)，為 $[a,b]$ 上的一個分割 (partition)。同時在區間 $[x_{k-1}, x_k]$ ($1 \leq k \leq n$) 裡任取一點 t_k，形成一個長方形面積的和

$$\sum_{k=1}^{n} f(t_k) \Delta x_k \text{，} \tag{2.1.4}$$

其中 $\Delta x_k = x_k - x_{k-1}$。直覺上，當函數 f 有良好的性質時 (比如說：連續)，(2.1.4) 式中所定義的面積和，在分割 P 愈來愈細的時候，應該要趨近函數 f 在閉區間 $[a,b]$ 上所圍出來之域的面積。這是黎曼積分成立的基本概念。我們將在這一章把黎曼積分作一個清楚、完整的介紹。

黎曼 (Georg Friedrich Bernhard Riemann，1826–1866) 為

一位德國數學家。

§2.2　黎曼積分

在本節裡，我們將討論區間 $[a,b]$ 上之有界實函數的黎曼積分。假設 P 為閉區間 $[a,b]$ 上的一個分割如 2.1 節中所述。我們說分割 P' 比分割 P 細 (P' is finer than P)，如果 $P \subseteq P'$。區間 $[a,b]$ 上所有分割所形成的集合則記為 $\mathcal{P}[a,b]$。另外，以符號 $\|P\|$ 表示由分割 P 所得到最大的子區間 (subinterval) 之長度，稱之為 P 的範數，符號 Δx_k 則表示 $x_k - x_{k-1}$ $(1 \leq k \leq n)$。因此，範數 $\|P\| = \max\limits_{1 \leq k \leq n} \Delta x_k$。

定義 2.2.1. 假設 f 是定義在閉區間 $[a,b]$ 上的有界函數，$P = \{x_0, x_1, \cdots, x_n\}$ 為 $[a,b]$ 上的一個分割，$t_k \in [x_{k-1}, x_k]$ $(1 \leq k \leq n)$。定義 f 在 $[a,b]$ 上的一個黎曼和 (Riemann sum) $S(P,f)$ 如下：

$$S(P,f) = \sum_{k=1}^{n} f(t_k) \Delta x_k \text{。}$$

我們說 f 在閉區間 $[a,b]$ 上是黎曼可積分 (Riemann integrable)，記為 $f \in \mathcal{R}$ (有時候記為 $f \in \mathcal{R}([a,b])$)，如果存在一個數 A 滿足：給定任意一個 $\epsilon > 0$，則存在 $[a,b]$ 上的一個分割 P_ϵ 使得對於每一個比 P_ϵ 更細的分割 P 與任意 $t_k \in [x_{k-1}, x_k]$，我們都有

$$|S(P,f) - A| < \epsilon \text{。} \tag{2.2.1}$$

當 A 存在時，它是唯一的，我們將此數 A 記為 $\int_a^b f(x)dx$。

定理 2.2.2. 假設 f 與 g 為定義在閉區間 $[a,b]$ 上的有界函數，且 $f \in \mathcal{R}$，$g \in \mathcal{R}$。對於任意二個實數 c_1 與 c_2，我們有 $c_1 f + c_2 g \in \mathcal{R}$ 與

$$\int_a^b (c_1 f(x) + c_2 g(x))dx = c_1 \int_a^b f(x)dx + c_2 \int_a^b g(x)dx \text{。}$$

證明： 給定一個 $\epsilon > 0$，由假設知道存在 $[a,b]$ 上的一個分割 P'_ϵ 使得對於每一個比 P'_ϵ 更細的分割 P 與任意 $t_k \in [x_{k-1}, x_k]$，可以推得

$$\left| S(P,f) - \int_a^b f(x)dx \right| < \epsilon \text{，}$$

以及存在 $[a,b]$ 上的一個分割 P''_ϵ 使得對於每一個比 P''_ϵ 更細的分割 P 與任意 $t_k \in [x_{k-1}, x_k]$，也有

$$\left| S(P,g) - \int_a^b g(x)dx \right| < \epsilon \text{。}$$

現在，令 $P_\epsilon = P'_\epsilon \cup P''_\epsilon$。很明顯地，對於每一個比 P_ϵ 更細的分割 P 與任意 $t_k \in [x_{k-1}, x_k]$，我們有

$$\left| S(P, c_1 f + c_2 g) - \left(c_1 \int_a^b f(x)dx + c_2 \int_a^b g(x)dx \right) \right|$$
$$\leq \left| c_1 \left(S(P,f) - \int_a^b f(x)dx \right) \right| + \left| c_2 \left(S(P,g) - \int_a^b g(x)dx \right) \right|$$
$$< \epsilon(|c_1| + |c_2|) \text{。}$$

因此，依據定義 2.2.1，$c_1 f + c_2 g \in \mathcal{R}$ 且

$$\int_a^b (c_1 f(x) + c_2 g(x))dx = c_1 \int_a^b f(x)dx + c_2 \int_a^b g(x)dx \text{。}$$

證明完畢。 □

一般而言，如果 $a < b$ 且 $\int_a^b f(x)dx$ 存在時，我們定義 $\int_b^a f(x)dx = -\int_a^b f(x)dx$ 與 $\int_a^a f(x)dx = 0$。另外，在討論黎曼積分時，我們

§2.2 黎曼積分

通常也會引進上黎曼和 (upper Riemann sum) $U(P, f)$ 與下黎曼和 (lower Riemann sum) $L(P, f)$ 如下：令 P 為 $[a, b]$ 上的一個分割，定義

$$U(P, f) = \sum_{k=1}^{n} M_k(f) \Delta x_k, \quad L(P, f) = \sum_{k=1}^{n} m_k(f) \Delta x_k,$$

其中，$M_k(f) = \sup\{f(t) \mid t \in [x_{k-1}, x_k]\}$，$m_k(f) = \inf\{f(t) \mid t \in [x_{k-1}, x_k]\}$。由於 $m_k(f) \leq f(t_k) \leq M_k(f)$，推得

$$L(P, f) \leq S(P, f) \leq U(P, f)。$$

很明顯地，我們有下面的定理。

定理 2.2.3. 假設 f 是定義在閉區間 $[a, b]$ 上的有界函數，P 是 $[a, b]$ 上的一個分割。則

(i) 如果 P' 是一個比 P 更細的分割，我們有

$$U(P', f) \leq U(P, f) \quad \text{與} \quad L(P', f) \geq L(P, f)。$$

(ii) 對於 $[a, b]$ 上任意二個分割 P_1 與 P_2，我們有

$$L(P_1, f) \leq U(P_2, f)。$$

定理 2.2.3(i) 的證明由讀者自行驗證。至於 (ii) 的證明，我們只要考慮分割 $P = P_1 \cup P_2$。經由 (i) 的結論，我們便可以得到

$$m(b-a) \leq L(P_1, f) \leq L(P, f) \leq U(P, f) \leq U(P_2, f) \leq M(b-a),$$

其中，$M = \sup\{f(t) \mid t \in [a, b]\}$，$m = \inf\{f(t) \mid t \in [a, b]\}$。

定義 2.2.4. 假設 f 是定義在閉區間 $[a,b]$ 上的有界函數。定義上黎曼積分 (upper Riemann integral) $\overline{\int_a^b} f(x)dx$ 與下黎曼積分 (lower Riemann integral) $\underline{\int_a^b} f(x)dx$ 如下：

$$\overline{\int_a^b} f(x)dx = \inf\{U(P,f) \mid P \in \mathcal{P}[a,b]\},$$

與

$$\underline{\int_a^b} f(x)dx = \sup\{L(P,f) \mid P \in \mathcal{P}[a,b]\}.$$

上黎曼積分與下黎曼積分是達布首先引進的概念。達布 (Jean-Gaston Darboux，1842–1917) 為一位法國數學家。

如果 f,g 是閉區間 $[a,b]$ 上的二個有界函數，不難看出

$$\overline{\int_a^b}(f(x)+g(x))dx \leq \overline{\int_a^b} f(x)dx + \overline{\int_a^b} g(x)dx,$$

與

$$\underline{\int_a^b}(f(x)+g(x))dx \geq \underline{\int_a^b} f(x)dx + \underline{\int_a^b} g(x)dx.$$

另外，如果 $a<c<b$，我們也可以推得

$$\overline{\int_a^b} f(x)dx = \overline{\int_a^c} f(x)dx + \overline{\int_c^b} f(x)dx,$$

與

$$\underline{\int_a^b} f(x)dx = \underline{\int_a^c} f(x)dx + \underline{\int_c^b} f(x)dx.$$

關於黎曼積分，下面是一個非常重要且基本的定理，它把這幾個不同的概念連結在一起。

§2.2 黎曼積分

定理 2.2.5. 假設 f 是定義在閉區間 $[a,b]$ 上的有界函數，則下面三個敘述是彼此等價的。

(i) $f \in \mathcal{R}$。

(ii) 給定一個 $\epsilon > 0$，存在一個 $[a,b]$ 上的分割 P_ϵ 滿足，對於每一個比 P_ϵ 更細的分割 P，我們有
$$0 \leq U(P,f) - L(P,f) < \epsilon \text{。}$$

(iii) $\overline{\int_a^b} f(x)dx = \underline{\int_a^b} f(x)dx$。

我們稱敘述 (ii) 為黎曼條件 (Riemann's condition)。

證明：(i)⇒(ii)。假設 $f \in \mathcal{R}$。因此，當給定一個 $\epsilon > 0$，存在一個數 A 與一個分割 P_ϵ 滿足，對於每一個比 P_ϵ 更細的分割 P 與任意 $t_k \in [x_{k-1}, x_k]$，我們有
$$|S(P,f) - A| < \frac{\epsilon}{4} \text{。}$$
接著，我們可以選擇 $t_k, t_k' \in [x_{k-1}, x_k]$ $(1 \leq k \leq n)$ 滿足
$$M_k(f) < f(t_k) + \frac{\epsilon}{4(b-a)} \quad \text{與} \quad m_k(f) > f(t_k') - \frac{\epsilon}{4(b-a)} \text{。}$$
所以，對於此分割 P 以及 $t_k, t_k' \in [x_{k-1}, x_k]$ 的選擇，可以推得
$$\begin{aligned} U(P,f) - L(P,f) &< \sum_{k=1}^n f(t_k)\Delta x_k - \sum_{k=1}^n f(t_k')\Delta x_k + \frac{\epsilon}{2} \\ &\leq \left|\sum_{k=1}^n f(t_k)\Delta x_k - A\right| + \left|A - \sum_{k=1}^n f(t_k')\Delta x_k\right| + \frac{\epsilon}{2} \\ &< \frac{\epsilon}{4} + \frac{\epsilon}{4} + \frac{\epsilon}{2} \\ &= \epsilon \text{。} \end{aligned}$$

所以，(i) 涵蘊 (ii)，亦即，黎曼條件成立。

(ii)⇒(iii)。假設黎曼條件成立。因此，當給定一個 $\epsilon > 0$，存在一個分割 P_ϵ 滿足，對於每一個比 P_ϵ 更細的分割 P，我們有 $U(P, f) - L(P, f) < \epsilon$。也就是說，對於這樣的分割 P，我們可以推得

$$\overline{\int_a^b} f(x)dx \leq U(P, f) < L(P, f) + \epsilon \leq \underline{\int_a^b} f(x)dx + \epsilon,$$

亦即，$\overline{\int_a^b} f(x)dx \leq \underline{\int_a^b} f(x)dx + \epsilon$，對於每一個給定之 $\epsilon > 0$ 都成立。因此，得到 $\overline{\int_a^b} f(x)dx \leq \underline{\int_a^b} f(x)dx$。至於另一方面，由定理 2.2.3(ii) 知道，$\underline{\int_a^b} f(x)dx \leq \overline{\int_a^b} f(x)dx$ 是明顯的。所以，(ii) 涵蘊 (iii)。

(iii)⇒(i)。現在假設 $\overline{\int_a^b} f(x)dx = \underline{\int_a^b} f(x)dx = A$。首先，當給定一個 $\epsilon > 0$，存在一個分割 P'_ϵ 滿足，對於每一個比 P'_ϵ 更細的分割 P，我們有

$$U(P, f) < \overline{\int_a^b} f(x)dx + \epsilon。$$

對於此 ϵ，也存在一個分割 P''_ϵ 滿足，對於每一個比 P''_ϵ 更細的分割 P，我們有

$$L(P, f) > \underline{\int_a^b} f(x)dx - \epsilon。$$

接著，令分割 $P_\epsilon = P'_\epsilon \cup P''_\epsilon$。因此，對於每一個比 P_ϵ 更細的分割 P，我們不難推得

$$\underline{\int_a^b} f(x)dx - \epsilon < L(P, f) \leq S(P, f) \leq U(P, f) < \overline{\int_a^b} f(x)dx + \epsilon,$$

亦即，$|S(P, f) - A| < \epsilon$。所以，$f \in \mathcal{R}$ 且 $\int_a^b f(x)dx = A$。證明完畢。 □

底下就是一個關於黎曼積分的存在性定理。

定理 2.2.6. 假設 f 是定義在閉區間 $[a, b]$ 上的連續函數，則 $f \in \mathcal{R}$。

證明： 因為 f 是 $[a,b]$ 上的連續函數，所以由定理 1.3.13 推得振盪 $\omega_f(x) = 0$，對於每一個點 $x \in [a,b]$ 都成立。因此，當給定一個 $\epsilon > 0$ 時，由定理 1.3.14 知道存在一個 $\delta > 0$，對於每一個閉區間 $[c,d] \subseteq [a,b]$ 滿足 $d - c < \delta$，我們都有 $\Omega_f([c,d]) < \epsilon$。所以，對於此 $\epsilon > 0$，考慮 $[a,b]$ 上的分割 $P_\epsilon = \{x_0, x_1, \cdots, x_{n-1}, x_n\}$，其中 $\Delta x_k = x_k - x_{k-1} < \delta$ 對於每一個 k $(1 \leq k \leq n)$ 都成立。很明顯地，這表示對於每一個比 P_ϵ 更細的分割 P，我們可以推得

$$U(P,f) - L(P,f) < \epsilon(b-a)，$$

亦即，黎曼條件成立。所以，$f \in \mathcal{R}$。證明完畢。 $\square$

定理 2.2.7. 假設 f 是定義在閉區間 $[a,b]$ 上的有界函數，且 $a < c < b$。假設 $f \in \mathcal{R}([a,b])$，則 $\int_a^c f(x)dx$ 與 $\int_c^b f(x)dx$ 都存在，且滿足

$$\int_a^b f(x)dx = \int_a^c f(x)dx + \int_c^b f(x)dx 。 \qquad (2.2.2)$$

證明： 因為 $f \in \mathcal{R}([a,b])$，所以當給定一個 $\epsilon > 0$ 時，由定理 2.2.5(ii) 知道存在一個 $[a,b]$ 上的分割 P_ϵ 使得每一個比 P_ϵ 更細的分割 P 都滿足黎曼條件。令 $P'_\epsilon = P_\epsilon \cup \{c\}$，$P'_{\epsilon 1} = P'_\epsilon \cap [a,c]$，$P'_{\epsilon 2} = P'_\epsilon \cap [c,b]$。所以，$P'_\epsilon$ 也是 $[a,b]$ 上的一個分割且包含點 c，$P'_{\epsilon 1}$ 是 $[a,c]$ 上的一個分割，$P'_{\epsilon 2}$ 是 $[c,d]$ 上的一個分割。現在，如果 P_1 是 $[a,c]$ 上一個比 $P'_{\epsilon 1}$ 更細的分割，則 $P_1 \cup P'_{\epsilon 2}$ 便是 $[a,b]$ 上一個比 P'_ϵ 更細的分割。因此，由此分割 $P_1 \cup P'_{\epsilon 2}$ 在 $[a,b]$ 上所得之黎曼條件就可以控制分割 P_1 在 $[a,c]$ 上之黎曼條件如下：

$$0 \leq U(P_1, f) - L(P_1, f) \leq U(P_1 \cup P'_{\epsilon 2}, f) - L(P_1 \cup P'_{\epsilon 2}, f) < \epsilon 。$$

所以，$f \in \mathcal{R}([a,c])$。同理也可以推得 $f \in \mathcal{R}([c,b])$。

至於等式 (2.2.2)，當給定一個 $\epsilon > 0$ 時，由定義 2.2.1知道存在 $[a,b]$ 上的一個分割 P_ϵ，$[a,c]$ 上的一個分割 $P_{\epsilon 1}$ 與 $[c,b]$ 上的一個分割 $P_{\epsilon 2}$ 使得 $[a,b]$ 上每一個比 P_ϵ 更細的分割 P，$[a,c]$ 上每一個比 $P_{\epsilon 1}$ 更細的分割 P_1 與 $[c,b]$ 上每一個比 $P_{\epsilon 2}$ 更細的分割 P_2，其黎曼和都分別滿足估計 (2.2.1)。這個時候，令 $P'_\epsilon = P_\epsilon \cup P_{\epsilon 1} \cup P_{\epsilon 2}$。因此，只要選取 $[a,b]$ 上一個比 P'_ϵ 更細的分割 P 即可得到

$$\left| \int_a^b f(x)\,dx - \int_a^c f(x)\,dx - \int_c^b f(x)\,dx \right|$$
$$= \left| \left(\int_a^b f(x)\,dx - S(P,f) \right) - \left(\int_a^c f(x)\,dx - S(P_1,f) \right) \right.$$
$$\left. - \left(\int_c^b f(x)\,dx - S(P_2,f) \right) \right|$$
$$< \epsilon + \epsilon + \epsilon = 3\epsilon,$$

其中 $P_1 = P \cap [a,c]$ 為 $[a,c]$ 上的一個分割，$P_2 = P \cap [c,b]$ 為 $[c,b]$ 上的一個分割且 $S(P,f) = S(P_1,f) + S(P_2,f)$。由於 ϵ 可以是任意小的正數，所以等式 (2.2.2) 成立。證明完畢。$\square$

定理 2.2.8. 假設 f 是定義在閉區間 $[a,b]$ 上的連續函數。對於任意 x，$a \leq x \leq b$，定義

$$F(x) = \int_a^x f(t)dt。$$

則 F 是 $[a,b]$ 上的連續函數，並且滿足 $F'(x) = f(x)$，$x \in (a,b)$。

證明： 首先，$F(x)$ 的存在性是由定理 2.2.6來保證，且由定理 1.3.10 知道存在一個 $M > 0$ 使得 $|f(x)| \leq M$ 對於每一個 $x \in [a,b]$ 都成立。現在，假設 $x_0 \in (a,b)$，$|h|$ 為一個很小的數使得 $x_0 + h \in (a,b)$，則

§2.2 黎曼積分

直接由定理 2.2.7 便可以得到

$$\lim_{h\to 0} |F(x_0+h) - F(x_0)| = \lim_{h\to 0} \left| \int_a^{x_0+h} f(x)dx - \int_a^{x_0} f(x)dx \right|$$
$$= \lim_{h\to 0} \left| \int_{x_0}^{x_0+h} f(x)dx \right|$$
$$\leq \lim_{h\to 0} M|h|$$
$$= 0 \,\circ$$

因此，F 在點 x_0 連續。當 $x_0 = a$ 或 $x_0 = b$ 時，證明更為簡單。所以得到 F 是 $[a,b]$ 上的連續函數。

關於 F 的微分，令 $x_0 \in (a,b)$。當給定一個 $\epsilon > 0$ 時，存在一個 $\delta > 0$ 使得 $I(x_0;\delta) \subseteq (a,b)$ 滿足 $|f(x) - f(x_0)| < \epsilon$，對於每一個 $x \in I(x_0;\delta)$ 都成立。現在，同樣地由定理 2.2.7，當 $|h| < \delta$ 時，便可以得到

$$\lim_{h\to 0} \left| \frac{F(x_0+h) - F(x_0)}{h} - f(x_0) \right|$$
$$= \lim_{h\to 0} \left| \frac{1}{h} \int_{x_0}^{x_0+h} (f(x) - f(x_0))dx \right| < \epsilon \,,$$

亦即，

$$F'(x_0) = \lim_{h\to 0} \frac{F(x_0+h) - F(x_0)}{h} = f(x_0) \,\circ$$

證明完畢。 □

最後在結束本節之前，我們介紹著名的狄利克雷特函數 g。

狄利克雷特 (Johann Peter Gustav Lejeune Dirichlet，1805–1859) 為一位德國數學家。

例 2.2.9（狄利克雷特函數）. 在閉區間 $[0,1]$ 上定義狄利克雷特函數 g 如下：當 x 是有理數時，$g(x) = 1$；當 x 是無理數時，$g(x) = 0$。由於有理數與無理數在 $[0,1]$ 上都是稠密的，所以，$M_k(g) = 1$，$m_k(g) = 0$，對於每一個閉區間 $[0,1]$ 上的分割 P 與每一個小區間 $[x_{k-1}, x_k]$ 都成立。因此，

$$U(P, g) - L(P, g) = 1，$$

也就是說，黎曼條件是無法成立的。所以，g 在 $[0,1]$ 上是不能黎曼積分的。

§2.3 勒貝格定理

在上一節裡，我們證明了連續函數 f 在閉區間 $[a,b]$ 上是黎曼可積分，簡單地說，當分割 P 的範數 $\|P\|$ 趨近於零時，黎曼和

$$\sum_{k=1}^{n} f(t_k) \Delta x_k \tag{2.3.1}$$

會收斂到一個數。我們採用證明的方式便是觀察上黎曼和與下黎曼和的差

$$U(P, f) - L(P, f) = \sum_{k=1}^{n} (M_k(f) - m_k(f)) \Delta x_k \tag{2.3.2}$$

是否可以任意的小。一般而言，這樣的思維對於 $[a,b]$ 上的有界函數 f 也是可行的。我們試著把 (2.3.2) 分解成兩部分

$$\sum_{k=1}^{n} (M_k(f) - m_k(f)) \Delta x_k = \Sigma_1 + \Sigma_2。 \tag{2.3.3}$$

其中在 Σ_1 我們收集了只包含連續點的小區間，讓我們得以控制在這些小區間上的差 $M_k(f) - m_k(f)$。至於其他的小區間則被收集在

§2.3 勒貝格定理

Σ_2 裡面。因此，當一個小區間 $[x_{k-1}, x_k]$ 被收集在 Σ_2 時，函數 f 在 $[x_{k-1}, x_k]$ 上便會出現不連續點，亦即，斷點。這個時候我們就無法把 $M_k(f) - m_k(f)$ 在此區間上控制到任意小。是以如果想要讓 $(M_k(f) - m_k(f))\Delta x_k$ 能夠任意小，便只能訴諸於區間的長 $\Delta x_k = x_k - x_{k-1}$ 讓它變得很小，才有可能把 (2.3.2) 控制到任意小。基於這樣的概念，勒貝格便把黎曼積分在函數 f 為有界時推廣到極限。底下我們把這一部分作一詳盡的論述。

勒貝格 (Henri Lebesgue，1875–1941) 為一位法國數學家。

定義 2.3.1. 假設 S 為 $\mathbb{R}$ 上的一個子集合。我們說 S 的測度 (measure) 為零，如果對於任意 $\epsilon > 0$，都存在可數個開區間 $\{(a_j, b_j)\}_{j=1}^{\infty}$ 使得 $S \subseteq \bigcup_{j=1}^{\infty}(a_j, b_j)$ 且滿足 $\sum_{j=1}^{\infty}(b_j - a_j) < \epsilon$。

在這裡我們也視有限個開區間為可數個開區間。事實上，在定義 2.3.1 的敘述中我們也可以把開區間 (a, b) 以閉區間 $[a, b]$ 來取代。因此，在第五章我們引進測度論 (measure theory) 時，我們將會使用 n-維閉區間來定義測度。底下是一個關於零測度集合的基本性質。

定理 2.3.2. 假設 $\mathcal{F} = \{S_k\}_{k=1}^{\infty}$ 為 $\mathbb{R}$ 上可數個零測度集合所形成的收集。則
$$S = \bigcup_{k=1}^{\infty} S_k$$
也是一個零測度集合。

證明： 令 $\epsilon > 0$。依據集合零測度的定義，我們可以找到可數個開區間 $\{(a_{kj}, b_{kj})\}_{j=1}^{\infty}$ 使得 $S_k \subseteq \bigcup_{j=1}^{\infty}(a_{kj}, b_{kj})$ 且滿足 $\sum_{j=1}^{\infty}(b_{kj} - a_{kj}) <$

$\frac{\epsilon}{2^k}$。因此，$\{(a_{kj}, b_{kj})\}_{k,j=1}^{\infty}$ 也是可數個開區間，並且滿足

$$S = \bigcup_{k=1}^{\infty} S_k \subseteq \bigcup_{k=1}^{\infty} \bigcup_{j=1}^{\infty} (a_{kj}, b_{kj})$$

與

$$\sum_{k=1}^{\infty} \sum_{j=1}^{\infty} (b_{kj} - a_{kj}) < \sum_{k=1}^{\infty} \frac{\epsilon}{2^k} = \epsilon。$$

因此，依據定義 2.3.1，S 也是一個零測度集合。證明完畢。 □

例 2.3.3. 很明顯地，在 $\mathbb{R}$ 上單點所形成的集合為零測度。所以，依據定理 2.3.2，$\mathbb{R}$ 上任意可數的集合都是零測度。特別地，有理數 $\mathbb{Q}$ 也是一個零測度集合。

但是，在 $\mathbb{R}$ 上也有不可數的集合為零測度。在這裡我們將建構一個著名的不可數的集合，也就是康托爾集合 (Cantor set)，它是一個零測度集合。

康托爾 (Georg Cantor，1845–1918) 為一位德國的數學家。

為了構造康托爾集合，我們先回顧一下分析裡的一些定義與定理。

定義 2.3.4. 假設 E 為 $\mathbb{R}^n$ 上的一個子集合。我們說 E 是一個完美集合 (perfect set)，如果 E 是一個閉集且 E 上的每一個點都是 E 的聚集點。

在 $\mathbb{R}$ 上閉區間 $[a, b]$ ($a < b$) 是一個完美集合。但是 $E = [1, 2] \cup \{10\}$ 則不是一個完美集合，因為 E 中含有一個孤點 (isolated point) 10，它不是一個 E 的聚集點。

定理 2.3.5. $\mathbb{R}^n$ 上的任意非空完美集合都是不可數的。

本定理的證明放在習題裡，由讀者自行驗證，或參考文獻 [1][3]。

現在，考慮 $\mathbb{R}$ 上的閉區間 $[0,1]$。步驟一：移除掉 $[0,1]$ 正中 $\frac{1}{3}$ 部分的開區間 $(\frac{1}{3}, \frac{2}{3})$，並把留下來的閉集合 (二個閉區間的聯集) 記為

$$\mathcal{C}_1 = [0,1] - \left(\frac{1}{3}, \frac{2}{3}\right) = \left[0, \frac{1}{3}\right] \bigcup \left[\frac{2}{3}, 1\right]。$$

步驟二：再以同樣的方式移除掉 $\mathcal{C}_1$ 裡留下來之每一個閉區間正中 $\frac{1}{3}$ 部分的開區間，並把留下來的閉集合 (四個閉區間的聯集) 記為

$$\mathcal{C}_2 = \left[0, \frac{1}{9}\right] \bigcup \left[\frac{2}{9}, \frac{1}{3}\right] \bigcup \left[\frac{2}{3}, \frac{7}{9}\right] \bigcup \left[\frac{8}{9}, 1\right]。$$

後續的步驟，很自然地，我們便以同樣的方式移除掉 $\mathcal{C}_k (k \geq 2)$ 裡留下來之每一個閉區間正中 $\frac{1}{3}$ 部分的開區間，並把留下來的閉集合 (2^{k+1} 個閉區間的聯集) 記為 $\mathcal{C}_{k+1}$。這樣的步驟可以一直重複地做。最後我們定義康托爾集合 $\mathcal{C}$ 如下：

$$\mathcal{C} = \bigcap_{k=1}^{\infty} \mathcal{C}_k。$$

因為每一個 $\mathcal{C}_k$ 都是閉集，所以 $\mathcal{C}$ 是閉集。同時，由構造的過程來看，$\mathcal{C}$ 上的每一個點都是 $\mathcal{C}_k$ 中某些閉區間端點的聚點。因此，依據定義 2.3.4，$\mathcal{C}$ 是 $\mathbb{R}$ 上的一個完美集合。接著，再由定理 2.3.5 知道 $\mathcal{C}$ 是不可數的。另外，在 $\mathcal{C}_k$ 中總共有 2^k 個長度為 3^{-k} 的閉區間，得到 $\mathcal{C}_k$ 的總長度為 $(2/3)^k$。當 k 趨近於無窮大時，$\mathcal{C}_k$ 的總長度也跟著會趨近於零。是以，不難看出 $\mathcal{C}$ 是一個零測度集合。

定理 2.3.6. 在 $\mathbb{R}$ 上，康托爾集合 $\mathcal{C}$ 是一個零測度且不可數的集合。

現在我們回到有界函數 f 在閉區間 $[a,b]$ 上的黎曼積分。首先，回顧一下我們在第一章第三節裡所得到之一些關於函數 f 的振盪性質。這是證明的一個關鍵條件。利用這些準備工作，我們便可以得到勒貝格對有界函數在閉區間上黎曼可積分的特徵條件。

定理 2.3.7（勒貝格）. 假設 f 是定義在閉區間 $[a,b]$ 上的有界函數，D 是所有 f 在 $[a,b]$ 上不連續點所形成的集合。則 f 在閉區間 $[a,b]$ 上黎曼可積分若且唯若 D 是零測度。

證明： 假設 f 在閉區間 $[a,b]$ 上黎曼可積分，我們證明集合 D 是零測度。首先，把 D 寫成

$$D = \bigcup_{j=1}^{\infty} D_j，$$

其中

$$D_j = \{x \mid x \in [a,b] \text{ 且 } \omega_f(x) \geq \frac{1}{j}\}。$$

如果 D 不是零測度，則 D_{j_0} (某一個 j_0) 也不是零測度。因此，依據零測度的定義，存在一個 $\epsilon_0 > 0$ 使得 D_{j_0} 上任意一個可數之開覆蓋其長度總和都會大於或等於 ϵ_0。現在，令 P 為 $[a,b]$ 上的一個分割，則

$$U(P,f) - L(P,f) = \sum_{k=1}^{n}(M_k(f) - m_k(f))\Delta x_k。$$

這個時候我們考慮內部包含有屬於 D_{j_0} 的點的小區間 $[x_{k-1}, x_k]$。是以這些小區間的內部會形成 D_{j_0} 的一個開覆蓋，除了可能排除有限個 D_{j_0} 上的點。很明顯地，這幾個被排除的點是零測度。另外，一個明顯的事實就是在這些小區間上我們有 $M_k(f) - m_k(f) \geq \frac{1}{j_0}$。綜合以上的討論，對於每一個 $[a,b]$ 上的分割 P，我們只要考慮這類小

§2.3 勒貝格定理

區間便可以得到

$$U(P,f) - L(P,f) = \sum_{k=1}^{n}(M_k(f) - m_k(f))\Delta x_k$$
$$\geq \sum_{\substack{k \\ D_{j_0} \cap (x_{k-1}, x_k) \neq \emptyset}} (M_k(f) - m_k(f))\Delta x_k$$
$$\geq \frac{1}{j_0}\left(\sum_{\substack{k \\ D_{j_0} \cap (x_{k-1}, x_k) \neq \emptyset}} \Delta x_k\right)$$
$$\geq \frac{\epsilon_0}{j_0}。$$

這表示 f 在閉區間 $[a,b]$ 上是不能黎曼積分，得到一個矛盾。所以，D 是零測度。

反過來說，如果 D 是零測度，我們證明 f 在閉區間 $[a,b]$ 上黎曼可積分。首先，還是把集合 D 寫成

$$D = \bigcup_{j=1}^{\infty} D_j,$$

其中 D_j 如上所述為讓 f 的振盪大於或等於 $\frac{1}{j}$ 之點所形成的集合。因為 D 是零測度，所以每一個 D_j 也都是零測度。因此，當我們固定一個 j 來討論時，由定理 1.2.13 與定理 1.3.15 知道 D_j 是一個緊緻集合。接著，再由集合零測度的定義，可以得到有限個開區間滿足其長度總和小於 $\frac{1}{j}$ 與它們的聯集 (記為 O_j) 包含 D_j，亦即，$D_j \subseteq O_j$。這個時候令 $C_j = [a,b] - O_j$ 為 $[a,b]$ 上有限個閉區間的聯集。由於 $\omega_f(x) < \frac{1}{j}$ 對於 C_j 上的每一個點 x 都成立，定理 1.3.14 便保證存在一個正數 δ_j，同時把 C_j 上的每一個閉區間再細分成一些更小的閉區間 T 滿足 T 的長度小於 δ_j 與 $\Omega_f(T) < \frac{1}{j}$。不難看出，這些小閉區間 T 的邊界點會形成 $[a,b]$ 上的一個分割，記為 P_j。現在，如果 P 是

一個比 P_j 更細的分割，我們便可推得

$$0 \leq U(P,f) - L(P,f) \leq U(P_j,f) - L(P_j,f)$$
$$= \sum_{k=1}^{n}(M_k(f) - m_k(f))\Delta x_k$$
$$= \sum_{\substack{k \\ D_j \cap [x_{k-1},x_k] \neq \emptyset}} (M_k(f) - m_k(f))\Delta x_k$$
$$+ \sum_{\substack{k \\ D_j \cap [x_{k-1},x_k] = \emptyset}} (M_k(f) - m_k(f))\Delta x_k$$
$$\leq \frac{M-m}{j} + \frac{b-a}{j},$$

其中 M 為 f 在 $[a,b]$ 上的最小上界，m 為 f 在 $[a,b]$ 上的最大下界。這表示上黎曼和與下黎曼和的差可以任意的小，也就是說，f 在閉區間 $[a,b]$ 上是黎曼可積分。證明完畢。 □

現在，我們可以回顧一下定義在 $[0,1]$ 上的狄利克雷特函數 g：當 x 是有理數時，$g(x) = 1$；當 x 是無理數時，$g(x) = 0$。所以，$[0,1]$ 上的每一個點都是 g 的不連續點，亦即，函數 g 之不連續點所形成的集合為 $D = [0,1]$。也因為 D 不是零測度，所以 g 在 $[0,1]$ 上是不能黎曼積分的。

例 2.3.8. 利用康托爾集合 $\mathcal{C}$，我們在 $[0,1]$ 上定義 $\mathcal{C}$ 的特徵函數 (characteristic function) $\chi_\mathcal{C}$ 如下：

$$\chi_\mathcal{C}(x) = \begin{cases} 1, & \text{如果 } x \in \mathcal{C}, \\ 0, & \text{如果 } x \notin \mathcal{C}. \end{cases}$$

很明顯地，$\chi_\mathcal{C}$ 之不連續點所形成的集合為 $D = \mathcal{C}$。因為 $\mathcal{C}$ 是零測度，所以 $\chi_\mathcal{C}$ 在 $[0,1]$ 上是黎曼可積分的。這個例子告訴我們，黎曼可積分函數之不連續點所形成的集合可以是一個不可數的集合。

§2.4 重積分

在前面第二、三節裡,對於區間 $[a,b] \subseteq \mathbb{R}$ 上有界函數之黎曼積分我們已經作了詳盡的討論。接下來,我們準備把 $[a,b]$ 上黎曼積分的概念推廣到高維度空間上。在這裡我們將只論述 $\mathbb{R}^n$ 中緊緻區間 (compact interval) I 上有界函數的黎曼積分。對於一般的情形,有興趣的讀者可以參考文獻 [1][2] 作更進一步的研讀。

首先,$\mathbb{R}^n$ 中緊緻區間 I 指的是

$$I = A_1 \times A_2 \times \cdots \times A_n,$$

其中 $A_k = [a_k, b_k]$ ($1 \le k \le n$) 為一個有限閉區間。幾何上,對於 I 的大小我們將以 n-維測度 (n-dimentional measure) 稱之,並記為 $\mu(I)$,同時定義如下:

$$\mu(I) = \mu(A_1)\mu(A_2)\cdots\mu(A_n),$$

其中 $\mu(A_k)$ 就是一維的測度,亦即,A_k 的長度。當 $n=2$ 時,我們稱 $\mu(I)$ 為 I 的面積 (area);當 $n=3$ 時,我們則稱 $\mu(I)$ 為 I 的體積 (volume)。

在緊緻區間 I 我們也可以考慮其上的分割如下:如果 P_k 為 A_k ($1 \le k \le n$) 上的一個分割,則定義

$$P = P_1 \times P_2 \times \cdots \times P_n$$

為 I 上的一個分割。很明顯地,如果 P_k 把 A_k 分割成 m_k 個一維的子區間,則 P 把 I 分割成 $m_1 m_2 \cdots m_n$ 個 n-維的子區間。我們說分割 P' 比分割 P 更細,如果 $P \subseteq P'$。同時我們也把 I 上所有分割所形成的集合記為 $\mathcal{P}(I)$。

定義 2.4.1. 假設 f 是定義在 $\mathbb{R}^n$ 中緊緻區間 I 上的有界函數，P 為 I 上的一個分割，把 I 分割成 $I_1, I_2, \cdots, I_m$ 共 m 個子區間，且 $t_j \in I_j$ ($1 \leq j \leq m$)。定義 f 在 I 上的一個黎曼和 $S(P, f)$ 如下：

$$S(P, f) = \sum_{j=1}^{m} f(t_j)\mu(I_j),$$

其中 $t_j \in I_j$。我們說 f 在閉區間 I 上是黎曼可積分，記為 $f \in \mathcal{R}$ (有時候記為 $f \in \mathcal{R}(I)$)，如果存在一個數 A 滿足：給定任意一個 $\epsilon > 0$，則存在 I 上的一個分割 P_ϵ 使得對於每一個比 P_ϵ 更細的分割 P 與任意 $t_j \in I_j$，我們都有

$$|S(P, f) - A| < \epsilon。 \tag{2.4.1}$$

當 A 存在時，它是唯一的，我們將此數 A 記為 $\int_I f(x_1, x_2, \cdots, x_n) dx_1 dx_2 \cdots dx_n$，或簡記為 $\int_I f(x) dx$。當 $n > 1$ 時，我們稱此積分為重積分 (multiple integral)。特別地，當 $n = 2$ 與 $n = 3$ 時，我們分別將之稱為二重積分 (double integral) 與三重積分 (triple integral)。

重積分的發展在很多地方都是與一維的黎曼積分相互平行的。因此，我們在講述重積分時會大幅度的簡化其細節，包括定理的證明。讀者只要參考本章第二節裡有關一維黎曼積分的證明，應該不難把重積分中之證明補起來。

定理 2.4.2. 假設 f 與 g 為定義在 $\mathbb{R}^n$ 中緊緻區間 I 上的有界函數，且 $f \in \mathcal{R}$，$g \in \mathcal{R}$。對於任意二個實數 c_1 與 c_2，我們有 $c_1 f + c_2 g \in \mathcal{R}$ 與

$$\int_I (c_1 f(x) + c_2 g(x)) dx = c_1 \int_I f(x) dx + c_2 \int_I g(x) dx。$$

§2.4 重積分

同樣地，對於重積分我們也會引進上黎曼和 $U(P, f)$ 與下黎曼和 $L(P, f)$ 如下：令 P 為 I 上的一個分割，I_j $(1 \leq j \leq m)$ 為 P 所分割出來的小子區間，定義

$$U(P, f) = \sum_{j=1}^{m} M_j(f)\mu(I_j), \quad L(P, f) = \sum_{j=1}^{m} m_j(f)\mu(I_j),$$

其中，$M_j(f) = \sup\{f(t) \mid t \in I_j\}$，$m_j(f) = \inf\{f(t) \mid t \in I_j\}$。由於 $m_j(f) \leq f(t_j) \leq M_j(f)$，推得

$$L(P, f) \leq S(P, f) \leq U(P, f)。$$

下面的定理則是明顯的。

定理 2.4.3. 假設 f 是定義在 $\mathbb{R}^n$ 中緊緻區間 I 上的有界函數，P 是 I 上的一個分割。則

(i) 如果 P' 是一個比 P 更細的分割，我們有

$$U(P', f) \leq U(P, f) \quad \text{與} \quad L(P', f) \geq L(P, f)。$$

(ii) 對於 I 上任意二個分割 P_1 與 P_2，我們有

$$L(P_1, f) \leq U(P_2, f)。$$

定義 2.4.4. 假設 f 是定義在 $\mathbb{R}^n$ 中緊緻區間 I 上的有界函數。定義上黎曼積分 $\overline{\int}_I f(x)dx$ 與下黎曼積分 $\underline{\int}_I f(x)dx$ 如下：

$$\overline{\int}_I f(x)dx = \inf\{U(P, f) \mid P \in \mathcal{P}(I)\},$$

與

$$\underline{\int}_I f(x)dx = \sup\{L(P, f) \mid P \in \mathcal{P}(I)\}。$$

類似地，下面的定理把這幾個關於重積分不同的概念連結在一起。

定理 2.4.5. 假設 f 是定義在 $\mathbb{R}^n$ 中緊緻區間 I 上的有界函數，則下面三個敘述是彼此等價的。

(i) $f \in \mathcal{R}$。

(ii) 給定一個 $\epsilon > 0$，存在一個 I 上的分割 P_ϵ 滿足，對於每一個比 P_ϵ 更細的分割 P，我們有
$$0 \leq U(P, f) - L(P, f) < \epsilon。$$

(iii) $\overline{\int}_I f(x) dx = \underline{\int}_I f(x) dx$。

　　敘述 (ii) 即為所謂的黎曼條件。另外，在上一節裡我們看到勒貝格完整地特徵了區間 $[a, b]$ 上有界函數的黎曼可積分性。這樣的條件也適用於特徵高維度緊緻區間 I 上有界函數的黎曼可積分性。我們只要把相關的一些名詞重新在 $\mathbb{R}^n$ 上定義即可。

　　首先，我們說 $\mathbb{R}^n$ 上的一個子集合 E 為 n-維零測度，如果對於任意給定之正數 ϵ，都存在可數個 n-維區間使得它們的聯集會包含 E，並且它們的 n-維測度總和會小於 ϵ。底下的定理則是明顯的。

定理 2.4.6. 假設 $\mathcal{F} = \{E_k\}_{k=1}^\infty$ 為 $\mathbb{R}^n$ 上可數個 n-維零測度集合所形成的收集。則
$$E = \bigcup_{k=1}^\infty E_k$$
也是一個 n-維零測度集合。

§2.4 重積分

定理 2.4.7. 如果 $m < n$，則任意 $\mathbb{R}^m$ 上的子集合 F，視為 $\mathbb{R}^n$ 上的一個子集合時，其 n-維測度都是零。

定義 2.4.8. 假設 E 是 $\mathbb{R}^n$ 上的一個子集合。我們說一個性質在 E 上幾乎到處 (almost everywhere) 成立，如果此性質在 E 上，除了一個 n-維零測度之子集合外，都成立。

現在我們就可以敘述，在 $\mathbb{R}^n$ 上勒貝格對於緊緻區間 I 上有界函數之黎曼可積分性的特徵定理。

定理 2.4.9（勒貝格）. 假設 f 是定義在 $\mathbb{R}^n$ 中緊緻區間 I 上的有界函數，D 是所有 f 在 I 上不連續點所形成的集合。則 f 在緊緻區間 I 上黎曼可積分若且唯若 D 的 n-維測度為零，亦即，f 在緊緻區間 I 上是幾乎到處連續。

定理 2.4.10. 假設 f 是 $\mathbb{R}^n$ 中緊緻區間 I 上的連續函數，則 $f \in \mathcal{R}$。

至此，對於重積分的存在性我們也已經作了足夠的討論。不過當我們實際去運算時，一般而言，反而需要藉由疊積分 (iterated integral) 來操作。在這裡我們將以 $n = 2$ 來作說明。令 $I = [a,b] \times [c,d]$，f 則為定義在 I 上的有界函數。當我們在做二維重積分時，有可能會遇到積分 $\int_a^b f(x, y_0)dx$，對某些 y_0，是不存在的。但是這些線段 $y = y_0$，$a \leq x \leq b$，的 2-維測度如果是零的話，便不至於影響 f 在 I 上的重積分。因此，我們必須適當地使用上積分與下積分來敘述底下的定理。

定理 2.4.11. 假設 f 是定義在 $I = [a,b] \times [c,d]$ 上的有界函數。則我

們有

(i) $\underline{\int}_I f(x,y)dxdy \leq \underline{\int}_a^b (\overline{\int}_c^d f(x,y)dy)dx \leq \overline{\int}_a^b (\overline{\int}_c^d f(x,y)dy)dx \leq \overline{\int}_I f(x,y)dxdy$。

(ii) 把 (i) 式中之上積分 $\overline{\int}_c^d f(x,y)dy$ 改為下積分 $\underline{\int}_c^d f(x,y)dy$，則此敘述也成立。

(iii) $\underline{\int}_I f(x,y)dxdy \leq \underline{\int}_c^d (\overline{\int}_a^b f(x,y)dx)dy \leq \overline{\int}_c^d (\overline{\int}_a^b f(x,y)dx)dy \leq \overline{\int}_I f(x,y)dxdy$。

(iv) 把 (iii) 式中之上積分 $\overline{\int}_a^b f(x,y)dx$ 改為下積分 $\underline{\int}_a^b f(x,y)dx$，則此敘述也成立。

(v) 當 $\int_I f(x,y)dxdy$ 存在時，則

$$\int_I f(x,y)dxdy = \int_a^b \left(\underline{\int}_c^d f(x,y)dy\right)dx = \int_a^b \left(\overline{\int}_c^d f(x,y)dy\right)dx$$
$$= \int_c^d \left(\underline{\int}_a^b f(x,y)dx\right)dy = \int_c^d \left(\overline{\int}_a^b f(x,y)dx\right)dy。$$

證明：我們證明 (i)。首先，不難看出上積分 $F(x) = \overline{\int}_c^d f(x,y)dy$ 是閉區間 $[a,b]$ 上的一個有界函數。令 $P_1 = \{x_0, x_1, \cdots, x_n\}$ 為 $[a,b]$ 上的一個分割，$P_2 = \{y_0, y_1, \cdots, y_m\}$ 為 $[c,d]$ 上的一個分割，得到 $P = P_1 \times P_2$ 為 I 上的一個分割。P 把 I 分割成 mn 個二維的小閉區間 $I_{kj} = [x_{k-1}, x_k] \times [y_{j-1}, y_j]$ ($1 \leq k \leq n$，$1 \leq j \leq m$)。同時，令

$$M_{kj}(f) = \sup_{(x,y) \in I_{kj}} \{f(x,y)\} \quad , \quad m_{kj}(f) = \inf_{(x,y) \in I_{kj}} \{f(x,y)\}。$$

§2.4 重積分

接著，由上黎曼和與下黎曼和的定義，便可以推得

$$\begin{aligned}L(P,f) &= \sum_{k=1}^{n}\sum_{j=1}^{m} m_{kj}(f)\mu(I_{kj}) \\ &\leq \sum_{k=1}^{n}\sum_{j=1}^{m}\underline{\int}_{x_{k-1}}^{x_k}\left(\underline{\int}_{y_{j-1}}^{y_j} f(x,y)dy\right)dx = \underline{\int}_{a}^{b}\left(\underline{\int}_{c}^{d} f(x,y)dy\right)dx \\ &\leq \underline{\int}_{a}^{b}\left(\overline{\int}_{c}^{d} f(x,y)dy\right)dx = \sum_{k=1}^{n}\sum_{j=1}^{m}\overline{\int}_{x_{k-1}}^{x_k}\left(\overline{\int}_{y_{j-1}}^{y_j} f(x,y)dy\right)dx \\ &\leq \sum_{k=1}^{n}\sum_{j=1}^{m} M_{kj}(f)\mu(I_{kj}) = U(P,f) \text{。}\end{aligned}$$

因此，得到

$$\begin{aligned}\underline{\int}_{I} f(x,y)dxdy &= \sup_{P\in\mathcal{P}(I)}\{L(P,f)\} \\ &\leq \underline{\int}_{a}^{b}(\overline{\int}_{c}^{d} f(x,y)dy)dx \leq \overline{\int}_{a}^{b}(\overline{\int}_{c}^{d} f(x,y)dy)dx \\ &\leq \inf_{P\in\mathcal{P}(I)}\{U(P,f)\} = \overline{\int}_{I} f(x,y)dxdy \text{。}\end{aligned}$$

這樣就完成了 (i) 的證明。類似地，我們也可以得到 (ii)、(iii) 與 (iv) 的證明。至於 (v)，由前面的證明即可推得。證明完畢。 □

現在，如果我們假設 f 是 $I = [a,b] \times [c,d]$ 上的一個連續函數，則不難看出 $\int_a^b f(x,y)dx$ 是閉區間 $[c,d]$ 上的連續函數，$\int_c^d f(x,y)dy$ 是閉區間 $[a,b]$ 上的連續函數。由定理 2.4.10、定理 2.4.11、定理 2.2.5 與定理 2.2.6，我們便可以推得

$$\int_I f(x,y)dxdy = \int_a^b\left(\int_c^d f(x,y)dy\right)dx = \int_c^d\left(\int_a^b f(x,y)dx\right)dy \text{。} \tag{2.4.2}$$

這就是所謂的富比尼定理 (Fubini's theorem)。

富比尼 (Guido Fubini，1879–1943) 為一位義大利數學家。

§2.5　後語

　　至此我們已將黎曼積分推展至其極限。但是，同時我們也發現黎曼積分的理論有所不足之處。比如說，在 [0, 1] 上的狄利克雷特函數 g，就數學上而言，並不是太壞、太複雜的函數。但是，g 在 [0, 1] 上卻是不能黎曼積分的。因此有其必要把黎曼積分再做更進一步的推廣。數學上主要是沿著兩個大方向：其一是把積分因子 (integrator) 從自變數 x 推廣到一般的函數 $\alpha(x)$，也就是所謂的黎曼-斯蒂爾吉斯積分 (Riemann-Stieltjes integral)；其二便是發展一套新的理論把可積分的函數空間變大，達到我們實際討論上的需求，就是後續所謂的勒貝格積分 (Lebesgue integral)。是以在本書後續的幾個章節裡，我們將把這兩個方向的推廣作一詳盡的論述。

　　斯蒂爾吉斯 (Thomas Jan Stieltjes，1856–1894) 為一位荷蘭數學家。

　　底下是與本章內容相關的一些習題。

習題 2.1. 證明定理 2.3.5。

習題 2.2. 假設 f 為定義在 $\mathbb{R}$ 中閉區間 $[a, b]$ 上的有界函數，且 $f \in \mathcal{R}$。證明 $f^2 \in \mathcal{R}$，$|f| \in \mathcal{R}$。

習題 2.3. 假設 f 與 g 為定義在 $\mathbb{R}$ 中閉區間 $[a, b]$ 上的有界函數，且 $f \in \mathcal{R}$，$g \in \mathcal{R}$。證明 $fg \in \mathcal{R}$。

習題 2.4. 假設 f 與 g 為定義在 $\mathbb{R}$ 中閉區間 $[a, b]$ 上的有界函數，且 $f \in \mathcal{R}$，$g \in \mathcal{R}$。令 $A(x) = \max\{f(x), g(x)\}$，$B(x) = \min\{f(x), g(x)\}$，

$x \in [a, b]$。證明 $A \in \mathcal{R}$，$B \in \mathcal{R}$。

習題 2.5. 令 $\mathcal{C}$ 為康托爾集合，$x \in [0, 1]$。則 $x \in \mathcal{C}$ 若且唯若 x 有三元展開式 (ternary expansion) $x = \sum_{k=1}^{\infty} c_k 3^{-k}$，其中 c_k 為 0 或 2。

習題 2.6. 令 $\mathcal{C}$ 為康托爾集合。證明 $x \in \mathcal{C}$ 若且唯若 $1 - x \in \mathcal{C}$。

習題 2.7. 令 $\mathcal{C}$ 為康托爾集合。如果 $z \in [0, 2]$，證明存在 $x, y \in \mathcal{C}$ 使得 $z = x + y$。

習題 2.8. 令 $\mathcal{C}$ 為康托爾集合。如果 $w \in [-1, 1]$，證明存在 $x, y \in \mathcal{C}$ 使得 $w = x - y$。

§2.6 參考文獻

1. Apostol, T. M., Mathematical Analysis, Second Edition, Addison-Wesley, Reading, MA, 1974.

2. Bartle, R. G., The Elements of Real Analysis, Second Edition, John Wiley and Sons, Inc., New York, 1976.

3. Rudin, W., Principles of Mathematical Analysis, Third Edition, McGraw-Hill, New York, 1976.

第 3 章
有限變量函數

§3.1　前言

誠如在上一章所言，定義在閉區間 $[a,b]$ 上的黎曼積分已經被勒貝格的定理推展至其極限。同時我們也發現黎曼積分的理論有所不足，無法處裡數學上絕大部分函數的積分問題。因此，有必要作某種程度的推廣。是以在接下來的兩章，我們將首先把黎曼積分理論中的積分因子從自變數 x 推廣到一般的函數 $\alpha(x)$，也就是所謂的黎曼-斯蒂爾吉斯積分。

§3.2　有限變量函數

在本章我們將只考慮實函數。為了達到此目的，我們必須引進一類所謂的有限變量函數 (functions of bounded variation)，它們的函數行為和單調函數 (monotonic functions) 有著密切的關聯。記得函數 f 是 $[a,b]$ 上的一個 (嚴格) 單調上升函數 ((strictly) monotonic increasing functions) 指的是 f 滿足 ($f(x) < f(y)$) $f(x) \leq f(y)$，對於所有的 $x, y \in [a,b]$，$a \leq x < y \leq b$，都成立。f 是 $[a,b]$ 上的一個 (嚴格) 單調下降函數 ((strictly) monotonic decreasing functions) 也是類似定義。我們稱 $[a,b]$ 上的一個函數 f 為單調函數，如果 f 是一個 $[a,b]$ 上的單調上升或下降函數。單調函數的單邊極限都是存在的。底下我們直接給予有限變量函數的定義。

定義 3.2.1. 假設 f 為定義在閉區間 $[a,b]$ 上的一個函數。如果 $P = \{x_0, x_1, \cdots, x_{n-1}, x_n\}$ 為 $[a,b]$ 上的一個分割，定義符號 $\Delta f_k = f(x_k) - f(x_{k-1})$ ($1 \leq k \leq n$)。我們說 f 在閉區間 $[a,b]$ 上是一個有限變量函數，如果存在一個正數 M 使得

$$\sum_{k=1}^{n} |\Delta f_k| \leq M, \tag{3.2.1}$$

對於 $[a,b]$ 上所有的分割 P 都成立。有時候我們也用符號 $\sum(P) = \sum_{k=1}^{n} |\Delta f_k|$ 來表示函數 f 在分割 P 之下的變量。

定義 3.2.2. 假設 f 為閉區間 $[a,b]$ 上的一個有限變量函數。定義

$$V_f(a,b) = \sup\{\sum(P) \mid P \in \mathcal{P}[a,b]\}. \tag{3.2.2}$$

我們稱 $V_f(a,b)$ 為函數 f 在閉區間 $[a,b]$ 上的全變量 (total variation)。

在不至於產生混淆時，為了方便起見我們也會用符號 V_f 來代替 $V_f(a,b)$。注意到對於 $[a,b]$ 上一個有限變量函數 f，它在 $[a,b]$ 上的全變量 V_f 是存在、且有限的。有了有限變量函數的定義之後，下面是幾個直接的定理和例子。

§3.2 有限變量函數

定理 3.2.3. 假設 f 為 $[a,b]$ 上的一個有限變量函數，則 $0 \leq V_f < +\infty$。特別地，$V_f = 0$ 若且唯若 f 為一個常數函數。

定理 3.2.3 的證明是明顯的，由有限變量函數的定義即可得知。

例 3.2.4. 閉區間 $[a,b]$ 上的連續函數 f 不一定是 $[a,b]$ 上的有限變量函數。我們可以在 $[0,1]$ 上建構一個簡單的例子如下：

$$f(x) = \begin{cases} x\cos(\frac{\pi}{2x}), & \text{如果 } 0 < x \leq 1, \\ 0, & \text{如果 } x = 0。\end{cases}$$

不難看出 f 是 $[0,1]$ 上的連續函數。現在，令 $P_n = \{0, \frac{1}{2n}, \frac{1}{2n-1}, \cdots, \frac{1}{3}, \frac{1}{2}, 1\}$ 為 $[0,1]$ 上的一個分割。直接計算得

$$\sum(P_n) = \sum_{k=1}^{2n} |\Delta f_k| = \frac{1}{2n} + \frac{1}{2n} + \frac{1}{2n-2} + \frac{1}{2n-2} + \cdots + \frac{1}{2} + \frac{1}{2}$$
$$= 1 + \frac{1}{2} + \cdots + \frac{1}{n}。$$

因此，推得 $\lim_{n\to\infty} \sum(P_n) = +\infty$。所以，$f$ 不是 $[0,1]$ 上的有限變量函數。

定理 3.2.5. 假設 f 為閉區間 $[a,b]$ 上的一個單調函數，則 f 是 $[a,b]$ 上的一個有限變量函數。

證明： 首先，我們可以假設 f 為 $[a,b]$ 上的一個單調上升函數。因此，$|\Delta f_k| = |f(x_k) - f(x_{k-1})| = f(x_k) - f(x_{k-1})$。接著，令 $P = \{x_0, x_1, \cdots, x_{n-1}, x_n\}$ 為 $[a,b]$ 上任意的一個分割。依據定義 3.2.1，直接推得

$$\sum_{k=1}^{n} |\Delta f_k| = \sum_{k=1}^{n} (f(x_k) - f(x_{k-1})) = f(b) - f(a)。$$

特別地，$V_f = f(b) - f(a)$。當 f 為 $[a,b]$ 上的一個單調下降函數時，同理可證。證明完畢。 □

現在，假設 f 為閉區間 $[a,b]$ 上的一個函數。我們說 f 在 $[a,b]$ 上滿足一個均勻、階數為 $\alpha > 0$ 的利普希茨條件 (uniform Lipschitz condition of order $\alpha > 0$)，如果存在一個常數 $M > 0$ 使得

$$|f(x) - f(y)| \leq M|x - y|^\alpha, \qquad (3.2.3)$$

對所有的 $x, y \in [a,b]$ 都成立。很明顯地，利普希茨條件是一個比均勻連續更強的平滑性條件。

利普希茨 (Rudolf Lipschitz，1832–1903) 為一位德國數學家。

定理 3.2.6. 假設 f 為閉區間 $[a,b]$ 上的函數滿足一個均勻、階數為 $\alpha = 1$ 的利普希茨條件，則 f 是 $[a,b]$ 上的一個有限變量函數。

證明： 因為 f 滿足一個均勻、階數為 $\alpha = 1$ 的利普希茨條件，所以存在一個常數 $M > 0$ 使得 $|f(x) - f(y)| \leq M|x - y|$，對所有的 $x, y \in [a,b]$ 都成立。接著，令 $P = \{x_0, x_1, \cdots, x_{n-1}, x_n\}$ 為 $[a,b]$ 上任意的一個分割，推得

$$\sum_{k=1}^{n} |\Delta f_k| = \sum_{k=1}^{n} |f(x_k) - f(x_{k-1})|$$
$$\leq \sum_{k=1}^{n} M|x_k - x_{k-1}| = M \sum_{k=1}^{n} (x_k - x_{k-1}) = M(b-a)。$$

證明完畢。 □

定理 3.2.7. 假設 f 為 $[a,b]$ 上的一個連續函數滿足在 (a,b) 上，$f'(x)$ 存在且有界，亦即，存在一個常數 $M > 0$ 使得 $|f'(x)| \leq M$，對於所有的 $x \in (a,b)$ 都成立。則 f 是 $[a,b]$ 上的一個有限變量函數。

§3.2 有限變量函數

證明： 由假設與平均值定理知道，當 $a \leq x < y \leq b$ 時，存在點 c，$x < c < y$，滿足 $f(y) - f(x) = f'(c)(y-x)$。因此，$|f(x) - f(y)| \leq M|x-y|$，對所有的 $x, y \in [a,b]$ 都成立，亦即，f 滿足一個均勻、階數為 $\alpha = 1$ 的利普希茨條件。是以由定理 3.2.6 得知 f 是 $[a,b]$ 上的一個有限變量函數。證明完畢。 □

底下是一個滿足定理 3.2.7 假設之典型例子。

例 3.2.8. 定義 $[0,1]$ 上的連續函數 g 如下：

$$g(x) = \begin{cases} x^2 \sin(\frac{1}{x}), & \text{如果 } 0 < x \leq 1, \\ 0, & \text{如果 } x = 0。\end{cases}$$

當 $0 < x < 1$ 時，直接計算得到

$$|g'(x)| = |2x \sin x^{-1} - \cos x^{-1}| \leq 3。$$

所以，由定理 3.2.7 知道，g 是 $[0,1]$ 上的有限變量函數。

反過來說，$[a,b]$ 上的一個有限變量函數 f 是無法保證 $f'(x)$ 在開區間 (a,b) 上是有界的，如下例所示。

例 3.2.9. 考慮 $[0,1]$ 上的函數 $f(x) = x^{1/3}$。由於 f 是一個嚴格單調上升函數，由定理 3.2.5 知道 f 是 $[0,1]$ 上的有限變量函數。但是，$f'(x) = \frac{1}{3} x^{-2/3}$ 在 $(0,1)$ 上是無界的。

定理 3.2.10. 假設 f 為 $[a,b]$ 上的一個有限變量函數，則 f 在 $[a,b]$ 上是有界的，並滿足

$$|f(x)| \leq |f(a)| + V_f,$$

對於所有的 $x \in [a,b]$ 都成立。

證明： 如果 $x \in (a,b)$，則 $P = \{a, x, b\}$ 形成 $[a,b]$ 上的一個分割。因此，推得

$$|f(x)| - |f(a)| \leq |f(x) - f(a)| \leq |f(x) - f(a)| + |f(b) - f(x)| \leq V_f \text{。}$$

當 $x = a$ 或 $x = b$ 時，證明更為明顯。證明完畢。 □

有了這些準備的工作之後，我們希望能藉由全變量的概念來特徵有限變量函數的條件。底下是一些關於有限變量函數之全變量的基本性質。

定理 3.2.11. 假設 f, g 為 $[a,b]$ 上的有限變量函數，則 $f \pm g$ 與 fg 都是 $[a,b]$ 上的有限變量函數，並且滿足

$$V_{f \pm g} \leq V_f + V_g \quad , \quad V_{fg} \leq A V_f + B V_g \text{，}$$

其中 $A = \sup\{|g(x)| \mid x \in [a,b]\}$，$B = \sup\{|f(x)| \mid x \in [a,b]\}$。

證明： 第一個不等式的證明只要透過三角不等式就可以得到。至於第二個不等式的證明，我們直接估計。令 $P = \{x_0, x_1, \cdots, x_{n-1}, x_n\}$ 為 $[a,b]$ 上任意的一個分割，推得

$$\begin{aligned}
\sum_{k=1}^{n} |\Delta(fg)_k| &= \sum_{k=1}^{n} |f(x_k)g(x_k) - f(x_{k-1})g(x_{k-1})| \\
&\leq \sum_{k=1}^{n} (|g(x_k)||f(x_k) - f(x_{k-1})| \\
&\quad + |f(x_{k-1})||g(x_k) - g(x_{k-1})|) \\
&\leq A \sum_{k=1}^{n} |f(x_k) - f(x_{k-1})| + B \sum_{k=1}^{n} |g(x_k) - g(x_{k-1})| \\
&\leq A V_f + B V_g \text{。}
\end{aligned}$$

證明完畢。 □

§3.2 有限變量函數

一般而言，如果 f 為 $[a,b]$ 上的一個有限變量函數，f 的倒數 $1/f$ 不一定是 $[a,b]$ 上的有限變量函數。甚至於當 $f(p) = 0$ 時，$p \in [a,b]$，我們都無法在點 p 定義 $1/f$。比如說，我們在 $[0,1]$ 上考慮一個不為零的函數 f 定義如下：$f(0) = 1$；$f(x) = x$，當 $0 < x \leq 1$。很明顯地，f 為 $[0,1]$ 上的一個有限變量函數，且 $V_f = 2$。但是，f 的倒數 $1/f$ 為：$(1/f)(0) = 1$；$(1/f)(x) = \frac{1}{x}$，當 $0 < x \leq 1$，則不是 $[0,1]$ 上的有限變量函數。

定理 3.2.12. 假設 f 為 $[a,b]$ 上的一個有限變量函數，並且存在一個正數 m 使得 $|f(x)| \geq m$，對於每一個點 $x \in [a,b]$ 都成立。則 f 的倒數 $1/f$ 也是 $[a,b]$ 上的有限變量函數，並且 $V_{1/f} \leq V_f/m^2$。

證明： 令 $P = \{x_0, x_1, \cdots, x_{n-1}, x_n\}$ 為 $[a,b]$ 上任意的一個分割，我們直接驗證如下：

$$\sum_{k=1}^{n} \left| \Delta\left(\frac{1}{f}\right)_k \right| = \sum_{k=1}^{n} \left| \frac{1}{f(x_k)} - \frac{1}{f(x_{k-1})} \right| = \sum_{k=1}^{n} \left| \frac{f(x_{k-1}) - f(x_k)}{f(x_k) f(x_{k-1})} \right|$$

$$\leq \frac{1}{m^2} \sum_{k=1}^{n} |f(x_k) - f(x_{k-1})|$$

$$\leq \frac{V_f}{m^2}。$$

證明完畢。 □

現在，如果固定 $[a,b]$ 上的一個有限變量函數 f，並且令 $c \in (a,b)$，我們便可以得到下面的定理。也就是說，全變量是可以相加的。

定理 3.2.13. 假設 f 為 $[a,b]$ 上的一個有限變量函數，且 $c \in (a,b)$。

則 f 為 $[a,c]$ 與 $[c,b]$ 上的有限變量函數，並且滿足

$$V_f(a,b) = V_f(a,c) + V_f(c,b)。$$

證明： 令 P_1 為 $[a,c]$ 上的一個分割，P_2 為 $[c,b]$ 上的一個分割。因此，得到 $P = P_1 \cup P_2$ 為 $[a,b]$ 上的一個分割。用符號 $\sum(P_1)$ 表示 f 在 $[a,c]$ 上相對於分割 P_1 的變量，$\sum(P_2)$ 表示 f 在 $[c,b]$ 上相對於分割 P_2 的變量，則

$$\sum(P_1) + \sum(P_2) = \sum(P) \leq V_f(a,b)。$$

很明顯地，上述不等式已說明了 f 為 $[a,c]$ 與 $[c,b]$ 上的有限變量函數，同時滿足

$$V_f(a,c) + V_f(c,b) \leq V_f(a,b)。$$

至於另一個方向，令 $P = \{x_0, x_1, \cdots, x_{n-1}, x_n\}$ 為 $[a,b]$ 上任意的一個分割。此時，我們可以考慮一個可能是新的、且更細的分割 $P_c = P \cup \{c\}$，得到 $P_1 = P_c \cap [a,c]$ 為 $[a,c]$ 上的一個分割，$P_2 = P_c \cap [c,b]$ 為 $[c,b]$ 上的一個分割。同時，注意到如果 $c \in [x_{k-1}, x_k]$，某一個由分割 P 所得到的小區間，則

$$|f(x_k) - f(x_{k-1})| \leq |f(x_k) - f(c)| + |f(c) - f(x_{k-1})|。$$

這表示 $\sum(P) \leq \sum(P_c)$。因此，我們便可以推得

$$\sum(P) \leq \sum(P_c) = \sum(P_1) + \sum(P_2) \leq V_f(a,c) + V_f(c,b)，$$

與 $V_f(a,b) \leq V_f(a,c) + V_f(c,b)$。所以，$V_f(a,b) = V_f(a,c) + V_f(c,b)$。證明完畢。 □

定理 3.2.13 提供了一個很重要的性質，讓我們能夠用以特徵 $[a,b]$ 上的有限變量函數。現在，假設 f 為 $[a,b]$ 上的一個有限變量

§3.2 有限變量函數

函數，定義相對於 f 的全變量函數 V 如下：$V(x) = V_f(a, x)$，當 $0 < x \leq b$；$V(a) = 0$。底下的定理給出了函數 V 很重要的性質。

定理 3.2.14. 假設 f 為 $[a, b]$ 上的一個有限變量函數，V 為相對於 f 的全變量函數。則

(i) V 是 $[a, b]$ 上一個非負、有界的上升函數。
(ii) $V - f$ 是 $[a, b]$ 上一個上升函數。

證明：(i) 的證明由定理 3.2.13就可以直接推得。至於 (ii) 的證明也是經由直接驗證即可。令 $a \leq x < y \leq b$。因為 $|f(y) - f(x)| \leq V_f(x, y)$，得到

$$V(y) - f(y) - (V(x) - f(x)) = V_f(x, y) - (f(y) - f(x)) \geq 0，$$

亦即，$V(x) - f(x) \leq V(y) - f(y)$。所以，$V - f$ 是一個上升函數。證明完畢。□

現在，我們就可以完全地特徵 $[a, b]$ 上的有限變量函數。

定理 3.2.15. 假設 f 為 $[a, b]$ 上的一個函數。則 f 為 $[a, b]$ 上的一個有限變量函數若且唯若 f 可以表現為二個上升函數的差。

證明：如果 f 為 $[a, b]$ 上的一個有限變量函數，則依據定理 3.2.14，我們可以把 f 寫成 $f = V - (V - f)$，其中 V 為相對於 f 的全變量函數。所以，f 就可以寫成二個上升函數的差。

反過來說，如果 f 可以寫成二個上升函數的差，依據定理 3.2.5與定理 3.2.11，f 為 $[a, b]$ 上的一個有限變量函數。證明完畢。□

定理 3.2.16. 假設 f 為 $[a,b]$ 上的一個有限變量函數，V 為相對於 f 的全變量函數。則 f 在點 $c \in [a,b]$ 連續若且唯若 V 在點 $c \in [a,b]$ 連續。

證明： 我們只考慮在內點 $c \in (a,b)$ 的證明。在邊界點 a 或 b 的證明將更為明顯。由於全變量函數 V 與 $V - f$ 皆為 $[a,b]$ 上的上升函數，所以 V 與 f 的單邊極限都是存在的。

首先，假設 V 在點 c 連續。令點 x 滿足 $c < x < b$，則得到

$$0 \leq |f(x) - f(c)| \leq V(x) - V(c) \text{。}$$

因此，當 x 趨近於 c 時，推得

$$0 \leq |f(c+) - f(c)| \leq V(c+) - V(c) = 0 \text{。}$$

同樣地，考慮點 x 滿足 $a < x < c$，也得到

$$0 \leq |f(c) - f(c-)| \leq V(c) - V(c-) = 0 \text{。}$$

所以，$f(c) = f(c+) = f(c-)$，亦即，f 在點 c 連續。

反過來說，現在我們假設 f 在點 c 連續。因此，給定任意正數 ϵ，存在一個 $\delta = \delta(\epsilon) > 0$ 使得 $|f(x) - f(c)| < \epsilon/2$，對於所有 $x \in [a,b]$ 滿足 $|x - c| < \delta$ 都成立。現在，對於此 ϵ 存在 $[c,b]$ 上的一個分割 P，記為 $P = \{x_0, x_1, \cdots, x_{n-1}, x_n\}$ ($c = x_0 < x_1 < \cdots < x_{n-1} < x_n = b$)，滿足

$$V_f(c,b) - \frac{\epsilon}{2} \leq \sum_{k=1}^{n} |\Delta f_k| \text{。}$$

這個時候注意到，如果考慮一個分割比 P 更細的話，則上述之不等式的右邊有可能變得更大。因此，我們可以假設 $0 < x_1 - x_0 < \delta$，

§3.2 有限變量函數

否則就加入一點作為新的 x_1 滿足此條件。這也表示

$$|f(x_1) - f(c)| = |\Delta f_1| < \frac{\epsilon}{2} \text{。}$$

因而推得

$$V_f(c,b) - \frac{\epsilon}{2} \leq |\Delta f_1| + \sum_{k=2}^{n} |\Delta f_k| < \frac{\epsilon}{2} + V_f(x_1, b) \text{，}$$

亦即，

$$V_f(c,b) - V_f(x_1, b) < \epsilon \text{。}$$

最後，利用定理 3.2.13，便可得到

$$0 \leq V(x_1) - V(c) = V_f(a, x_1) - V_f(a, c) = V_f(c, x_1)$$

$$= V_f(c, b) - V_f(x_1, b) < \epsilon \text{。}$$

所以，$V(c+) = V(c)$。同理也可以推得 $V(c-) = V(c)$。也就是說，V 在點 c 連續。證明完畢。□

很明顯地，直接由定理 3.2.15 與定理 3.2.16，我們就可以敘述連續的有限變量函數。

定理 3.2.17. 假設 f 為 $[a,b]$ 上的一個連續函數。則 f 為 $[a,b]$ 上的一個有限變量函數若且唯若 f 可以表現為二個上升連續函數的差。

由於 $[a,b]$ 上的有限變量函數 f 都可以寫成二個上升函數的差，所以如果 f 有不連續點，它們都是跳躍式的不連續點，亦即，第一類不連續點。

接著，我們再對有限變量函數作另一層面的分析。假設 f 為 $[a,b]$ 上的一個有限變量函數。令 $P = \{x_0, x_1, \cdots, x_{n-1}, x_n\}$ 為 $[a,b]$

上的一個分割。一如前述，符號 $\Delta f_k = f(x_k) - f(x_{k-1})$ $(1 \leq k \leq n)$。
令
$$A(P) = \{k \mid \Delta f_k > 0\}, \quad B(P) = \{k \mid \Delta f_k < 0\}。$$
定義
$$p_f(a,b) = \sup\left\{\sum_{k \in A(P)} \Delta f_k \mid P \in \mathcal{P}[a,b]\right\}$$
與
$$n_f(a,b) = \sup\left\{\sum_{k \in B(P)} |\Delta f_k| \mid P \in \mathcal{P}[a,b]\right\}$$

我們分別稱 $p_f(a,b)$ 與 $n_f(a,b)$ 為 f 在區間 $[a,b]$ 上的正變量 (positive variation) 與負變量 (negative variation)。

定理 3.2.18. 假設 f 為 $[a,b]$ 上的一個有限變量函數。定義函數 $p(x)$ 與 $n(x)$ 如下：$p(x) = p_f(a,x)$，$n(x) = n_f(a,x)$，當 $0 < x \leq b$；$p(a) = n(a) = 0$。則

(i) $0 \leq p(x) \leq V(x)$ 與 $0 \leq n(x) \leq V(x)$。
(ii) $V(x) = p(x) + n(x)$。
(iii) p 與 n 為 $[a,b]$ 上的上升函數。
(iv) $f(x) = f(a) + p(x) - n(x)$。
(v) $p(x) = \frac{1}{2}(V(x) + f(x) - f(a))$，$n(x) = \frac{1}{2}(V(x) - f(x) + f(a))$。
(vi) 如果 f 在點 x_0 連續，則 p 與 n 在點 x_0 也連續。

證明：(i) 與 (iii) 的證明是明顯的。

(ii) 的證明。令 P 為 $[a,x]$ 上的一個分割，得到
$$\sum(P) = \sum_{k \in A(P)} \Delta f_k + \sum_{k \in B(P)} |\Delta f_k| \leq p_f(a,x) + n_f(a,x)。$$
因此，$V(x) \leq p(x) + n(x)$。

§3.2 有限變量函數

反過來說,如果 P' 為 $[a,x]$ 上一個比 P 更細的分割,則

$$\sum_{k \in A(P')} \Delta f_k \quad \text{與} \quad \sum_{k \in B(P')} |\Delta f_k| \text{,}$$

若與其相對應於分割 P 的值,都只會維持不變或增大。因此,對於任意給定之正數 ϵ,我們可以得到 $[a,x]$ 上的一個分割 P_ϵ 滿足

$$p_f(a,x) \leq \sum_{k \in A(P_\epsilon)} \Delta f_k + \epsilon \text{ , } \quad n_f(a,x) \leq \sum_{k \in B(P_\epsilon)} |\Delta f_k| + \epsilon \text{,}$$

並推得

$$\sum(P_\epsilon) = \sum_{k \in A(P_\epsilon)} \Delta f_k + \sum_{k \in B(P_\epsilon)} |\Delta f_k| \geq (p_f(a,x) - \epsilon) + (n_f(a,x) - \epsilon) \text{。}$$

所以,得到 $V(x) \geq p(x) + n(x) - 2\epsilon$,對於任意給定之正數 ϵ 都成立。這說明了 $V(x) \geq p(x) + n(x)$。也因此得到 $V(x) = p(x) + n(x)$。

(iv) 的證明。令 P 為 $[a,x]$ 上的一個分割,得到

$$f(x) - f(a) = \sum_{k \in A(P)} \Delta f_k - \sum_{k \in B(P)} |\Delta f_k| \text{。}$$

注意到,如果固定點 x 的話,上述等式的左邊只跟點 x 有關是不會動的,然而它的右邊卻是由 $[a,x]$ 上的分割 P 給出來的。這表示 $[a,x]$ 上不同的分割 P 在上述等式的右邊都會給出相同的數值。如此,再利用 **(ii)** 的證明,對於任意給定之正數 ϵ,我們可以得到 $[a,x]$ 上的一個分割 P_ϵ 滿足

$$(p_f(a,x) - \epsilon) - n_f(a,x) \leq f(x) - f(a) = \sum_{k \in A(P_\epsilon)} \Delta f_k - \sum_{k \in B(P_\epsilon)} |\Delta f_k|$$
$$\leq p_f(a,x) - (n_f(a,x) - \epsilon) \text{,}$$

亦即,

$$-\epsilon \leq f(x) - f(a) - p(x) + n(x) \leq \epsilon \text{。}$$

由於 ϵ 為任意給定之正數，所以得到 $f(x) = f(a) + p(x) - n(x)$。

(v) 的證明。由 (ii) 與 (iv) 得到，$V(x) = p(x) + n(x)$ 與 $f(x) - f(a) = p(x) - n(x)$。所以，經由相加減，我們有 $2p(x) = V(x) + f(x) - f(a)$ 與 $2n(x) = V(x) - f(x) + f(a)$。

(vi) 的證明。如果 f 在點 x_0 連續，經由定理 3.2.16 知道，V 在點 x_0 也連續。因此，由 (v) 的公式可以看出 p 與 n 在點 x_0 也連續。證明完畢。 □

在結束這一節之前，最後我們介紹數學上一類蠻重要的有限變量函數。

定義 3.2.19. 假設 $f : [a,b] \to \mathbb{R}$ 為一個函數。我們說 f 在 $[a,b]$ 上是絕對連續的 (absolutely continuous)，如果對於任意 $\epsilon > 0$，存在一個 $\delta > 0$ 滿足
$$\sum_{k=1}^{n} |f(b_k) - f(a_k)| < \epsilon,$$
對於 $[a,b]$ 上任意 n 個 ($n \in \mathbb{N}$) 分離的 (disjoint) 子開區間 (a_k, b_k) 滿足 $\sum_{k=1}^{n}(b_k - a_k) < \delta$ 都要成立。

一個直接的性質就是下面的定理。

定理 3.2.20. 在 $[a,b]$ 上每一個絕對連續函數 f 都是連續且有限變量的。

證明： 很明顯地，由定義 3.2.19 (取 $n = 1$)，就可以看出 f 在 $[a,b]$ 上是均勻連續的。至於 f 是有限變量的函數，我們證明如下。

首先，對於給定的正數 $\epsilon = 1$，由於函數 f 是絕對連續的，所以

存在一個正數 δ 滿足定義 3.2.19 中的要求。因此，我們可以選取一個夠大的正整數 m 使得 $(b-a)/m < \delta$。現在令 P 為 $[a,b]$ 上的一個分割，我們可以假設點 $a + (k(b-a)/m) \in P$ $(1 \leq k \leq m-1)$，因為增加分割點只會使得函數所對應的變量增大。如此便可以得到區間 $I_k = [a + \frac{(k-1)(b-a)}{m}, a + \frac{k(b-a)}{m}]$ $(1 \leq k \leq m)$ 上的一個分割 $P_k = P \cap I_k$。這個時候利用 f 是絕對連續的性質，不難看出在 I_k 上 f 相對應於分割 P_k 的變量 $\sum(P_k) < \epsilon = 1$。同時，我們也得到

$$\sum(P) = \sum(P_1) + \cdots + \sum(P_m) < m。$$

這說明了 f 是 $[a,b]$ 上的有限變量函數。證明完畢。 □

然而我們必須注意的是定理 3.2.20 的逆敘述，一般而言，是不成立的。在後續的章節裡，我們在區間 $[0,1]$ 上會遇到一個很典型且重要的函數，康托爾-勒貝格函數 (Cantor-Lebesgue function)，就是一個例子。康托爾-勒貝格函數是連續且有限變量的，但是它不是絕對連續的函數。

§3.3 可求長曲線

在這一節裡，我們將以有限變量函數的概念為基礎，來探討如何測量歐氏空間 $\mathbb{R}^n$ 上一條曲線的長度。簡單地說，$\mathbb{R}^n$ 上一條曲線指的就是一個自區間 $[a,b]$ 到 $\mathbb{R}^n$ 之連續映射 f 的圖像 (graph)，有時候我們也會以符號 $\mathcal{C}$ 來記之。數學上我們也稱函數 f 為一條路徑 (path)。由於區間 $[a,b]$ 是緊緻的、也是連通的 (connected)，所以曲線本身也是緊緻與連通的。在這裡我們回顧一下集合連通性的定義。我們說 $\mathbb{R}^n$ 上一個集合 E 是連通的，如果 E 上不存在二個分離、非空的開子集合 A 與 B 滿足 $E = A \cup B$。如果一個集合 E 不是連通的，我們便說 E 是不連通的 (disconnected)。

現在，假設 $\mathcal{C}$ 為 $\mathbb{R}^n$ 上之一條曲線。為了探討如何測量曲線的長度，我們必須先理解到在歐氏空間 $\mathbb{R}^n$ 上相異二點 P、Q 之間的距離是由連結此二點之直線長度所給出來的。也就是說，在連結二點 P、Q 之間所有曲線中以直線的長度為最小。基於這樣的認知，很自然地，便衍生出以內接折線 (inscribed polygons) 的長度來逼近此曲線的長度，而且不難看出此曲線的長度應該是這些內接折線長度的一個上界。

現在，我們可以把這些想法轉換成數學上的術語。假設 $f : [a,b] \to \mathbb{R}^n$ 為一條曲線，亦即，$f = (f_1, f_2, \cdots, f_n)$，其中 f_j ($1 \leq j \leq n$) 為分量函數 (component functions)。令 $P = \{t_0, t_1, \cdots, t_{m-1}, t_m\}$ 為 $[a,b]$ 上的一個分割，$f(a) = f(t_0)$，$f(t_1)$，$\cdots$，$f(t_{m-1})$，$f(t_m) = f(b)$ 則為內接折線的頂點 (vertices)。因此，推得此內接折線的長度，記為 $\Lambda_f(P)$，如下：

$$\Lambda_f(P) = \sum_{k=1}^{m} |f(t_k) - f(t_{k-1})|。$$

底下，我們將定義所謂可求長之曲線 (rectifiable curve)。

定義 3.3.1. 假設 f 為 $\mathbb{R}^n$ 上之一條曲線。如果存在一個正數是此曲線所有內接折線之長度 $\Lambda_f(P)$，$P \in \mathcal{P}[a,b]$，的上界，我們便說 f 為一條可求長之曲線，並且把它的弧長 (arc length)，記為 $\Lambda_f(a,b)$，定義如下：

$$\Lambda_f(a,b) = \sup\{\Lambda_f(P) \mid P \in \mathcal{P}[a,b]\}。$$

如果 $\Lambda_f(a,b) = +\infty$，我們便說曲線 f 是不可求長的 (nonrectifiable)。

一般而言，藉由一條曲線的分量函數可以特徵此曲線是否為可

§3.3 可求長曲線

求長的。

定理 3.3.2. 假設 $f : [a,b] \to \mathbb{R}^n$ 為一條路徑，$f = (f_1, f_2, \cdots, f_n)$。則 f 為可求長的若且唯若每一個分量函數 f_j ($1 \leq j \leq n$) 都是 $[a,b]$ 上的有限變量函數。如果 f 為可求長的，則對於每一個分量函數 f_j 我們有

$$V_{f_j}(a,b) \leq \Lambda_f(a,b) \leq V_{f_1}(a,b) + \cdots + V_{f_n}(a,b) \text{。} \qquad (3.3.1)$$

證明： 令 $P = \{t_0, t_1, \cdots, t_{m-1}, t_m\}$ 為 $[a,b]$ 上的一個分割。經由函數 f 相對應於分割 P 之變量的定義，就可推得

$$\sum_{k=1}^{m} |f_j(t_k) - f_j(t_{k-1})| \leq \Lambda_f(P) \leq \sum_{j=1}^{n} \sum_{k=1}^{m} |f_j(t_k) - f_j(t_{k-1})|,$$

對於每一個分量函數 f_j 都成立。證明完畢。 □

例 3.3.3. 在例 3.2.4 中，我們給出了閉區間 $[0,1]$ 上一個連續函數 f：$f(0) = 0$，$f(x) = x \cos(\pi/(2x))$，如果 $0 < x \leq 1$。但是，f 不是 $[0,1]$ 上的有限變量函數。因此，f 所定義的圖像就不是可求長的曲線。

接下來我們要證明弧長是可加成的。

定理 3.3.4. 假設 $f : [a,b] \to \mathbb{R}^n$ 為一條可求長的路徑。令 $c \in (a,b)$，則

$$\Lambda_f(a,b) = \Lambda_f(a,c) + \Lambda_f(c,b) \text{。}$$

證明： 由於 f 為一條可求長的路徑，因此，藉由 f 的分量函數 f_j

$(1 \leq j \leq n)$，$\Lambda_f(a,c)$ 與 $\Lambda_f(c,b)$ 的存在是可以由定理 3.2.13與定理 3.3.2來保證的。至於等式成立的部分，令 P 為 $[a,b]$ 上的一個分割且 $c \in P$，否則可以替換 P 為 $P \cup \{c\}$。是以得到 $P_1 = P \cap [a,c]$ 為 $[a,c]$ 上的一個分割，$P_2 = P \cap [c,b]$ 為 $[c,b]$ 上的一個分割，滿足

$$\Lambda_f(P) = \Lambda_f(P_1) + \Lambda_f(P_2) \leq \Lambda_f(a,c) + \Lambda_f(c,b)。$$

因此，得到 $\Lambda_f(a,b) \leq \Lambda_f(a,c) + \Lambda_f(c,b)$。

反過來說，令 P_1 為 $[a,c]$ 上的一個分割，P_2 為 $[c,b]$ 上的一個分割。考慮 $[a,b]$ 上的一個分割 $P = P_1 \cup P_2$，進而推得

$$\Lambda_f(P_1) + \Lambda_f(P_2) = \Lambda_f(P) \leq \Lambda_f(a,b)。$$

當我們取左式的最小上界時，便得到 $\Lambda_f(a,c) + \Lambda_f(c,b) \leq \Lambda_f(a,b)$。證明完畢。 □

如果我們固定一條 $[a,b]$ 上可求長的路徑 f，同時將其弧長視為 $[a,b]$ 上的一個函數 $s(x)$，亦即，定義：$s(x) = \Lambda_f(a,x)$，當 $a < x \leq b$；$s(a) = 0$，則我們也有下面的定理。

定理 3.3.5. 假設 $f : [a,b] \to \mathbb{R}^n$ 為一條可求長的路徑。定義 f 的弧長函數 $s(x)$ 如上所述，則

(i) s 為 $[a,b]$ 上的一個上升且連續的函數。
(ii) 如果在 $[a,b]$ 上不存在一個子區間 $[c,d] \subseteq [a,b]$ ($c < d$) 使得 f 在 $[c,d]$ 上為常數，則 s 為一個嚴格上升的函數。

證明： 首先假設 $a \leq x < y \leq b$，利用定理 3.3.4推得

$$s(y) - s(x) = \Lambda_f(a,y) - \Lambda_f(a,x) = \Lambda_f(x,y) \geq 0。$$

§3.3 可求長曲線

所以，s 為 $[a,b]$ 上的一個上升函數。如果 $\Lambda_f(x,y) = 0$，不難由 (3.3.1) 看出 $V_{f_j}(x,y) = 0$，對於每一個 j ($1 \leq j \leq n$) 都成立。這表示說每一個分量函數 f_j 在區間 $[x,y]$ 上都是常數，所以 f 在 $[x,y]$ 上也是常數。因此，在 (ii) 的假設之下，s 為一個嚴格上升的函數。

至於 s 的連續性，我們還是利用 (3.3.1) 來得到。在 $a < x < y < b$ 的假設之下，我們有

$$0 \leq s(y) - s(x) = \Lambda_f(x,y) \leq \sum_{j=1}^{n} V_{f_j}(x,y) \text{。}$$

因為 f 是連續函數，由定理 3.2.16 知道，V_j ($1 \leq j \leq n$) 也都是連續函數。所以，$\lim_{y \to x+} V_{f_j}(x,y) = 0$，對於每一個 j ($1 \leq j \leq n$) 都成立。是以得到 $s(x) = s(x+)$。同理也可以推得 $s(x) = s(x-)$。這表示 s 在點 x 連續。當 $x = a$ 或 $x = b$ 時，也可以得到 $s(a) = s(a+)$ 或 $s(b) = s(b-)$。因此，s 為 $[a,b]$ 上的一個連續函數。證明完畢。 □

底下是與本章內容相關的一些習題。

習題 3.1. (i) 假設 f_k 為閉區間 $[a,b]$ 上一序列有限變量函數。如果存在一個正數 M 滿足 $V_{f_k}(a,b) \leq M$，對於所有的 k 都成立，並且在 $[a,b]$ 上 f_k 逐點收斂到函數 f。證明 f 也是 $[a,b]$ 上的有限變量函數，滿足 $V_f(a,b) \leq M$。(ii) 給出一序列在 $[a,b]$ 上逐點收斂的有限變量函數，但是它們的極限函數不是有限變量的。

習題 3.2. 假設 f 為閉區間 $[a,b]$ 上的一個有限 (finite) 函數，使得 f 在區間 $[a+\epsilon, b]$ 上都是一個有限變量函數滿足 $V_f(a+\epsilon, b) \leq M < \infty$ (某一個正數 M)，對於每一個 $\epsilon > 0$ 都成立。證明 f 在 $[a,b]$ 上為一個有限變量函數。是否 $V_f(a,b) \leq M$ 會成立？

習題 3.3. 假設 f 為閉區間 $[a,b]$ 上的函數滿足一個均勻、階數為 $\alpha > 1$ 的利普希茨條件。證明 f 是一個常數函數。

習題 3.4. 構造 $[a,b]$ 上一個不是有限變量，但卻滿足均勻、階數為 $0 < \alpha < 1$ 之利普希茨條件的函數 f。

習題 3.5. 假設 $f : [a,b] \to \mathbb{R}^n$ 為一個連續函數滿足 $f' \in C([a,b])$，亦即，f' 在 $[a,b]$ 上是連續的。證明 f 是可求長的，並且其弧長 $\Lambda_f(a,b)$ 可以表示如下：

$$\Lambda_f(a,b) = \int_a^b |f'(t)|dt \text{。}$$

習題 3.6. 假設函數 f 在 $[a,b]$ 上滿足一個均勻、階數為 1 的利普希茨條件，則 f 在 $[a,b]$ 上是絕對連續的。

習題 3.7. 假設 f 與 g 是 $[a,b]$ 上絕對連續的函數。則下列函數也都是 $[a,b]$ 上絕對連續的函數：$|f|$，cf (c 為一個常數)，$f + g$，fg。當存在一個常數 $m > 0$ 使得 $|g(x)| \geq m$，對於每一個 $x \in [a,b]$ 都成立時，f/g 也是 $[a,b]$ 上絕對連續的函數。

§3.4 參考文獻

1. Apostol, T. M., Mathematical Analysis, Second Edition, Addison-Wesley, Reading, MA, 1974.

2. Bartle, R. G., The Elements of Real Analysis, Second Edition, John Wiley and Sons, Inc., New York, 1976.

3. Jones, F., Lebesgue Integration on Euclidean Space, Jones and Bartlett Publishers, Inc., Boston, MA, 1993.

4. Stein, E. M. and Shakarchi, R., Real Analysis: Measure theory, Integration, and Hilbert spaces, Princeton Lectures in Analysis III, Princeton University Press, Princeton, NJ, 2005.

5. Wheeden, R. L. and Zygmund, A., Measure and Integral: an introduction to Real Analysis, Marcel Dekker Inc., New York, 1977.

第 4 章
黎曼-斯蒂爾吉斯積分

§4.1 前言

為了發展黎曼-斯蒂爾吉斯積分,我們在上一章講述了有限變量函數相關的定理。因此,基於對有限變量函數的理解與認知,在這一章我們將把黎曼積分推廣。簡單地說,黎曼-斯蒂爾吉斯積分的架構在理論上是與黎曼積分平行的。我們只是把黎曼積分中的積分因子從自變數 x 推廣到一般的函數 $\alpha(x)$,而且允許 $\alpha(x)$ 是一個不連續的函數。因此,黎曼-斯蒂爾吉斯積分成為在物理學與機率論上非常有用的工具。也因為黎曼-斯蒂爾吉斯積分的理論與黎曼積分幾乎是平行、相對應的,是以在後續講述的過程,有時候我們會把證明略過,讓讀者自行參照黎曼積分中相對應的定理把證明補齊。

§4.2 黎曼-斯蒂爾吉斯積分

有了黎曼積分的理論作為基礎，在這裡我們便直接定義黎曼-斯蒂爾吉斯積分。所以，先很快地回顧一些符號，同時作部分修訂。

首先，閉區間 $[a,b]$ 上的一個有限集合 $P = \{x_0, x_1, \cdots, x_{n-1}, x_n\}$ 被稱為 $[a,b]$ 的一個分割，如果 $a = x_0 < x_1 < \cdots < x_{n-1} < x_n = b$。我們說分割 P' 比分割 P 細，如果 $P \subseteq P'$。符號 $\mathcal{P}[a,b]$ 代表區間 $[a,b]$ 上所有分割所形成的集合。

在本章裡，我們討論的函數都將是有界的實函數。若 $\alpha(x)$ 為一個有界的實函數，P 為 $[a,b]$ 上的一個分割，定義 $\Delta\alpha_k = \alpha(x_k) - \alpha(x_{k-1})$，是以

$$\sum_{k=1}^{n} \Delta\alpha_k = \sum_{k=1}^{n} (\alpha(x_k) - \alpha(x_{k-1})) = \alpha(b) - \alpha(a)。$$

底下就是黎曼-斯蒂爾吉斯積分的定義。

定義 4.2.1. 假設 f 與 α 是區間 $[a,b]$ 上的二個有界函數，$P = \{x_0, x_1, \cdots, x_n\}$ 為 $[a,b]$ 上的一個分割，$t_k \in [x_{k-1}, x_k]$ $(1 \leq k \leq n)$。定義 f 在 $[a,b]$ 上，相對於 α，的一個黎曼-斯蒂爾吉斯和 (Riemann-Stieltjes sum) $S(P, f, \alpha)$ 如下：

$$S(P, f, \alpha) = \sum_{k=1}^{n} f(t_k) \Delta\alpha_k。$$

我們說 f 在區間 $[a,b]$ 上，相對於 α，是黎曼可積分，記為 $f \in \mathcal{R}(\alpha)$，如果存在一個數 A 滿足：給定一個 $\epsilon > 0$，則存在 $[a,b]$ 上的一個分割 P_ϵ 使得對於每一個比 P_ϵ 更細的分割 P 與任意 $t_k \in$

§4.2 黎曼-斯蒂爾吉斯積分

$[x_{k-1}, x_k]$，我們都有

$$|S(P, f, \alpha) - A| < \epsilon \text{。} \tag{4.2.1}$$

當 A 存在時，它是唯一的，我們將此數 A 記為 $\int_a^b f(x) d\alpha(x)$ 或 $\int_a^b f d\alpha$。當 $\alpha(x) = x$ 時，定義 4.2.1 就是黎曼積分的定義。黎曼-斯蒂爾吉斯積分的存在性可以由下面的柯西判別定理 (Cauchy criterion) 來特徵。

定理 4.2.2. 函數 f 在區間 $[a, b]$ 上，相對於 α，是黎曼可積分若且唯若對於任意給定之正數 ϵ，存在 $[a, b]$ 上的一個分割 P_ϵ 使得對於任意二個比 P_ϵ 更細的分割 P_1 與 P_2，我們有

$$|S(P_1, f, \alpha) - S(P_2, f, \alpha)| < \epsilon \text{。}$$

證明： 假設 f 在區間 $[a, b]$ 上，相對於 α，是黎曼可積分。因此，存在一個數 A 滿足：對於任意給定之正數 ϵ，存在 $[a, b]$ 上的一個分割 P_ϵ 使得對於每一個比 P_ϵ 更細的分割 P 與任意 $t_k \in [x_{k-1}, x_k]$，我們都有

$$|S(P, f, \alpha) - A| < \frac{\epsilon}{2} \text{。}$$

因此，如果 P_1 與 P_2 為任意二個比 P_ϵ 更細的分割，便可推得

$$\begin{aligned}|S(P_1, f, \alpha) - S(P_2, f, \alpha)| &\leq |S(P_1, f, \alpha) - A| + |S(P_2, f, \alpha) - A| \\ &< \frac{\epsilon}{2} + \frac{\epsilon}{2} \\ &= \epsilon \text{。}\end{aligned}$$

反過來說，假設對於任意給定之正數 ϵ，存在 $[a, b]$ 上的一個分

割 P_ϵ 使得對於任意二個比 P_ϵ 更細的分割 P_1 與 P_2，我們有

$$|S(P_1, f, \alpha) - S(P_2, f, \alpha)| < \epsilon。$$

這個時候，我們取 $\epsilon = 1/n$ $(n \in \mathbb{N})$，得到分割 P_n 使得對於任意二個比 P_n 更細的分割 P_{n1} 與 P_{n2}，我們有

$$|S(P_{n1}, f, \alpha) - S(P_{n2}, f, \alpha)| < \frac{1}{n}。$$

注意到我們也可以假設分割 P_{n+1} 比 P_n 還要細。因此，不難看出數列 $\{S(P_n, f, \alpha)\}_{n=1}^\infty$ 形成一個柯西數列，得到

$$\lim_{n \to \infty} S(P_n, f, \alpha) = A,$$

某一個實數 A。現在，如果 ϵ 為一個給定之正數，選取一個正整數 n_0 滿足 $\frac{1}{n_0} < \frac{\epsilon}{2}$ 與 $|S(P_{n_0}, f, \alpha) - A| < \frac{\epsilon}{2}$。因此，當 P 為一個比 P_{n_0} 更細的分割時，便可推得

$$|S(P, f, \alpha) - A| \le |S(P, f, \alpha) - S(P_{n_0}, f, \alpha)| + |S(P_{n_0}, f, \alpha) - A|$$
$$< \frac{1}{n_0} + \frac{\epsilon}{2} < \epsilon。$$

所以，依據定義 4.2.1，函數 f 在區間 $[a,b]$ 上，相對於 α，是黎曼可積分，而且

$$\int_a^b f(x) d\alpha(x) = A。$$

證明完畢。 □

底下我們敘述一些有關黎曼-斯蒂爾吉斯積分的基本性質。首先，黎曼-斯蒂爾吉斯積分對被積函數 (integrand) 與積分因子都是線性的。

定理 4.2.3. 假設 f 與 g 為定義在閉區間 $[a,b]$ 上的有界函數，且 $f \in \mathcal{R}(\alpha)$，$g \in \mathcal{R}(\alpha)$。對於任意二個實數 c_1 與 c_2，我們有 $c_1 f + c_2 g \in$

§4.2 黎曼-斯蒂爾吉斯積分

$\mathcal{R}(\alpha)$ 與

$$\int_a^b (c_1 f(x) + c_2 g(x)) d\alpha(x) = c_1 \int_a^b f(x) d\alpha(x) + c_2 \int_a^b g(x) d\alpha(x)。$$
(4.2.2)

本定理的證明由讀者自行驗證。

定理 4.2.4. 假設在區間 $[a,b]$ 上 $f \in \mathcal{R}(\alpha)$ 且 $f \in \mathcal{R}(\beta)$。對於任意二個實數 c_1 與 c_2，我們有 $f \in \mathcal{R}(c_1\alpha + c_2\beta)$ 與

$$\int_a^b f(x) d(c_1\alpha + c_2\beta)(x) = c_1 \int_a^b f(x) d\alpha(x) + c_2 \int_a^b f(x) d\beta(x)。$$
(4.2.3)

證明： 給定一個 $\epsilon > 0$，由假設知道存在 $[a,b]$ 上的一個分割 P'_ϵ 使得對於每一個比 P'_ϵ 更細的分割 P 與任意 $t_k \in [x_{k-1}, x_k]$，可以推得

$$\left| S(P, f, \alpha) - \int_a^b f(x) d\alpha(x) \right| < \epsilon，$$

以及存在 $[a,b]$ 上的一個分割 P''_ϵ 使得對於每一個比 P''_ϵ 更細的分割 P 與任意 $t_k \in [x_{k-1}, x_k]$，也有

$$\left| S(P, f, \beta) - \int_a^b f(x) d\beta(x) \right| < \epsilon。$$

現在，令 $P_\epsilon = P'_\epsilon \cup P''_\epsilon$。很明顯地，對於每一個比 P_ϵ 更細的分割 P 與任意 $t_k \in [x_{k-1}, x_k]$，我們有

$$\left| S(P,f,c_1\alpha + c_2\beta) - \left(c_1 \int_a^b f(x)\,d\alpha(x) + c_2 \int_a^b f(x)\,d\beta(x) \right) \right|$$

$$\leq \left| c_1 \left(S(P,f,\alpha) - \int_a^b f(x)\,d\alpha(x) \right) \right|$$

$$+ \left| c_2 \left(S(P,f,\beta) - \int_a^b f(x)\,d\beta(x) \right) \right|$$

$$< \epsilon(|c_1| + |c_2|)\text{。}$$

因此，依據定義 4.2.1，$f \in \mathcal{R}(c_1\alpha + c_2\beta)$ 且 **(4.2.3)** 成立。證明完畢。 $\square$

定理 4.2.5. 假設 $c \in (a,b)$。如果在式 (4.2.4) 中有二個積分存在，則第三個積分也存在並且滿足

$$\int_a^c f\,d\alpha + \int_c^b f\,d\alpha = \int_a^b f\,d\alpha \text{。} \tag{4.2.4}$$

證明： 假設 $\int_a^c f\,d\alpha$ 與 $\int_c^b f\,d\alpha$ 存在。給定一個 $\epsilon > 0$，由假設知道存在 $[a,c]$ 上的一個分割 P'_ϵ 使得對於每一個比 P'_ϵ 更細的分割 P'，可以推得

$$\left| S(P',f,\alpha) - \int_a^c f(x)\,d\alpha(x) \right| < \epsilon \text{，}$$

以及存在 $[c,b]$ 上的一個分割 P''_ϵ 使得對於每一個比 P''_ϵ 更細的分割 P''，也有

$$\left| S(P'',f,\alpha) - \int_c^b f(x)\,d\alpha(x) \right| < \epsilon \text{。}$$

現在，令 $P_\epsilon = P'_\epsilon \cup P''_\epsilon$。很明顯地，對於 $[a,b]$ 上每一個比 P_ϵ 更細的分割 P 與任意 $t_k \in [x_{k-1}, x_k]$，可以得到 $P' = P \cap [a,c]$ 為 $[a,c]$

§4.2 黎曼-斯蒂爾吉斯積分

上一個比 P'_ϵ 更細的一個分割與 $P'' = P \cap [c, b]$ 為 $[c, b]$ 上一個比 P''_ϵ 更細的一個分割,以及

$$S(P, f, \alpha) = S(P', f, \alpha) + S(P'', f, \alpha)。$$

因此,我們有

$$\left| S(P, f, \alpha) - \left(\int_a^c f(x) \, d\alpha(x) + \int_c^b f(x) \, d\alpha(x) \right) \right|$$
$$\leq \left| S(P', f, \alpha) - \int_a^c f(x) \, d\alpha(x) \right|$$
$$+ \left| S(P'', f, \alpha) - \int_c^b f(x) \, d\alpha(x) \right|$$
$$< 2\epsilon。$$

因此,依據定義 4.2.1,在 $[a, b]$ 上 $f \in \mathcal{R}(\alpha)$ 且滿足式 (4.2.4)。其他情形的證明也是類似的。證明完畢。 □

定義 4.2.6. 如果 $a < b$ 且 $\int_a^b f d\alpha$ 存在,我們定義 $\int_b^a f d\alpha = -\int_a^b f d\alpha$。我們也定義 $\int_a^a f d\alpha = 0$。

在黎曼-斯蒂爾吉斯積分中,被積函數與積分因子的角色有一個很奇妙的連結。也就是說,$f \in \mathcal{R}(\alpha)$ 若且唯若 $\alpha \in \mathcal{R}(f)$。同時,這二個積分也會被一個分部積分公式 (formula for integration by parts) 相互連結。

定理 4.2.7. 假設在 $[a, b]$ 上 $f \in \mathcal{R}(\alpha)$,則在 $[a, b]$ 上 $\alpha \in \mathcal{R}(f)$,並且

$$\int_a^b f(x) d\alpha(x) + \int_a^b \alpha(x) df(x) = f(b)\alpha(b) - f(a)\alpha(a)。 \quad (4.2.5)$$

證明：對於任意給定之正數 ϵ，由假設 $f \in \mathcal{R}(\alpha)$ 知道，存在一個 $[a,b]$ 上的分割 P_ϵ 使得

$$\left| S(P,f,\alpha) - \int_a^b f(x)d\alpha(x) \right| < \epsilon, \qquad (4.2.6)$$

對於任意比 P_ϵ 更細的分割 P 都成立。現在利用此分割 P，考慮一個函數 α，相對應於 f，的黎曼-斯蒂爾吉斯和

$$S(P,\alpha,f) = \sum_{k=1}^n \alpha(t_k)\Delta f_k = \sum_{k=1}^n \alpha(t_k)f(x_k) - \sum_{k=1}^n \alpha(t_k)f(x_{k-1})。$$

另外，我們也把 $f(b)\alpha(b) - f(a)\alpha(a)$ 重新寫成

$$f(b)\alpha(b) - f(a)\alpha(a) = \sum_{k=1}^n f(x_k)\alpha(x_k) - \sum_{k=1}^n f(x_{k-1})\alpha(x_{k-1})。$$

再把上述二等式相減，便得到

$$f(b)\alpha(b) - f(a)\alpha(a) - S(P,\alpha,f)$$
$$= \sum_{k=1}^n f(x_k)(\alpha(x_k) - \alpha(t_k)) + \sum_{k=1}^n f(x_{k-1})(\alpha(t_k) - \alpha(x_{k-1}))。$$

現在，我們如果把分割 P 聯集這些點 t_k，就會形成一個比 P 更細的分割 P'。很自然地，因為 P 比分割 P_ϵ 更細，所以 P' 也比分割 P_ϵ 細。因此，上式便可以視為一個黎曼-斯蒂爾吉斯和 $S(P',f,\alpha)$ 滿足 **(4.2.6)**，亦即，

$$\left| S(P',f,\alpha) - \int_a^b f(x)d\alpha(x) \right|$$
$$= \left| f(b)\alpha(b) - f(a)\alpha(a) - S(P,\alpha,f) - \int_a^b f(x)d\alpha(x) \right| < \epsilon。$$

這就表示 $\alpha \in \mathcal{R}(f)$，以及等式 **(4.2.5)** 成立。證明完畢。 □

另外，當積分因子 α 有較好的性質時，我們也可以把黎曼-斯蒂爾吉斯積分轉換成黎曼積分。

§4.2 黎曼-斯蒂爾吉斯積分

定理 4.2.8. 假設在 $[a,b]$ 上 $f \in \mathcal{R}(\alpha)$ 且 $\alpha' \in C([a,b])$。則 $f\alpha' \in \mathcal{R}$，並滿足

$$\int_a^b f(x)d\alpha(x) = \int_a^b f(x)\alpha'(x)dx \text{。} \tag{4.2.7}$$

證明： 令 P 為 $[a,b]$ 上的一個分割，考慮一個函數 $f\alpha'$ 的黎曼和如下：

$$S(P, f\alpha') = \sum_{k=1}^n f(t_k)\alpha'(t_k)\Delta x_k \text{，}$$

其中 $t_k \in [x_{k-1}, x_k]$。接著利用此分割 P 與點 t_k，我們也可以形成一個黎曼-斯蒂爾吉斯和

$$S(P, f, \alpha) = \sum_{k=1}^n f(t_k)\Delta\alpha_k \text{。}$$

這個時候，透過平均值定理，得到

$$\Delta\alpha_k = \alpha(x_k) - \alpha(x_{k-1}) = \alpha'(s_k)\Delta x_k \text{，}$$

其中 $s_k \in (x_{k-1}, x_k)$。因此，我們有

$$S(P, f, \alpha) - S(P, f\alpha') = \sum_{k=1}^n f(t_k)(\alpha'(s_k) - \alpha'(t_k))\Delta x_k \text{。}$$

現在我們估算上面的等式。首先，由於 f 是一個有界函數，所以存在一個正數 M 使得 $|f(x)| \leq M$，對於每一個點 $x \in [a,b]$ 都成立。對於任意給定之正數 ϵ，由假設 $\alpha' \in C([a,b])$ 知道，也存在一個正數 $\delta = \delta(\epsilon)$ 使得

$$|\alpha'(x) - \alpha'(y)| < \frac{\epsilon}{2M(b-a)} \text{，當 } x, y \in [a,b] \text{ 且 } |x-y| < \delta \text{。}$$

因此，我們可以選取一個分割 P'_ϵ 滿足 $\|P'_\epsilon\| < \delta$，使得

$$|S(P, f, \alpha) - S(P, f\alpha')| < \frac{\epsilon}{2} \text{，}$$

對於任意比 P'_ϵ 更細的分割 P 都成立。同時，由假設 $f \in \mathcal{R}(\alpha)$，我們也可以選取一個分割 P''_ϵ，使得

$$\left| S(P, f, \alpha) - \int_a^b f(x) d\alpha(x) \right| < \frac{\epsilon}{2},$$

對於任意比 P''_ϵ 更細的分割 P 都成立。最後，令分割 $P_\epsilon = P'_\epsilon \cup P''_\epsilon$。很自然地，對於任意比 P_ϵ 更細的分割 P，上述二估算都成立。因此，得到

$$\left| S(P, f\alpha') - \int_a^b f(x) d\alpha(x) \right| < \epsilon。$$

證明完畢。 □

§4.3　黎曼-斯蒂爾吉斯積分之存在性

在上一節裡，原則上，我們是先假設黎曼-斯蒂爾吉斯積分存在，然後再去推導一些後續黎曼-斯蒂爾吉斯積分所衍生出來的性質。因此，到目前為止黎曼-斯蒂爾吉斯積分之存在性仍然是屬於空白的。是以在這一節裡我們將講述黎曼-斯蒂爾吉斯積分存在的一些充分條件，用以補足我們對黎曼-斯蒂爾吉斯積分理論的完整性。

首先，當積分因子 α 在 $[a,b]$ 上為一個常數函數時，很明顯地，黎曼-斯蒂爾吉斯積分 $\int_a^b f d\alpha$ 是存在的，且其值為零。但是，如果 α 在 $[a,b]$ 上有一個跳躍式不連續點，其餘為常數時，積分 $\int_a^b f d\alpha$ 則不一定存在。即使積分存在，也不一定為零。底下的定理可以說明這些現象。

定理 4.3.1. 令 $c \in (a,b)$。在 $[a,b]$ 上定義 α 如下：$\alpha(a)$、$\alpha(b)$ 與 $\alpha(c)$ 為任意值；$\alpha(x) = \alpha(a)$，如果 $a \leq x < c$；$\alpha(x) = \alpha(b)$，如果

§4.3 黎曼-斯蒂爾吉斯積分之存在性

$c < x \leq b$。假設 f 與 α 二個函數至少有一個在點 c 是左連續，且至少有一個在點 c 是右連續，則在 $[a,b]$ 上 $f \in \mathcal{R}(\alpha)$，並且滿足

$$\int_a^b f(x)d\alpha(x) = f(c)(\alpha(c+) - \alpha(c-))。 \quad (4.3.1)$$

當 $c = a$ 時，以 $\alpha(c)$ 取代 $\alpha(c-)$；當 $c = b$ 時，以 $\alpha(c)$ 取代 $\alpha(c+)$，則定理 4.3.1 的敘述仍然成立。

證明： 考慮 $c \in P$ 的分割。不難看出，此時的黎曼-斯蒂爾吉斯和為

$$S(P, f, \alpha) = f(t_{k-1})(\alpha(c) - \alpha(c-)) + f(t_k)(\alpha(c+) - \alpha(c)),$$

其中 $t_{k-1} \leq c \leq t_k$。因此，得到

$$\begin{aligned} E &= S(P, f, \alpha) - f(c)(\alpha(c+) - \alpha(c-)) \\ &= (f(t_{k-1}) - f(c))(\alpha(c) - \alpha(c-)) + (f(t_k) - f(c))(\alpha(c+) - \alpha(c))。 \end{aligned}$$

接下來，我們估算 E。給定任意正數 ϵ，如果 f 在點 c 連續，則存在一個 $\delta > 0$ 使得當 $\|P\| < \delta$，我們有

$$|f(t_{k-1}) - f(c)| < \epsilon \quad \text{與} \quad |f(t_k) - f(c)| < \epsilon,$$

與

$$|E| \leq \epsilon(|\alpha(c) - \alpha(c-)| + |\alpha(c+) - \alpha(c)|)。$$

進一步的觀察，就會發現在假設的其他情形之下，上述的估算都會成立。比如說：當 f 在點 c 既不是左連續，也不是右連續時，由假設便會得到 $\alpha(c) = \alpha(c-) = \alpha(c+)$，因此 $E = 0$。如果 f 在點 c 是左連續，但不是右連續時，就有 $\alpha(c) = \alpha(c+)$，因此，

$$|E| \leq \epsilon|\alpha(c) - \alpha(c-)|。$$

同樣地，如果 f 在點 c 是右連續，但不是左連續時，就有 $\alpha(c) = \alpha(c-)$，因此，

$$|E| \leq \epsilon|\alpha(c+) - \alpha(c)|。$$

由於 ϵ 是任意給定之正數，所以 $f \in \mathcal{R}(\alpha)$，並且滿足式 (4.3.1)。證明完畢。 □

定理 4.3.1顯示了，不同於黎曼積分，當 f 在一個點的值被改變時，黎曼-斯蒂爾吉斯積分的值也會改變，甚至於影響到其存在性。我們以下面的例子來作說明。

例 4.3.2. 定義 $f(x) \equiv 1$，$x \in [-1, 1]$；$\alpha(0) = -1$，$\alpha(x) = 0$，如果 $x \neq 0$。令 $c = 0$，依據定理 4.3.1，$\int_a^b f(x)d\alpha(x) = f(c)(\alpha(c+) - \alpha(c-)) = 0$。但是，如果我們把 f 在點 0 的值改為 $f(0) = 2$，則對於任意包含點 0 的分割 P，比如說 $x_{k-1} = 0$，我們有

$$S(P, f, \alpha) = f(t_k)(\alpha(x_k) - \alpha(0)) + f(t_{k-1})(\alpha(0) - \alpha(x_{k-2}))$$
$$= f(t_k) - f(t_{k-1})，$$

其中 $x_{k-2} \leq t_{k-1} \leq 0 \leq t_k \leq x_k$。因此，不難看出上式會等於 0、1 或 -1，完全由點 t_k 與 t_{k-1} 的選擇來決定。是以當 $f(0)$ 的值由 1 被改為 2 時，f 的黎曼積分，相對於 α，便會由存在成為不存在。

定理 4.3.1中的積分因子 α 可以被推廣到一類重要的函數，亦即，階躍函數 (step functions)。此類函數除了有限個跳躍式不連續點以外，在其餘小開區間上皆為常數。

定義 4.3.3. 一個定義在 $[a, b]$ 上的函數 α 被稱作階躍函數，如果存在一個分割 $P = \{x_1, x_2, \cdots, x_{n-1}, x_n\}$ 使得 α 在每一個小開區間 (x_{k-1}, x_k)，$2 \leq k \leq n$，上都是常數。我們稱 $\alpha(x_k+) - \alpha(x_k-)$ ($1 <$

§4.3 黎曼-斯蒂爾吉斯積分之存在性

$k < n$) 為 α 在點 x_k 的跳躍；$\alpha(x_1+) - \alpha(x_1)$ 為 α 在點 x_1 的跳躍；$\alpha(x_n) - \alpha(x_n-)$ 為 α 在點 x_n 的跳躍。

注意到在此分割 P 中，$a = x_1$，$b = x_n$。

定理 4.3.4. 假設 α 為 $[a,b]$ 上的一個階躍函數。α 在點 x_k 的跳躍為 α_k 如定義 4.3.3中所述。假設 f 為 $[a,b]$ 上的一個函數滿足 f 與 α，在每一個分割點 x_k ($1 \leq k \leq n$) 至少有一個是右連續，同時至少有一個是左連續。則在 $[a,b]$ 上 $f \in \mathcal{R}(\alpha)$，並且滿足

$$\int_a^b f(x) d\alpha(x) = \sum_{k=1}^n f(x_k)\alpha_k 。$$

證明： 首先，適當地選取 $n-1$ 個點 c_k ($1 \leq k \leq n-1$)，滿足 $x_k < c_k < x_{k+1}$。同時，令 $a = c_0$ 與 $b = c_n$。接著，利用定理 4.2.5與定理 4.3.1，便可推得

$$\int_a^b f(x) d\alpha(x) = \sum_{k=1}^n \int_{c_{k-1}}^{c_k} f(x) d\alpha(x) = \sum_{k=1}^n f(x_k)\alpha_k 。$$

證明完畢。 □

一個簡單的階躍函數就是高斯函數，也就是所謂的最大整數函數 (greatest-integer function)，通常以符號 $[x]$ 記之。當 $x \in \mathbb{R}$ 時，定義 $[x]$ 的值為小於或等於 x 的最大整數。是以 $[x]$ 是唯一的整數滿足 $[x] \leq x < [x]+1$。因此，函數 $[x]$ 為右連續。底下的定理說明任意一個有限和 $\sum_{k=1}^n a_k$ 都可以一個黎曼-斯蒂爾吉斯積分來表現之。

高斯 (Johann Carl Friedrich Gauss，1777–1855) 為一位德國數學家。

定理 4.3.5. 給定 n 個數 a_k ($1 \leq k \leq n$)。在區間 $[0,n]$ 上定義函數 f 如下：

$$f(0) = 0 , f(x) = a_k , 如果 k-1 < x \leq k \ (1 \leq k \leq n) 。$$

則

$$\sum_{k=1}^{n} a_k = \sum_{k=1}^{n} f(k) = \int_0^n f(x)d[x] 。$$

證明： 由於高斯函數 $[x]$ 為右連續，並且在每一個整數有一個跳躍 1。函數 f，依據其定義，則為左連續。因此，由定理 4.3.4 便可推得此定理。證明完畢。 □

因此，當積分因子為階躍函數時，我們對黎曼-斯蒂爾吉斯積分也已經有足夠的瞭解。接下來我們將把積分因子 α 假設為區間 $[a,b]$ 上的上升函數，主要的原因是當 α 為上升函數時，便可推得 $\Delta \alpha_k = \alpha(x_k) - \alpha(x_{k-1}) \geq 0$。如此會導致於，在此假設之下，黎曼-斯蒂爾吉斯積分的理論架構與 2.2 節中關於黎曼積分的討論是極為平行的。底下我們準備把這一部分作一個詳盡的論述，但是部分定理的證明會被略去，由讀者自行將之補齊。

同樣地，在討論黎曼-斯蒂爾吉斯積分時，如果 P 是區間 $[a,b]$ 上的一個分割，我們也會引進 f，相對應於 α，的上斯蒂爾吉斯和 (upper Stieltjes sum) $U(P,f,\alpha)$ 與下斯蒂爾吉斯和 (lower Stieltjes sum) $L(P,f,\alpha)$ 如下：定義

$$U(P,f,\alpha) = \sum_{k=1}^{n} M_k(f) \Delta \alpha_k , \quad L(P,f,\alpha) = \sum_{k=1}^{n} m_k(f) \Delta \alpha_k ,$$

其中，$M_k(f) = \sup\{f(t) \mid t \in [x_{k-1}, x_k]\}$，$m_k(f) = \inf\{f(t) \mid t \in [x_{k-1}, x_k]\}$。

§4.3 黎曼-斯蒂爾吉斯積分之存在性

由於在這裡我們假設積分因子 α 在 $[a,b]$ 上是上升函數，則 $\Delta \alpha_k \geq 0$，並可推得

$$L(P, f, \alpha) \leq S(P, f, \alpha) \leq U(P, f, \alpha)。$$

很明顯地，我們有下面的定理。

定理 4.3.6. 假設 f, α 是區間 $[a,b]$ 上的有界函數且 α 是上升函數。則

(i) 如果 P 是 $[a,b]$ 上的一個分割，對於一個比 P 更細的分割 P'，我們有

$$U(P', f, \alpha) \leq U(P, f, \alpha) \quad 與 \quad L(P', f, \alpha) \geq L(P, f, \alpha)。$$

(ii) 對於 $[a,b]$ 上任意二個分割 P_1 與 P_2，我們有

$$L(P_1, f, \alpha) \leq U(P_2, f, \alpha)。$$

定義 4.3.7. 假設 f, α 是區間 $[a,b]$ 上的有界函數且 α 是上升函數。定義 f，相對應於 α，的上斯蒂爾吉斯積分 (upper Stieltjes integral) $\overline{\int_a^b} f d\alpha$ 與下斯蒂爾吉斯積分 (lower Stieltjes integral) $\underline{\int_a^b} f d\alpha$ 如下：

$$\overline{I}(f, \alpha) = \overline{\int_a^b} f d\alpha = \inf\{U(P, f, \alpha) \mid P \in \mathcal{P}[a,b]\},$$

與

$$\underline{I}(f, \alpha) = \underline{\int_a^b} f d\alpha = \sup\{L(P, f, \alpha) \mid P \in \mathcal{P}[a,b]\}。$$

定理 4.3.8. 假設 f, α 是區間 $[a,b]$ 上的有界函數且 α 是上升函數。則 $\underline{I}(f, \alpha) \leq \overline{I}(f, \alpha)$。

定理 4.3.9. 假設 f, g, α 是區間 $[a,b]$ 上的有界函數且 α 是上升函數。則

(i) 如果 $c \in (a,b)$，則 $\overline{\int}_a^b f d\alpha = \overline{\int}_a^c f d\alpha + \overline{\int}_c^b f d\alpha$。下斯蒂爾吉斯積分也可以類似推得。

(ii) $\overline{\int}_a^b (f+g) d\alpha \leq \overline{\int}_a^b f d\alpha + \overline{\int}_a^b g d\alpha$。

(iii) $\underline{\int}_a^b (f+g) d\alpha \geq \underline{\int}_a^b f d\alpha + \underline{\int}_a^b g d\alpha$。

下面的定理也是一個很重要的結果，它把幾個不同的概念連結在一起，用以特徵黎曼-斯蒂爾吉斯積分。

定理 4.3.10. 假設 f, α 是區間 $[a,b]$ 上的有界函數且 α 是上升函數，則下面三個敘述是彼此等價的。

(i) 在 $[a,b]$ 上 $f \in \mathcal{R}(\alpha)$。

(ii) 給定一個 $\epsilon > 0$，存在一個 $[a,b]$ 上的分割 P_ϵ 滿足，對於每一個比 P_ϵ 更細的分割 P，我們有

$$0 \leq U(P, f, \alpha) - L(P, f, \alpha) < \epsilon。$$

(iii) $\overline{\int}_a^b f d\alpha = \underline{\int}_a^b f d\alpha$。

我們稱敘述 (ii) 為黎曼條件。以上幾個定理的證明，讀者可以參照 2.2 節中黎曼積分的證明自行將之驗證。

定理 4.3.11. 假設 α 是區間 $[a,b]$ 上的上升函數。如果 $f \in \mathcal{R}(\alpha)$、$g \in \mathcal{R}(\alpha)$ 且 $f(x) \leq g(x)$ 對於每一個點 $x \in [a,b]$ 都成立，則我們有

$$\int_a^b f(x) d\alpha(x) \leq \int_a^b g(x) d\alpha(x)。$$

§4.3 黎曼-斯蒂爾吉斯積分之存在性

證明：由於 α 是 $[a,b]$ 上的上升函數，因此，對於 $[a,b]$ 上的任意分割 P，不難看出黎曼-斯蒂爾吉斯和會滿足

$$S(P,f,\alpha) = \sum_{k=1}^{n} f(t_k)\Delta\alpha_k \leq \sum_{k=1}^{n} g(t_k)\Delta\alpha_k = S(P,g,\alpha)。$$

如此便可推得結論。證明完畢。 □

特別地，當 α 是 $[a,b]$ 上的上升函數，如果 $f \in \mathcal{R}(\alpha)$ 且 $f(x) \geq 0$ 對於每一個點 $x \in [a,b]$ 都成立，則 $\int_a^b f(x)d\alpha(x) \geq 0$。

定理 4.3.12. 假設 α 是區間 $[a,b]$ 上的上升函數。如果在 $[a,b]$ 上 $f \in \mathcal{R}(\alpha)$、$g \in \mathcal{R}(\alpha)$，則在 $[a,b]$ 上我們有

(i) $|f| \in \mathcal{R}(\alpha)$，並且滿足

$$\left|\int_a^b f(x)d\alpha(x)\right| \leq \int_a^b |f(x)|d\alpha(x)。$$

(ii) $f^2 \in \mathcal{R}(\alpha)$。

(iii) $fg \in \mathcal{R}(\alpha)$。

證明：(i) 的證明。利用三角不等式 $||f(x)| - |f(y)|| \leq |f(x) - f(y)|$，不難看出

$$M_k(|f|) - m_k(|f|) \leq M_k(f) - m_k(f)。$$

由於 α 是區間 $[a,b]$ 上的上升函數，得到 $\Delta\alpha_k \geq 0$。因此，在 $[a,b]$ 上對於任意的一個分割 P，$|f|$ 的上黎曼-斯蒂爾吉斯和 $U(P,|f|,\alpha)$ 與下黎曼-斯蒂爾吉斯和 $L(P,|f|,\alpha)$，相對應於 α，會滿足

$$U(P,|f|,\alpha) - L(P,|f|,\alpha) \leq U(P,f,\alpha) - L(P,f,\alpha)。$$

由於在 $[a,b]$ 上 f 滿足黎曼條件，所以 $|f|$ 在 $[a,b]$ 上也滿足黎曼條件，亦即，$|f| \in \mathcal{R}(\alpha)$。至於定理中的不等式，因為 $f(x) \leq |f(x)|$，所以由定理 4.3.11 即可得到。

(ii) 的證明。首先，令 $M > 0$ 滿足 $|f(x)| \leq M$，對於每一個 $x \in [a,b]$ 都成立。接著基於明顯的觀察

$$M_k(f^2) = (M_k(|f|))^2 \quad \text{與} \quad m_k(f^2) = (m_k(|f|))^2,$$

便可以得到

$$\begin{aligned}M_k(f^2) - m_k(f^2) &= (M_k(|f|))^2 - (m_k(|f|))^2 \\ &= (M_k(|f|) + m_k(|f|))(M_k(|f|) - m_k(|f|)) \\ &\leq 2M(M_k(|f|) - m_k(|f|))\text{。}\end{aligned}$$

這個時候，再用 $|f| \in \mathcal{R}(\alpha)$ 之黎曼條件，就可以得到 $f^2 \in \mathcal{R}(\alpha)$。

(iii) 的證明。只要由結論 (ii)，再加上下面之等式，就可以了。

$$f(x)g(x) = \frac{1}{2}((f(x)+g(x))^2 - f^2(x) - g^2(x))\text{。}$$

證明完畢。 □

這個時候，我們可以把黎曼-斯蒂爾吉斯積分再往前推展。首先，回顧一下定理 3.2.15，假設 α 為 $[a,b]$ 上的一個有限變量函數，我們便可以把 α 寫成 $\alpha = \alpha_1 - \alpha_2$，其中 α_1 與 α_2 為 $[a,b]$ 上的上升函數。如果 $f \in \mathcal{R}(\alpha_1)$，$f \in \mathcal{R}(\alpha_2)$，利用定理 4.2.4，就可以推得 $f \in \mathcal{R}(\alpha_1 - \alpha_2)$，亦即，$f \in \mathcal{R}(\alpha)$。反過來說，如果 $f \in \mathcal{R}(\alpha)$，且 $\alpha = \alpha_1 - \alpha_2$，其中 α_1 與 α_2 為 $[a,b]$ 上的上升函數，我們則無法保證 $\int_a^b f d\alpha_1$ 與 $\int_a^b f d\alpha_2$ 的存在性。原因是 $\alpha = \alpha_1 - \alpha_2$ 的分解並不是唯一的。但是，如果 α_1 為 α 的全變量函數，$\alpha_2 = \alpha_1 - \alpha$，則 $f \in \mathcal{R}(\alpha)$ 就會保證 $\int_a^b f d\alpha_1$ 與 $\int_a^b f d\alpha_2$ 的存在性。下面的定理可以說明這一部分。

定理 4.3.13. 假設 α 為 $[a,b]$ 上的一個有限變量函數。令 $V(x)$ 為 α 在 $[a,x]$ ($a < x \leq b$) 上的全變量函數，且 $V(a) = 0$。假設 f 為 $[a,b]$ 上的一個有界函數，且 $f \in \mathcal{R}(\alpha)$，則在 $[a,b]$ 上 $f \in \mathcal{R}(V)$。

§4.3 黎曼-斯蒂爾吉斯積分之存在性

證明： 如果 $V(b) = 0$，則 V 為一個常數函數。很自然地，在 $[a,b]$ 上 $f \in \mathcal{R}(V)$。是以我們可以假設 $V(b) > 0$，V 為一個上升函數。令 $M > 0$ 滿足 $|f(x)| \leq M$，對於所有點 $x \in [a,b]$ 都成立。

我們的目標就是要證明定理 4.3.10 中的條件 (ii) 必須成立，這樣就得到 $f \in \mathcal{R}(V)$。因此，當給定一個正數 ϵ，存在一個 $[a,b]$ 上的分割 P_ϵ，使得對於任意比 P_ϵ 細的分割 P 我們都有

$$\left|\sum_{k=1}^{n}(f(t_k) - f(t'_k))\Delta\alpha_k\right| < \frac{\epsilon}{4} \quad \text{與} \quad V(b) < \sum_{k=1}^{n}|\Delta\alpha_k| + \frac{\epsilon}{4M},$$

其中 $t_k, t'_k \in [x_{k-1}, x_k]$。由於 V 為 α 的全變量函數，推得 $\Delta V_k - |\Delta\alpha_k| \geq 0$ 與估計 (I) 如下：

$$\text{(I)} \quad \sum_{k=1}^{n}\bigl(M_k(f) - m_k(f)\bigr)\bigl(\Delta V_k - |\Delta\alpha_k|\bigr) \leq 2M\sum_{k=1}^{n}\bigl(\Delta V_k - |\Delta\alpha_k|\bigr)$$
$$= 2M\left(V(b) - \sum_{k=1}^{n}|\Delta\alpha_k|\right)$$
$$< \frac{\epsilon}{2}。$$

接下來，我們把分割點之指標分成二個組群來做估計 (II)。令

$$A(P) = \{k \mid \Delta\alpha_k \geq 0\} \quad \text{與} \quad B(P) = \{k \mid \Delta\alpha_k < 0\},$$

與 $\delta = \frac{\epsilon}{4V(b)}$。如果 $k \in A(P)$，選二點 $t_k, t'_k \in [x_{k-1}, x_k]$ 使得

$$f(t_k) - f(t'_k) > M_k(f) - m_k(f) - \delta。$$

如果 $k \in B(P)$，選二點 $t'_k, t_k \in [x_{k-1}, x_k]$ 使得

$$f(t'_k) - f(t_k) > M_k(f) - m_k(f) - \delta。$$

注意到符號的選擇只是要讓證明能夠寫得更清楚。因此，我們便可得到

(II) $\sum_{k=1}^{n}(M_k(f) - m_k(f))|\Delta\alpha_k|$
$= \sum_{k \in A(P)}(M_k(f) - m_k(f))|\Delta\alpha_k| + \sum_{k \in B(P)}(M_k(f) - m_k(f))|\Delta\alpha_k|$
$\leq \sum_{k \in A(P)}(f(t_k) - f(t'_k) + \delta)\Delta\alpha_k - \sum_{k \in B(P)}(f(t'_k) - f(t_k) + \delta)\Delta\alpha_k$
$= \sum_{k=1}^{n}(f(t_k) - f(t'_k))\Delta\alpha_k + \delta\sum_{k=1}^{n}|\Delta\alpha_k|$
$< \dfrac{\epsilon}{4} + \dfrac{\epsilon}{4} = \dfrac{\epsilon}{2}$。

現在，我們把估計 (I) 與 (II) 加起來，便得到

$$\sum_{k=1}^{n}(M_k(f) - m_k(f))\Delta V_k < \epsilon,$$

亦即，在 $[a,b]$ 上 f，相對於 V，滿足黎曼條件。所以，$f \in \mathcal{R}(V)$。證明完畢。 □

有了定理 4.3.13，我們便可以證明在 α 為有限變量函數之假設下，如果 $f \in \mathcal{R}(\alpha)$，則 f，相對於 α，在任意 $[a,b]$ 之閉子區間 $[c,d]$ 上都是黎曼可積分。

定理 4.3.14. 假設 α 是閉區間 $[a,b]$ 上的有限變量函數，且在 $[a,b]$ 上 $f \in \mathcal{R}(\alpha)$。則在 $[a,b]$ 的任意閉子區間 $[c,d]$ ($a \leq c < d \leq b$) 上都有 $f \in \mathcal{R}(\alpha)$。

證明：我們先假設 α 是 $[a,b]$ 上的上升函數，所以 $\Delta\alpha_k \geq 0$。是以在此假設之下，本定理的證明與定理 2.2.7 的證明極為類似，讀者可以自行將之驗證。

§4.3　黎曼-斯蒂爾吉斯積分之存在性

現在，假設 α 是 $[a,b]$ 上的有限變量函數，且在 $[a,b]$ 上 $f \in \mathcal{R}(\alpha)$。令 V 為相對於 α 的全變量函數。因此，由定理 4.3.13 知道，在 $[a,b]$ 上 $f \in \mathcal{R}(V)$。同時由定理 4.2.4 推得在 $[a,b]$ 上 $f \in \mathcal{R}(V - \alpha)$。接著，由定理 3.2.14 得知，$V$ 與 $V - \alpha$ 都是 $[a,b]$ 上的上升函數。所以依據前段之證明在 $[c,d]$ 上 $f \in \mathcal{R}(V)$ 且 $f \in \mathcal{R}(V-\alpha)$。最後，再利用定理 4.2.4，得到在 $[c,d]$ 上 $f \in \mathcal{R}(\alpha)$。證明完畢。 □

定理 4.3.15. 假設在 $[a,b]$ 上 α 是上升函數，且 $f \in \mathcal{R}(\alpha)$、$g \in \mathcal{R}(\alpha)$。如果 $x \in [a,b]$，定義

$$F(x) = \int_a^x f(t)d\alpha(t) \quad \text{與} \quad G(x) = \int_a^x g(t)d\alpha(t)。$$

則在 $[a,b]$ 上 $f \in \mathcal{R}(G)$、$g \in \mathcal{R}(F)$ 與 $fg \in \mathcal{R}(\alpha)$ 且下列等式成立：

$$\int_a^b f(x)g(x)d\alpha(x) = \int_a^b f(x)dG(x) = \int_a^b g(x)dF(x)。$$

證明： 首先，由定理 4.3.12，推得 $fg \in \mathcal{R}(\alpha)$。另外，定理 4.3.14 也保證函數 F 與 G 的存在。對於 $[a,b]$ 上的一個分割 P 我們有

$$S(P,f,G) = \sum_{k=1}^n f(t_k)\Delta G_k = \sum_{k=1}^n \int_{x_{k-1}}^{x_k} f(t_k)g(t)d\alpha(t),$$

與

$$\int_a^b f(x)g(x)d\alpha(x) = \sum_{k=1}^n \int_{x_{k-1}}^{x_k} f(t)g(t)d\alpha(t)。$$

令 $M_g = \sup\{|g(t)| \mid t \in [a,b]\}$。我們便可以估計

$$\left|S(P,f,G) - \int_a^b fgd\alpha\right| = \left|\sum_{k=1}^n \int_{x_{k-1}}^{x_k} (f(t_k) - f(t))g(t)d\alpha(t)\right|$$

$$\leq M_g \sum_{k=1}^n \int_{x_{k-1}}^{x_k} |f(t_k) - f(t)|d\alpha(t)$$

$$\leq M_g \sum_{k=1}^n (M_k(f) - m_k(f))\Delta\alpha_k$$

$$= M_g(U(P,f,\alpha) - L(P,f,\alpha))。$$

因為在 $[a,b]$ 上 $f \in \mathcal{R}(\alpha)$，所以當給定任意一個正數 ϵ，存在一個 $[a,b]$ 上的分割 P_ϵ 使得每一個比 P_ϵ 更細的分割 P 都滿足黎曼條件，亦即，$U(P,f,\alpha) - L(P,f,\alpha) < \epsilon$。這說明了在 $[a,b]$ 上 $f \in \mathcal{R}(G)$ 且 $\int_a^b f(x)g(x)d\alpha(x) = \int_a^b f(x)dG(x)$。另外的一種情形也可以類似地證明。證明完畢。 □

注意到如果在 $[a,b]$ 上 α 是有限變量函數，定理 4.3.15 也是成立的。底下則是二個直接的推論。

定理 4.3.16. 假設 α 為 $[a,b]$ 上的有限變量函數，f 為 $[a,b]$ 上的連續函數。則在 $[a,b]$ 上 $f \in \mathcal{R}(\alpha)$。

證明： 我們可以假設 α 為 $[a,b]$ 上的上升函數，得到 $\Delta\alpha_k \geq 0$。因此，類似於定理 2.2.6 的證明，我們也可以證得本定理。證明完畢。 □

定理 4.3.17. 假設在 $[a,b]$ 上 f 為連續函數或有限變量函數，則在 $[a,b]$ 上 $f \in \mathcal{R}$。

§4.3 黎曼-斯蒂爾吉斯積分之存在性

證明： 如果 f 為連續函數，此即為定理 2.2.6。如果 f 為有限變量函數，由定理 4.3.16 得到 $x \in \mathcal{R}(f)$。接著，再由定理 4.2.7 得到 $f \in \mathcal{R}$。證明完畢。 □

最後，在結束本節之前我們給出一個有關於黎曼-斯蒂爾吉斯積分存在性之必要條件。很清楚地，此必要條件與定理 4.3.1 有著很明顯的對比。

定理 4.3.18. 假設 α 為 $[a,b]$ 上的上升函數，且 $a < c < b$。同時也假設有界函數 f 與 α 在點 c 都不是右連續。則黎曼-斯蒂爾吉斯積分 $\int_a^b f(x)d\alpha(x)$ 是不存在的。類似地，如果 f 與 α 在點 c 都不是左連續，則此積分也是不存在的。

證明： 首先，依據函數 f 與 α 在點 c 都不是右連續的假設，存在一個正數 ϵ_0，對於每一個正數 δ 都存在點 x 與 y ($c < x, y < c + \delta$) 滿足

$$|f(x) - f(c)| \geq \epsilon_0 \quad \text{與} \quad |\alpha(y) - \alpha(c)| \geq \epsilon_0 \text{。}$$

因此，當 P 為 $[a,b]$ 上的一個分割且 $c \in P$ 時，比如說，$c = x_{k_0-1}$，我們有

$$U(P,f,\alpha) - L(P,f,\alpha) = \sum_{k=1}^{n}(M_k(f) - m_k(f))\Delta\alpha_k$$
$$\geq (M_{k_0}(f) - m_{k_0}(f))\Delta\alpha_{k_0} \text{。}$$

上述不等式成立是因為 $\Delta\alpha_k \geq 0$，所以每一項都是非負的。接著由假設這個時候我們可以選擇分割點 x_{k_0} 滿足 $\Delta\alpha_{k_0} = \alpha(x_{k_0}) - \alpha(c) \geq \epsilon_0$。另外，也是由假設得到 $M_{k_0}(f) - m_{k_0}(f) \geq \epsilon_0$。總而言之，我們可以推得

$$U(P,f,\alpha) - L(P,f,\alpha) \geq (M_{k_0}(f) - m_{k_0}(f))\Delta\alpha_{k_0} \geq \epsilon_0^2 \text{。}$$

所以 f，相對於 α，是無法滿足黎曼條件的。因此，黎曼-斯蒂爾吉斯積分 $\int_a^b f(x)d\alpha(x)$ 是不存在的。同理也可以證明此積分是不存在的，當 f 與 α 在點 c 都不是左連續。證明完畢。 □

§4.4　再訪黎曼-斯蒂爾吉斯積分

現在我們對於黎曼-斯蒂爾吉斯積分已經有了更進一步的瞭解。接下來，我們將再繼續探討有關黎曼-斯蒂爾吉斯積分的其他性質，比如說，疊積分的部分。首先，我們證明黎曼-斯蒂爾吉斯積分的平均值定理 (mean value theorem for Riemann-Stieltjes integrals)。

定理 4.4.1. 假設 α 為 $[a,b]$ 上的上升函數，且在 $[a,b]$ 上 $f \in \mathcal{R}(\alpha)$。令 $M = \sup\{f(x) \mid x \in [a,b]\}$ 與 $m = \inf\{f(x) \mid x \in [a,b]\}$。則存在一個數 c 滿足 $m \leq c \leq M$ 使得

$$\int_a^b f(x)d\alpha(x) = c\int_a^b d\alpha(x) = c(\alpha(b) - \alpha(a))。 \qquad (4.4.1)$$

特別地，如果 f 是 $[a,b]$ 上的連續函數，則 $c = f(x_0)$，某一個 $x_0 \in [a,b]$。

證明： 本定理的證明是相當直接的。我們可以假設 $\alpha(a) < \alpha(b)$。因此，對於 $[a,b]$ 上的任意分割 P 我們都有

$$m(\alpha(b)-\alpha(a)) \leq L(P,f,\alpha) \leq \int_a^b f d\alpha \leq U(P,f,\alpha) \leq M(\alpha(b)-\alpha(a))。$$

現在，只要令 $c = (\int_a^b f d\alpha)/(\alpha(b) - \alpha(a))$ 就可以了。當 f 是 $[a,b]$ 上的連續函數時，利用連續函數的中間值定理即可得到 $c = f(x_0)$，某一個 $x_0 \in [a,b]$。證明完畢。 □

§4.4　再訪黎曼-斯蒂爾吉斯積分

如果 α 為 $[a,b]$ 上的有限變量函數，且在 $[a,b]$ 上 $f \in \mathcal{R}(\alpha)$，則定理 4.3.14保證，對於每一個點 $x \in [a,b]$，積分 $F(x) = \int_a^x f d\alpha$ 是存在的。底下的定理就是用以討論它們之間的關係。

定理 4.4.2. 假設 α 是區間 $[a,b]$ 上的有限變量函數，且在 $[a,b]$ 上 $f \in \mathcal{R}(\alpha)$。對於任意 x，$a \leq x \leq b$，定義

$$F(x) = \int_a^x f(t)d\alpha(t)。$$

則我們有

(i) 在 $[a,b]$ 上 F 是一個有限變量函數。
(ii) 每一個 α 的連續點也會是 F 的連續點。
(iii) 如果 α 是 $[a,b]$ 上的上升函數，則導數 $F'(x)$，在每一個 $x \in (a,b)$ 使得 $\alpha'(x)$ 存在且 $f(x)$ 連續的點，都會存在。同時，在這些點我們有

$$F'(x) = f(x)\alpha'(x)。 \tag{4.4.2}$$

讀者可以參考黎曼積分中之定理 2.2.8，並與之作比較。

證明： 我們可以直接假設 α 是 $[a,b]$ 上的上升函數。利用定理 4.4.1與其上之符號，如果 $x \neq y$，便可以得到

$$F(y) - F(x) = \int_x^y f(t)d\alpha(t) = c(\alpha(y) - \alpha(x))，$$

其中 $m \leq c \leq M$。由此，結論 (i) 與 (ii) 是明顯的。至於 (iii) 的部分，我們只要將上式除以 $y-x$ 並觀察到 $c \to f(x)$，當 $y \to x$，就可以了。證明完畢。 □

當 $\alpha(x) \equiv x$ 時，我們可以重新敘述定理 4.3.15。這個時候，利用定理 4.4.2，就可以得到定理 4.3.15中所定義的函數 F 與 G 在 $[a,b]$

上都是連續且有限變量的。另外，在 $\alpha(x) \equiv x$ 時，由定理 4.4.2的敘述 (iii) 我們得知 $F'(x) = f(x)$，在 $f(x)$ 連續的點都會成立。因此，有時候我們會把定理 4.4.2的敘述 (iii) 稱作積分的第一基本定理 (first fundamental theorem of integral calculus)。下面的定理則說明如何去積分一個導數，一般我們稱之為積分的第二基本定理 (second fundamental theorem of integral calculus)。

定理 4.4.3. 假設在區間 $[a,b]$ 上 $f \in \mathcal{R}$。同時，也假設 g 為 $[a,b]$ 上的函數，對於每一個點 $x \in (a,b)$，$g'(x)$ 存在且滿足 $g'(x) = f(x)$。在端點我們假設 $g(a+)$ 與 $g(b-)$ 都存在，且滿足

$$g(b) - g(a) = g(b-) - g(a+)。$$

則我們有

$$\int_a^b f(x)dx = \int_a^b g'(x)dx = g(b) - g(a)。 \qquad (4.4.3)$$

證明： 令 P 為 $[a,b]$ 上的一個分割。我們可以寫

$$g(b) - g(a) = \sum_{k=1}^n (g(x_k) - g(x_{k-1}))$$

$$= g(x_1) - g(a+) + \sum_{k=2}^{n-1} (g(x_k) - g(x_{k-1})) + g(b-) - g(x_{n-1})$$

$$= \sum_{k=1}^n g'(t_k)\Delta x_k = \sum_{k=1}^n f(t_k)\Delta x_k,$$

其中 $t_k \in (x_{k-1}, x_k)$ 是經由平均值定理所選取的點。因此，當給定一個正數 ϵ，只要分割 P 夠細我們便可以得到

$$\left| g(b) - g(a) - \int_a^b f(x)dx \right| = \left| \sum_{k=1}^n f(t_k)\Delta x_k - \int_a^b f(x)dx \right| < \epsilon。$$

§4.4 再訪黎曼-斯蒂爾吉斯積分

證明完畢。 □

當函數 $f(x,y)$ 帶有一個參數 y 時,我們可以考慮對變數 x 的黎曼-斯蒂爾吉斯積分在此參數 y 之下的性質。為了方便起見,我們將以 $(x,y) \in [a,b] \times [c,d]$ 作為討論的對象。

定理 4.4.4. 令 $Q = [a,b] \times [c,d]$ 為一個二維區間。假設 f 為 Q 上的一個連續函數,且 α 是 $[a,b]$ 上的有限變量函數。在區間 $[c,d]$ 上,定義函數
$$F(y) = \int_a^b f(x,y)d\alpha(x)。$$
則 F 是 $[c,d]$ 上的連續函數。

證明: 我們可以假設 α 是 $[a,b]$ 上的上升函數。由於 Q 是 $\mathbb{R}^2$ 上的緊緻集合,所以 f 在 Q 上是均勻連續的,亦即,給定任意一個正數 ϵ,存在一個 $\delta > 0$,使得 $|f(x_1,y_1) - f(x_2,y_2)| < \epsilon$,對於 Q 上任意二點 (x_1,y_1)、(x_2,y_2) 滿足 $|(x_1,y_1)-(x_2,y_2)| < \delta$ 都會成立。因此,當 $y, y_0 \in [c,d]$ 且 $|y-y_0| < \delta$ 時,便可推得
$$|F(y) - F(y_0)| \leq \int_a^b |f(x,y) - f(x,y_0)|d\alpha(x) \leq \epsilon(\alpha(b) - \alpha(a))。$$
也就是說
$$\lim_{y \to y_0} \int_a^b f(x,y)d\alpha(x) = \int_a^b \lim_{y \to y_0} f(x,y)d\alpha(x) = \int_a^b f(x,y_0)d\alpha(x)。$$
證明完畢。 □

一個直接的應用就是下面的定理。

定理 4.4.5. 假設 f 為 $Q = [a,b] \times [c,d]$ 上的一個連續函數,且在 $[a,b]$

上 $g \in \mathcal{R}$。在區間 $[c,d]$ 上,定義函數

$$F(y) = \int_a^b g(x)f(x,y)dx。$$

則 F 是 $[c,d]$ 上的連續函數,亦即,如果 $y_0 \in [c,d]$,我們有

$$\lim_{y \to y_0} \int_a^b g(x)f(x,y)dx = \int_a^b g(x)f(x,y_0)dx。$$

證明:我們只要令 $\alpha(x) \equiv x$ 與 $G(x) = \int_a^x g(t)dt$。首先,G 是 $[a,b]$ 上的有限變量函數,這是由定理 4.4.2(i) 所保證的。接著,再由定理 4.3.15便可得到 $F(y) = \int_a^b g(x)f(x,y)dx = \int_a^b f(x,y)dG(x)$。最後,由定理 4.4.4,便可得到 F 是 $[c,d]$ 上的連續函數。證明完畢。   □

定理 4.4.6. 令 $Q = [a,b] \times [c,d]$,且 α 是 $[a,b]$ 上的有限變量函數。對於每一個 $y \in [c,d]$ 上,假設

$$F(y) = \int_a^b f(x,y)d\alpha(x)$$

存在。同時也假設偏微分 $D_2 f = \frac{\partial f}{\partial y}$ 是 Q 上的連續函數。則對於每一個點 $y \in (c,d)$,導數 $F'(y)$ 都存在且滿足

$$F'(y) = \int_a^b D_2 f(x,y)d\alpha(x)。 \qquad (4.4.4)$$

證明:我們可以假設 α 是 $[a,b]$ 上的上升函數。假設 $y_0 \in (c,d)$,$y \neq y_0$。由於我們也假設 $D_2 f = \frac{\partial f}{\partial y}$ 是 Q 上的連續函數,利用平均

§4.4 再訪黎曼-斯蒂爾吉斯積分

值定理就可以得到

$$\frac{F(y)-F(y_0)}{y-y_0} = \int_a^b \frac{f(x,y)-f(x,y_0)}{y-y_0}d\alpha(x)$$
$$= \int_a^b D_2 f(x,\overline{y})d\alpha(x)$$
$$= \int_a^b D_2 f(x,y_0)d\alpha(x)$$
$$+ \int_a^b (D_2 f(x,\overline{y}) - D_2 f(x,y_0))d\alpha(x),$$

其中 $\overline{y}$ 落在 y 與 y_0 之間。因此，當給定任意一個正數 ϵ，只要點 y 夠靠近點 y_0，便可以得到

$$\left| \frac{F(y)-F(y_0)}{y-y_0} - \int_a^b D_2 f(x,y_0)d\alpha(x) \right|$$
$$\leq \int_a^b |D_2 f(x,\overline{y}) - D_2 f(x,y_0)|d\alpha(x)$$
$$\leq \epsilon(\alpha(b)-\alpha(a)),$$

亦即，當 $y \in (c,d)$ 時，

$$F'(y) = \int_a^b D_2 f(x,y)d\alpha(x)。$$

證明完畢。 □

最後，我們考慮黎曼-斯蒂爾吉斯積分的疊積分情形。

定理 4.4.7. 令 $Q=[a,b]\times[c,d]$，且 α 是 $[a,b]$ 上的有限變量函數，β 是 $[c,d]$ 上的有限變量函數，f 為 Q 上的連續函數。如果 $(x,y) \in Q$，定義

$$F(y) = \int_a^b f(x,y)d\alpha(x) \quad \text{與} \quad G(x) = \int_c^d f(x,y)d\beta(y)。$$

則在 $[c,d]$ 上 $F \in \mathcal{R}(\beta)$，在 $[a,b]$ 上 $G \in \mathcal{R}(\alpha)$，並且

$$\int_c^d F(y)d\beta(y) = \int_a^b G(x)d\alpha(x)。 \tag{4.4.5}$$

也就是說，我們可以交換積分的順序如下：

$$\int_a^b \left(\int_c^d f(x,y)d\beta(y)\right)d\alpha(x) = \int_c^d \left(\int_a^b f(x,y)d\alpha(x)\right)d\beta(y)。$$

證明： 首先，由定理 4.4.4 知道，F 是 $[c,d]$ 上的連續函數。因此，再由定理 4.3.16，得到在 $[c,d]$ 上 $F \in \mathcal{R}(\beta)$。同理也可以推得在 $[a,b]$ 上 $G \in \mathcal{R}(\alpha)$。

接下來，我們證明等式 (4.4.5)。關於此部分我們可以假設 α 為 $[a,b]$ 上的上升函數，β 為 $[c,d]$ 上的上升函數。同樣地，因為 Q 是 $\mathbb{R}^2$ 上的緊緻集合，所以 f 在 Q 上是均勻連續的，亦即，給定任意一個正數 ϵ，存在一個 $\delta > 0$，使得 $|f(x_1,y_1) - f(x_2,y_2)| < \epsilon$，對於 Q 上任意二點 (x_1,y_1)、(x_2,y_2) 滿足 $|(x_1,y_1) - (x_2,y_2)| < \delta$ 都會成立。所以，接下來我們把 Q 分割成 n^2 個大小全等的二維小區間 $[x_{k-1}, x_k] \times [y_{j-1}, y_j]$，其中 $a = x_0$、$c = y_0$，且

$$x_k = a + \frac{k(b-a)}{n} \quad \text{與} \quad y_j = c + \frac{j(d-c)}{n}，1 \leq k, j \leq n，$$

滿足

$$\frac{b-a}{n} < \frac{\delta}{\sqrt{2}} \quad \text{與} \quad \frac{d-c}{n} < \frac{\delta}{\sqrt{2}}。$$

因此，在利用定理 4.4.1 二次之後，我們便可以得到

$$\int_a^b \left(\int_c^d f(x,y)d\beta(y)\right)d\alpha(x)$$
$$= \sum_{k=1}^n \sum_{j=1}^n \int_{x_{k-1}}^{x_k} \left(\int_{y_{j-1}}^{y_j} f(x,y)d\beta(y)\right)d\alpha(x)$$
$$= \sum_{k=1}^n \sum_{j=1}^n f(x_k', y_j')(\beta(y_j) - \beta(y_{j-1}))(\alpha(x_k) - \alpha(x_{k-1}))，$$

§4.4 再訪黎曼-斯蒂爾吉斯積分

其中 $(x'_k, y'_j) \in [x_{k-1}, x_k] \times [y_{j-1}, y_j]$。類似地,我們也可以得到

$$\int_c^d \left(\int_a^b f(x,y) d\alpha(x) \right) d\beta(y)$$
$$= \sum_{j=1}^n \sum_{k=1}^n f(x''_k, y''_j)(\alpha(x_k) - \alpha(x_{k-1}))(\beta(y_j) - \beta(y_{j-1})),$$

其中 $(x''_k, y''_j) \in [x_{k-1}, x_k] \times [y_{j-1}, y_j]$。因此,

$$\left| \int_a^b \left(\int_c^d f(x,y) d\beta(y) \right) d\alpha(x) - \int_c^d \left(\int_a^b f(x,y) d\alpha(x) \right) d\beta(y) \right|$$
$$\leq \sum_{k=1}^n \sum_{j=1}^n |f(x'_k, y'_j) - f(x''_k, y''_j)|(\beta(y_j) - \beta(y_{j-1}))(\alpha(x_k) - \alpha(x_{k-1}))$$
$$< \epsilon \left(\sum_{j=1}^n (\beta(y_j) - \beta(y_{j-1})) \right) \left(\sum_{k=1}^n (\alpha(x_k) - \alpha(x_{k-1})) \right)$$
$$= \epsilon (\beta(d) - \beta(c))(\alpha(b) - \alpha(a))。$$

由於 ϵ 是任意給定之正數,所以等式 (4.4.5) 必須成立。證明完畢。

□

底下是與本章內容相關的一些習題。

習題 4.1. 在某些文獻中下面的敘述也常被用來定義黎曼-斯蒂爾吉斯積分。我們說 f 在區間 $[a,b]$ 上,相對於 α,是黎曼可積分,如果存在一個數 A 滿足:給定一個 $\epsilon > 0$,則存在一個 $\delta > 0$ 使得對於每一個分割 P 具有 $\|P\| < \delta$ 與任意 $t_k \in [x_{k-1}, x_k]$,我們都有 $|S(P, f, \alpha) - A| < \epsilon$。

(i) 如果 $\int_a^b f d\alpha$ 在此定義之下存在,則 $\int_a^b f d\alpha$ 在定義 4.2.1 之下也存在,並且二個積分相等。

(ii) 令 $c \in (a, b)$。定義函數 f 與 α 如下:$f(x) = \alpha(x) = 0$,當 $a \leq x < c$;$f(x) = \alpha(x) = 1$,當 $c < x \leq b$;$f(c) = 0$,

$\alpha(c) = 1$。證明 $\int_a^b f d\alpha$ 在定義 4.2.1 之下存在，但是 $\int_a^b f d\alpha$ 在此定義之下不存在。

習題 4.2. 如果 $\int_a^b f dx$ 在定義 4.2.1 之下存在，證明 $\int_a^b f dx$ 在習題 4.1 中之定義下也存在。

習題 4.3. 證明定理 4.3.8 與定理 4.3.9。

習題 4.4. 證明定理 4.3.10。

§4.5　參考文獻

1. Apostol, T. M., Mathematical Analysis, Second Edition, Addison-Wesley, Reading, MA, 1974.

2. Bartle, R. G., The Elements of Real Analysis, Second Edition, John Wiley and Sons, Inc., New York, 1976.

3. Rudin, W., Principles of Mathematical Analysis, Third Edition, McGraw-Hill, New York, 1976.

4. Wheeden, R. L. and Zygmund, A., Measure and Integral: an introduction to Real Analysis, Marcel Dekker Inc., New York, 1977.

第 5 章
測度論

§5.1　前言

在前面幾章裡,我們已充分地討論了黎曼積分與黎曼-斯蒂爾吉斯積分。但是,對於狄利克雷特函數我們卻仍然無法對其做積分。所以,絕對有必要重新思考積分的理論,擴大可以積分的函數空間。

現在假設 f 是區間 $[a,b]$ 上的一個非負函數。如果我們要計算 f 在區間 $[a,b]$ 上所圍出來之域的面積時,黎曼與達布的想法就是先分割區間 $[a,b]$,得到一些小閉區間 $[x_{k-1}, x_k]$。再以這些小閉區間為底,形成一些小長方形。最後以這些小長方形的面積總和去逼近 f 在 $[a,b]$ 上所圍出來之域的面積。特別注意到在達布定義下積分 $\int_{\underline{a}}^{b} f(x)dx$ 時,這些小長方形都是被 f 圍在這個域裡面的,有時候會包含 f 的部分圖像。也就是說,我們是以 f 圍出來之小長方形的面積總和來逼得此域的面積。當然,這也可以說明為什麼黎曼積分的理論是不適用於狄利克雷特函數。主要就是因為在狄利克雷特函數之下我們放不進任何長方形。

基於這樣的論述,很自然地,就衍生出一個另類的想法。如果

在開始時我們直接對值域或對應域 (而不是定義域) 做分割,會有甚麼樣的結果?比如說,同樣假設 f 是區間 $[a,b]$ 上的一個非負函數。如果 $\lambda > 0$,定義 $E_\lambda = \{x \in [a,b] \mid f(x) > \lambda\}$。很明顯地,$E_\lambda$ 是區間 $[a,b]$ 的一個子集合。當 $\lambda \geq M$ 時,其中 $M = \sup\{f(x) \mid x \in [a,b]\}$,則 $E_\lambda = \emptyset$。因此,當 $0 < \lambda < M$ 時,考慮乘積空間 $R_\lambda = E_\lambda \times [0,\lambda]$。這個時候我們可以把 R_λ 視為一個以 E_λ 為底,且被 f 的圖像圍住的廣義長方形 (generalized rectangle)。如果 R_λ 的面積可以測量的話,那麼便有可能以這些廣義長方形的面積來逼近 f 在 $[a,b]$ 上所圍出來之域的面積。這是一個嶄新的想法,或許有辦法解決黎曼積分不足的地方。但是,測量這些廣義長方形面積的工作,基本上,等價於測量集合 E_λ 的一維測度。是以這樣的一個構想,卻又導致於面臨一個新的問題。由於函數 f 是區間 $[a,b]$ 上的一個任意非負函數,所以 E_λ 也可以是區間 $[a,b]$ 上的一個任意之子集合。到目前為止,似乎沒有一個合適的理論可以用來測量集合 E_λ 的一維測度。當 $n = 1$ 時,在第 2.3 節裡我們也只有對 $\mathbb{R}$ 上零測度集合作了定義。為了克服此瓶頸,所以我們必須重新發展出一套新的測度論用以解決此問題。

在數學上,要能形成測度最關鍵的一個性質就是可數之可加性 (countable additivity),而不是此測度所給出來的值。也就是說,假設有可數個分離的可測集合 (measurable sets) $\{E_k\}_{k=1}^\infty$,一個可以接受的測度 μ 必須滿足 $\mu(\bigcup_{k=1}^\infty E_k) = \sum_{k=1}^\infty \mu(E_k)$。這樣的性質一般我們稱為可數之可加性。這樣的要求是附和我們實際生活上的感受與需求。但是,數學上在推導測度論的過程,只要邏輯沒有問題應該就可以接受。是以在測度論裡我們也會討論所謂的複測度 (complex measure)。也就是說,這個測度給出來的值可以是複數,比如說,$3 - i$。這是很難加以想像的。一個集合的測度竟然會是一個負值如 -6,或是一個複數值 $1 + 2i$。但是,複測度卻是在發展複變分析上一個不可或缺的工具。

§5.2 外測度

因此在本章裡，我們將著重於發展所謂的測度論，而且也只會定義與討論非負的測度。

§5.2 外測度

在發展測度論時，最理想的情況就是 $\mathbb{R}^n$ 上的每一個子集合都能給予一個測度，並且這些測度也能同時滿足可數之可加性。不過，畢竟 $\mathbb{R}^n$ 上所有的子集合會形成一個龐大的集合，這幾乎是難以做到的。因此，一個較可行的方式就是先以某種合理的推論給予每個子集合一個值 (非負實數或 $+\infty$)，稱之為外測度 (outer measure)。最後，再定義所謂的可測集合用以推廣積分的理論。這個時候我們便把這些可測集合上的外測度稱為這些集合的測度。當然，在這些可測集合上的測度就必須滿足可數之可加性的要求。底下我們便逐步加以說明。

現在，令 I 為一個 n-維緊緻閉區間，亦即，$I = [a_1, b_1] \times \cdots \times [a_n, b_n]$，以及其 n-維體積為 $v(I) = \prod_{j=1}^{n}(b_j - a_j)$。我們定義集合 E 的外測度如下。

定義 5.2.1. 假設 E 是 $\mathbb{R}^n$ 上的一個子集合，$S = \{I_k\}_{k=1}^{\infty}$ 為一個可數之閉區間族滿足 $E \subseteq \bigcup_{k=1}^{\infty} I_k$。令

$$\sigma(S) = \sum_{k=1}^{\infty} v(I_k) \text{。}$$

定義集合 E 的勒貝格外測度 (Lebesgue outer measure)，記為 $|E|_e$，如下：

$$|E|_e = \inf_{S} \sigma(S) \text{，} \tag{5.2.1}$$

其中最大下界 $\inf$ 是在所有覆蓋集合 E 的可數之閉區間族 S 上取的。

有時候我們也會把 E 的勒貝格外測度直接簡稱為 E 的外測度。另外，由定義 5.2.1可以看出 $0 \leq |E|_e \leq +\infty$。底下是一些直接的推論。

定理 5.2.2. 如果 $E_1 \subseteq E_2$，則 $|E_1|_e \leq |E_2|_e$。

定理 5.2.3. 假設 I 為一個 n-維緊緻閉區間，則 $|I|_e = v(I)$。

證明： 首先，I 可以覆蓋自己，所以 $|I|_e \leq v(I)$。

反過來說，假設 $S = \{I_k\}_{k=1}^{\infty}$ 為一個覆蓋 I 的閉區間族。現在，令 ϵ 為任意給定之正數。對於每一個 k，選取一個較大的閉區間 I'_k 使得 $I_k \subseteq (I'_k)^o$ 且 $v(I'_k) \leq (1+\epsilon)v(I_k)$。因此，得到 I 的一個開覆蓋 $\mathcal{F} = \{(I'_k)^o\}_{k=1}^{\infty}$。由於 I 是一個緊緻集合，是以存在一個 $m \in \mathbb{N}$ 使得 $I \subseteq \bigcup_{k=1}^{m}(I'_k)^o \subseteq \bigcup_{k=1}^{m} I'_k$。由此，便可推得

$$v(I) \leq \sum_{k=1}^{m} v(I'_k) \leq (1+\epsilon)\sum_{k=1}^{m} v(I_k) \leq (1+\epsilon)\sigma(S)。$$

因為 ϵ 為任意給定之正數，得到 $v(I) \leq \sigma(S)$。所以，$v(I) \leq \inf_S \sigma(S) = |I|_e$。證明完畢。 □

定理 5.2.4. 如果 $E = \bigcup_{k=1}^{\infty} E_k$，則 $|E|_e \leq \sum_{k=1}^{\infty} |E_k|_e$。

證明： 我們可以假設 $|E_k|_e < +\infty$，對於每一個 $k \in \mathbb{N}$ 都成立，否則結論是明顯的。現在，給定一個正數 ϵ，選取區間 $\{I_{kj}\}_{j=1}^{\infty}$ 使得 $E_k \subseteq \bigcup_{j=1}^{\infty} I_{kj}$ 且 $\sum_{j=1}^{\infty} v(I_{kj}) < |E_k|_e + \frac{\epsilon}{2^k}$。由於 $E \subseteq \bigcup_{k,j=1}^{\infty} I_{kj}$，

§5.2 外測度

推得

$$|E|_e \leq \sum_{k,j=1}^{\infty} v(I_{kj}) = \sum_{k=1}^{\infty}\sum_{j=1}^{\infty} v(I_{kj}) \leq \sum_{k=1}^{\infty}(|E_k|_e + \frac{\epsilon}{2^k}) \leq \sum_{k=1}^{\infty}|E_k|_e + \epsilon \text{。}$$

接著，令 $\epsilon \to 0$，就可以了。證明完畢。 $\square$

假設 E 是 $\mathbb{R}^n$ 上的一個子集合，定義 E 的直徑為 $\text{diam } E = \sup\{|x-y| \mid x,y \in E\}$。如果 E_1、E_2 為 $\mathbb{R}^n$ 上二個子集合，我們定義它們之間的距離為 $d(E_1, E_2) = \inf\{|x-y| \mid x \in E_1, y \in E_2\}$。底下的定理說明，當二個集合之間的距離大於零時，它們聯集的外測度會等於各別之外測度的和。

定理 5.2.5. 假設 E_1、E_2 為 $\mathbb{R}^n$ 上二個子集合滿足 $d(E_1, E_2) > 0$。則 $|E_1 \cup E_2|_e = |E_1|_e + |E_2|_e$。

證明： 首先，由定理 5.2.4知道，$|E_1 \cup E_2|_e \leq |E_1|_e + |E_2|_e$。

反過來說，我們可以假設 $|E_1 \cup E_2|_e < +\infty$。令 $d(E_1, E_2) > \eta > 0$。給定任意之正數 ϵ，選取一個 $E_1 \cup E_2$ 上可數之閉區間覆蓋 $S = \{I_k\}_{k=1}^{\infty}$ 滿足

$$\sum_{k=1}^{\infty} v(I_k) \leq |E_1 \cup E_2|_e + \epsilon \text{。}$$

我們可以假設 $\text{diam } I_k < \eta$，對於每一個 $k \in \mathbb{N}$ 都成立。否則只要再細分割每一個 I_k 就可以達到此性質。這個時候就可以自 S 中分出二個子族 S_1 與 S_2 使得 $S_1 \cap S_2 = \emptyset$，且 S_1 中的閉區間會覆蓋 E_1，但不會和 E_2 相交，而 S_2 中的閉區間會覆蓋 E_2，但不會和 E_1 相交。因此，我們有

$$|E_1|_e + |E_2|_e \leq \sum_{k \in S_1} v(I_k) + \sum_{k \in S_2} v(I_k) \leq \sum_{k \in S} v(I_k) \leq |E_1 \cup E_2|_e + \epsilon \text{。}$$

由於 ϵ 是任意給定之正數 ϵ，所以得到 $|E_1|_e + |E_2|_e \leq |E_1 \cup E_2|_e$。證明完畢。 □

定理 5.2.6. 假設 $E \subseteq \mathbb{R}^n$。對於任意給定之正數 ϵ，存在一個開集 G 滿足 $E \subseteq G$ 且 $|G|_e \leq |E|_e + \epsilon$。因此，

$$|E|_e = \inf_G |G|_e, \qquad (5.2.2)$$

其中 inf 是對所有包含 E 的開集 G 中得到。

證明： 我們可以假設 $|E|_e < +\infty$，否則取 $G = \mathbb{R}^n$ 就可以了。因此，對於任意給定之正數 ϵ，依據定義 5.2.1，存在一個可數之閉區間族 $S = \{I_k\}_{k=1}^\infty$ 滿足 $E \subseteq \bigcup_{k=1}^\infty I_k$ 且 $\sum_{k=1}^\infty v(I_k) \leq |E|_e + \frac{\epsilon}{2}$。這個時候，對於每一個 k，選一個區間 I'_k 使得 $I_k \subseteq (I'_k)^o$ 且 $v(I'_k) \leq v(I_k) + \frac{\epsilon}{2^{k+1}}$。令 $G = \bigcup_{k=1}^\infty (I'_k)^o$，則 G 是一個開集且 $E \subseteq G$。同時，

$$|G|_e \leq \sum_{k=1}^\infty v(I'_k) \leq \sum_{k=1}^\infty \left(v(I_k) + \frac{\epsilon}{2^{k+1}} \right) = \sum_{k=1}^\infty v(I_k) + \frac{\epsilon}{2} \leq |E|_e + \epsilon。$$

證明完畢。 □

定義 5.2.7. 假設 E 是 $\mathbb{R}^n$ 上的一個子集合。我們說 E 是一個 G_δ 集合，如果 E 是可數個開集的交集；E 是一個 F_σ 集合，如果 E 是可數個閉集的聯集。

因此，一個 G_δ 集合就是一個 F_σ 集合的補集。一個 F_σ 集合就是一個 G_δ 集合的補集。

定理 5.2.8. 假設 $E \subseteq \mathbb{R}^n$。則存在一個 G_δ 集合 H 滿足 $E \subseteq H$ 且 $|E|_e = |H|_e$。

§5.2 外測度

證明： 對於每一個 $k \in \mathbb{N}$，利用定理 5.2.6，選取一個開集 G_k 使得 $E \subseteq G_k$ 且 $|G_k|_e \leq |E|_e + \frac{1}{k}$。令 $H = \bigcap_{k=1}^{\infty} G_k$。則 H 是一個 G_δ 集合且 $E \subseteq H$。因為

$$|E|_e \leq |H|_e \leq |G_k|_e \leq |E|_e + \frac{1}{k} \text{。}$$

所以，$|E|_e = |H|_e$。證明完畢。 □

定理 5.2.8 告訴我們 $\mathbb{R}^n$ 中任意子集合 E 的外測度是可以用另一類結構比較清楚的集合 (G_δ 集合) 來描述。

例 5.2.9. $\mathbb{R}^n$ 中任意單點之子集合 $\{p\}$ 其外測度為零。因為 $\{p\}$ 本身就是一個體積為零的閉區間。因此，由定理 5.2.4 知道，$\mathbb{R}^n$ 上任意可數之子集合其外測度皆為零。讀者可以參考定理 2.3.2。另外，空集合 $\emptyset$ 的外測度也是零。

例 5.2.10. $|\mathbb{R}^n|_e = +\infty$。因為任意閉區間 I 都是 $\mathbb{R}^n$ 的子集合，所以 $|I|_e \leq |\mathbb{R}^n|_e$。但是 $|I|_e$ 可以任意的大，因此，$|\mathbb{R}^n|_e = +\infty$。

在這裡很自然地衍生出一個問題。集合外測度的定義是否與歐氏空間之座標有關。答案是無關的。我們可以考慮一個經過旋轉後的座標，並且在旋轉後座標上定義集合的外測度。我們把旋轉後座標上的閉區間記為 $\tilde{I}$。這個時候定義 E 的外測度為

$$|E|_{\tilde{e}} = \inf \sum_{k=1}^{\infty} v(\tilde{I}_k) \text{，} \qquad (5.2.3)$$

其中 $\inf$ 是對所有可數之閉區間族 $S = \{\tilde{I}_k\}_{k=1}^{\infty}$ 滿足 $E \subseteq \bigcup_{k=1}^{\infty} \tilde{I}_k$ 來取的。然後，我們有下面的定理。

定理 5.2.11. 假設 E 是 $\mathbb{R}^n$ 中任意之子集合，則 $|E|_{\tilde{e}} = |E|_e$。

本定理的證明放在習題裡，由讀者自行驗證。在結束本節之前，我們回顧一下在 2.3 節所定義之康托爾集合 $\mathcal{C}$，它是一個不可數的集合。由其構造過程不難看出我們有下面的結論。

定理 5.2.12. 假設 $\mathcal{C}$ 為康托爾集合，則 $|\mathcal{C}|_e = 0$。

最後，我們要在區間 $[0, 1]$ 定義一個很重要的函數 f，稱之為康托爾-勒貝格函數。在數學上，康托爾-勒貝格函數是一個連續、上升的函數，也同時具有很多特殊的性質。但是它不是一個絕對連續的函數。底下我們便開始構造 $[0, 1]$ 上的康托爾-勒貝格函數。

如果 $\mathcal{C}_k$ 是在構造康托爾集合時，第 k 個步驟所留下來的集合 (2^k 個長度為 3^{-k} 之閉區間的聯集)，則 $D_k = [0,1] - \mathcal{C}_k$ 便會有 $2^k - 1$ 個區間。我們把這些 $2^k - 1$ 個區間自左至右標記為 $I_{k,j}$，$1 \leq j \leq 2^k - 1$。現在，對於每一個 $k \in \mathbb{N}$，定義一個連續函數 f_k 如下：$f_k(0) = 0$，$f_k(1) = 1$，$f_k(x) = j 2^{-k}$，當 $x \in I_{k,j}$，最後在 $\mathcal{C}_k$ 的每一個區間上定義 f_k 為線性函數。這裡我們以圖 5-2-1 來標示函數 f_1 與 f_2。

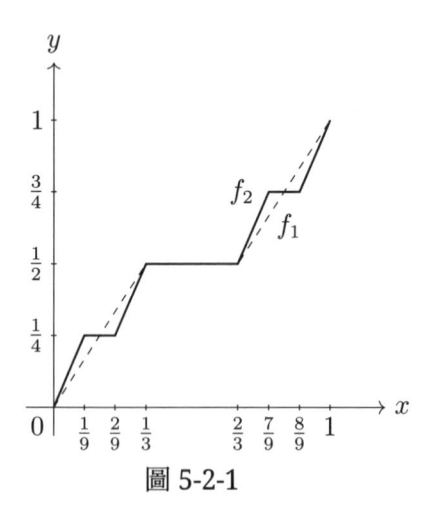

圖 5-2-1

由函數 f_k 的構造來看，f_k 是一個連續、上升的函數，並且在 $I_{k,j}$ 上 $f_{k+1} = f_k$。另外，$|f_k(x) - f_{k+1}(x)| < 2^{-k}$，對於每一個 $x \in [0,1]$ 都成立。因此，$\{f_k\}_{k=1}^{\infty}$ 在區間 $[0,1]$ 上均勻收斂，也就是說，$f(x) = \lim_{k \to \infty} f_k(x)$ 是存在的。同時由 $\{f_k\}$ 均勻收斂的性質得知 f 也是一個連續、上升的函數滿足 $f(0) = 0$，$f(1) = 1$，並且 f 在 $[0,1] - \mathcal{C}$ 的每一個小開區間上都是常數。此 f 就是所謂的康托爾-勒貝格函數。

§5.3　可測集合

在一般集合有了外測度作基礎之後，我們便可引進測度的觀念。

定義 5.3.1. 我們說集合 $E \subseteq \mathbb{R}^n$ 是勒貝格可測的 (Lebesgue measurable)，或簡稱為可測的 (measurable)，如果對於任意給定之正數 ϵ，都存在一個開集 G 滿足

$$E \subseteq G \quad \text{且} \quad |G - E|_e < \epsilon。 \tag{5.3.1}$$

如果 E 是可測的，我們便把 E 的外測度稱作 E 的勒貝格測度 (Lebesgue measure)，或簡稱為 E 的測度，並把它記為 $|E|$。也就是說，當 E 是可測時，$|E| = |E|_e$。

一個可測的集合，從外測度的觀點來看，是可以由包含此集合的開集來逼近的。另外，在這裡我們必須特別注意到，在定理 5.2.6裡，對於任意給定之正數 ϵ，都可以找到一個開集 G 滿足 $E \subseteq G$ 且 $|G|_e \leq |E|_e + \epsilon$。再由 $G = E \cup (G - E)$ 與定理 5.2.4，也可以推得 $|G|_e \leq |E|_e + |G - E|_e$。但是，這些前置作業都無法保證存在

一個開集 G 滿足 (5.3.1)。這說明了並不是每一個 $\mathbb{R}^n$ 的子集合都是可測的。在本章的最後一節,我們將會構造一個不可測的集合。

底下是二個直接的例子。

例 5.3.2. $\mathbb{R}^n$ 上的每一個開集都是可測的。這是從定義 5.3.1就可以推得。

例 5.3.3. 如果 $E \subseteq \mathbb{R}^n$ 的外測度為零,則 E 是可測的。理由是:對於任意給定之正數 ϵ,利用定理 5.2.6,就可以找到一個開集 G 滿足 $E \subseteq G$ 且 $|G|_e \leq |E|_e + \frac{\epsilon}{2} < \epsilon$。因此,得到 $|G - E|_e \leq |G|_e < \epsilon$。

接下來的定理首先說明了可數個可測集合的聯集也是可測的。

定理 5.3.4. 假設 E_k ($k \in \mathbb{N}$) 都是可測的。則 $E = \bigcup_{k=1}^{\infty} E_k$ 也是可測的,並且滿足
$$|E| \leq \sum_{k=1}^{\infty} |E_k|。$$

證明: 給定任意之正數 ϵ,由假設知道,對於每一個 $k \in \mathbb{N}$,存在一個開集 G_k 滿足 $E_k \subseteq G_k$ 且 $|G_k - E_k|_e < \frac{\epsilon}{2^k}$。令 $G = \bigcup_{k=1}^{\infty} G_k$,則 G 為一個開集且 $E \subseteq G$。不難看出,
$$|G - E|_e \leq \left| \bigcup_{k=1}^{\infty} (G_k - E_k) \right|_e \leq \sum_{k=1}^{\infty} |G_k - E_k|_e < \sum_{k=1}^{\infty} \frac{\epsilon}{2^k} = \epsilon。$$

所以,E 是可測的。最後的估算由定理 5.2.4就可以得到。證明完畢。 □

例 5.3.2顯示開集都是可測集合。一個合理的猜測就是閉集也是

§5.3 可測集合

可測集合嗎? 的確閉集是可測集合。事實上，任意可測集合的補集都是可測集合。

定理 5.3.5. 閉區間 I 是可測的，且 $|I| = v(I)$。

證明： 首先，$I = I^o \cup \partial I$。由於 I^o 是一個開集，∂I 是零測度，所以 I^o 與 ∂I 都是可測的。是以由定理 5.3.4 知道，I 是可測的。再由定理 5.2.3 知道，$|I| = |I|_e = v(I)$。證明完畢。 $\square$

定理 5.3.6. 假設 $\{I_k\}_{k=1}^m$ 為有限個非重疊的 (nonoverlapping) 閉區間，則 $\bigcup_{k=1}^m I_k$ 是可測的，且 $|\bigcup_{k=1}^m I_k| = \sum_{k=1}^m |I_k|$。

我們說閉區間 $\{I_k\}_{k=1}^m$ 為非重疊的，如果 $I_j^o \cap I_k^o = \emptyset$，對於任意 $j \neq k$，$1 \leq j, k \leq m$，都成立。也就是說，如果 $I_j \cap I_k \neq \emptyset$，則 $I_j \cap I_k = \partial I_j \cap \partial I_k$。

證明： 因為閉區間是可測的，所以由定理 5.3.4 得到 $\bigcup_{k=1}^m I_k$ 也是可測的，且滿足 $|\bigcup_{k=1}^m I_k| \leq \sum_{k=1}^m |I_k|$。至於等式的成立，我們利用定理 5.2.5。對於任意給定之正數 ϵ，以及任意 k ($1 \leq k \leq m$)，選取一個閉區間 I_k' 使得 $I_k' \subseteq I_k^o$ 且 $|I_k| < |I_k'| + \frac{\epsilon}{m}$。由於這些 I_k' 都是分離的，所以得到 $|\bigcup_{k=1}^m I_k'| = \sum_{k=1}^m |I_k'|$。因此，我們有

$$\sum_{k=1}^m |I_k| \leq \sum_{k=1}^m \left(|I_k'| + \frac{\epsilon}{m}\right) = \sum_{k=1}^m |I_k'| + \epsilon = \left|\bigcup_{k=1}^m I_k'\right| + \epsilon \leq \left|\bigcup_{k=1}^m I_k\right| + \epsilon。$$

因為 ϵ 是任意給定之正數，所以得到 $\sum_{k=1}^m |I_k| \leq |\bigcup_{k=1}^m I_k|$。證明完畢。 $\square$

接著，我們先證明任意閉集合都是可測的。

定理 5.3.7. 每一個閉集合 F 都是可測的。

證明： 首先，假設 F 是有界的，亦即，F 是緊緻的。對於任意給定之正數 ϵ，選取一個開集 G 滿足 $F \subseteq G$ 與 $|G| \leq |F|_e + (\epsilon/2)$。由於 $G-F$ 是一個開集，所以 $G-F$ 可以寫成可數個非重疊閉區間 $\{I_k\}_{k=1}^{\infty}$ 的聯集，亦即，$G-F = \bigcup_{k=1}^{\infty} I_k$。因此，得到 $|G-F|_e \leq \sum_{k=1}^{\infty} |I_k|$。為了證明 F 是可測的，我們便希望能得到 $\sum_{k=1}^{\infty} |I_k| < \epsilon$。是以對於每一個 $m \in \mathbb{N}$，觀察到 $d(F, \bigcup_{k=1}^{m} I_k) > 0$。緊接著利用定理 5.2.5 與定理 5.3.6，得到

$$|F|_e + \sum_{k=1}^{m} |I_k| = |F|_e + \left| \bigcup_{k=1}^{m} I_k \right| = \left| F \cup \left(\bigcup_{k=1}^{m} I_k \right) \right|_e \leq |G| \leq |F|_e + \frac{\epsilon}{2}。$$

因此，$\sum_{k=1}^{\infty} |I_k| = \lim_{m \to \infty} \sum_{k=1}^{m} |I_k| \leq \frac{\epsilon}{2} < \epsilon$。所以，$F$ 是可測的。

如果 F 不是有界的，令 $F_k = F \cap \overline{B}(0;k)$，$k \in \mathbb{N}$。則 F_k 是一個有界的閉集，所以，依據前段之證明，F_k 是可測的。再由定理 5.3.4，$F = \bigcup_{k=1}^{\infty} F_k$ 也是可測的。證明完畢。□

定理 5.3.8. 每一個可測集合 E 的補集都是可測的。

證明： 假設 E 是一個可測集合。對於每一個 $k \in \mathbb{N}$，存在一個開集 G_k 滿足 $E \subseteq G_k$ 與 $|G_k - E|_e < 1/k$。因此，G_k 的補集 $F_k = G_k^c = \mathbb{R}^n - G_k$ 是一個閉集。所以，依據定理 5.3.7，F_k 是可測的。令 $H = \bigcup_{k=1}^{\infty} F_k$。定理 5.3.4 也保證 H 是可測的。接著不難看出，$E^c = Z \cup H$，其中 $Z = E^c - H$，並推得 $|Z|_e \leq |G_k - E|_e < 1/k$。也就是說，$|Z|_e = 0$，亦即，$Z$ 是可測的。最後，再由定理 5.3.4 得到 $E^c = Z \cup H$ 是可測的。證明完畢。□

利用補集的運算，我們便得到下面的定理。

定理 5.3.9. 如果 E_k，$k \in \mathbb{N}$，都是可測的，則 $E = \bigcap_{k=1}^{\infty} E_k$ 也是可測的。

本定理的證明放在習題裡，由讀者自行驗證。

定理 5.3.10. 如果 E_1、E_2 都是可測的，則 $E = E_1 - E_2$ 也是可測的。

證明： 因為 $E = E_1 - E_2 = E_1 \cap E_2^c$，所以，$E$ 是可測的。證明完畢。 □

在這裡我們要引進一個數學上的名詞，稱作 σ-代數 (σ-algebra)。假設 Σ 是一些集合所形成之非空的收集。我們稱 Σ 為一個集合的 σ-代數，如果 Σ 滿足下列二條件：

(i) $E^c \in \Sigma$，如果 $E \in \Sigma$。
(ii) $\bigcup_{k=1}^{\infty} E_k \in \Sigma$，如果 $E_k \in \Sigma$，對於每一個 $k \in \mathbb{N}$ 都成立。

條件 (ii) 是等價於 (ii)'：$\bigcap_{k=1}^{\infty} E_k \in \Sigma$，如果 $E_k \in \Sigma$，對於每一個 $k \in \mathbb{N}$ 都成立。另外，只要選取一個 $E \in \Sigma$，就可以推得 $E \cap E^c = \emptyset \in \Sigma$ 與 $E \cup E^c = \mathbb{R}^n \in \Sigma$。我們將以符號 $\mathcal{M}$ 表示 $\mathbb{R}^n$ 中所有可測集合所形成的收集。

定理 5.3.11. $\mathcal{M}$ 是一個 σ-代數。

證明： 由定理 5.3.4 與定理 5.3.8 就可得證。證明完畢。 □

假設 E_k ($k \in \mathbb{N}$) 都是 $\mathbb{R}^n$ 的子集合。在集合的運算裡,定義

$$\limsup E_k = \bigcap_{j=1}^{\infty} \bigcup_{k=j}^{\infty} E_k \quad \text{與} \quad \liminf E_k = \bigcup_{j=1}^{\infty} \bigcap_{k=j}^{\infty} E_k \text{。}$$

因此,當 E_k ($k \in \mathbb{N}$) 都是可測集合時,$\limsup E_k$ 與 $\liminf E_k$ 也都是可測集合。

另外,假設 Σ_1、Σ_2 為二個集合所形成之非空的收集。我們說 Σ_1 包含於 Σ_2,如果 Σ_1 裡的每一個集合也都是 Σ_2 裡的一個集合。現在,如果 $\mathcal{F} = \{\Sigma\}$ 為某些 σ-代數 Σ 所形成的族,定義 $\bigcap_{\Sigma \in \mathcal{F}} \Sigma$ 為屬於 $\mathcal{F}$ 裡每一個 σ-代數 Σ 之集合所形成的收集。不難看出,$\bigcap_{\Sigma \in \mathcal{F}} \Sigma$ 也是一個 σ-代數,包含於 $\mathcal{F}$ 裡的每一個 σ-代數 Σ。

現在,如果 $\mathcal{X}$ 為 $\mathbb{R}^n$ 上某些子集合所形成的收集。令 $\mathcal{F} = \{\Sigma\}$ 為所有包含 $\mathcal{X}$ 之 σ-代數 Σ 所形成的族,並且定義 $\Sigma_0 = \bigcap_{\Sigma \in \mathcal{F}} \Sigma$。很明顯地,$\Sigma_0$ 是包含 $\mathcal{X}$ 之最小的 σ-代數,同時,$\Sigma_0 \in \mathcal{F}$。因此,所謂的博雷爾 σ-代數 $\mathcal{B}$ (Borel σ-algebra) 指的就是 $\mathbb{R}^n$ 上包含所有開集之最小的 σ-代數。我們也稱 $\mathcal{B}$ 裡的集合為 $\mathbb{R}^n$ 上的博雷爾集合。是以形式為 G_δ、F_σ、$G_{\delta\sigma}$、$F_{\sigma\delta}$ 的集合都是博雷爾集合。

定理 5.3.12. 每一個博雷爾集合都是可測的。

證明:因為每一個開集 O 都是可測的,所以,$O \in \mathcal{M}$。又由於 $\mathcal{B}$ 是包含所有開集之最小的 σ-代數,推得 $\mathcal{B} \subseteq \mathcal{M}$。證明完畢。 □

值得注意的是,在 $\mathbb{R}^n$ 上存在不是博雷爾集合的可測集合。

一般而言,可測集合也可以透過不同的形式來表現。底下我們敘述一些與可測集合等價的條件。

§5.3 可測集合

定理 5.3.13. 假設 E 為 $\mathbb{R}^n$ 的一個子集合。則

(i) E 是可測的若且唯若，給定任意一個正數 ϵ，存在一個閉集 $F \subseteq E$ 滿足 $|E - F|_e < \epsilon$。

(ii) E 是可測的若且唯若 $E = H - Z$，其中 H 為一個 G_δ 集合，且 $|Z| = 0$。

(iii) E 是可測的若且唯若 $E = F \cup Z$，其中 F 為一個 F_σ 集合，且 $|Z| = 0$。

本定理證明之主要關鍵就是：E 是可測的若且唯若 E^c 是可測的，再加上定理 5.3.8 證明中已經出現過的手法，就可以了。所以，我們把此定理的證明放在習題裡，由讀者自行驗證。

定理 5.3.14. 假設 $E \subseteq \mathbb{R}^n$ 且 $|E|_e < +\infty$。則 E 是可測的若且唯若，給定任意一個正數 ϵ，$E = (S \cup E_1) - E_2$，其中 S 為有限個非重疊區間的聯集且 $|E_1|_e < \epsilon$，$|E_2|_e < \epsilon$。

我們把本定理的證明放在習題裡，由讀者自行驗證。

有了可測集合的概念之後，我們便可以證明可測集合滿足可數之可加性。也因為如此才得以推導後續關於可測集合的一些性質，建構出完整的測度論。

定理 5.3.15. 假設 $\{E_k\}_{k=1}^{\infty}$ 為可數個彼此分離的可測集合，則

$$\left| \bigcup_{k=1}^{\infty} E_k \right| = \sum_{k=1}^{\infty} |E_k|。$$

證明： 首先，$\left| \bigcup_{k=1}^{\infty} E_k \right| \leq \sum_{k=1}^{\infty} |E_k|$ 是明顯的。

現在假設 E_k ($k \in \mathbb{N}$) 是有界的。接著對於任意給定之正數 ϵ，利用定理 5.3.13(i)，構造一個閉集 $F_k \subseteq E_k$ 滿足 $|E_k - F_k| < \epsilon 2^{-k}$。所以，$|E_k| \leq |F_k| + \epsilon 2^{-k}$。由於 E_k 是分離、有界的，所以 F_k 是分離、緊緻的。因此，利用定理 5.2.5，得到

$$\sum_{k=1}^{m} |F_k| = \left|\bigcup_{k=1}^{m} F_k\right| \leq \left|\bigcup_{k=1}^{\infty} E_k\right|,$$

對於每一個 $m \in \mathbb{N}$ 都成立。由此，我們也推得

$$\left|\bigcup_{k=1}^{\infty} E_k\right| \geq \sum_{k=1}^{\infty} |F_k| \geq \sum_{k=1}^{\infty} (|E_k| - \epsilon 2^{-k}) = \sum_{k=1}^{\infty} |E_k| - \epsilon \, \circ$$

讓 ϵ 趨近於零，得到 $|\bigcup_{k=1}^{\infty} E_k| \geq \sum_{k=1}^{\infty} |E_k|$。因此，$|\bigcup_{k=1}^{\infty} E_k| = \sum_{k=1}^{\infty} |E_k|$。

至於一般的情形，令 $I_j = [-j, j] \times \cdots \times [-j, j]$ 為 $\mathbb{R}^n$ 中的一個閉區間，且令 $S_1 = I_1$ 與 $S_j = I_j - I_{j-1}$ ($j \geq 2$)。如此，就可以得到有界、分離之可測集合 $E_{k,j} = E_k \cap S_j$，$k, j \in \mathbb{N}$，滿足 $E_k = \bigcup_{j=1}^{\infty} E_{k,j}$ 與 $\bigcup_{k=1}^{\infty} E_k = \bigcup_{k,j} E_{k,j}$。接著利用本定理前段之證明，我們有

$$\left|\bigcup_{k=1}^{\infty} E_k\right| = \left|\bigcup_{k,j} E_{k,j}\right| = \sum_{k,j} |E_{k,j}| = \sum_{k=1}^{\infty} \left(\sum_{j=1}^{\infty} |E_{k,j}|\right) = \sum_{k=1}^{\infty} |E_k| \, \circ$$

證明完畢。 $\square$

推論 5.3.16. 假設 $\{I_k\}_{k=1}^{\infty}$ 為可數個非重疊的閉區間。則 $|\bigcup_{k=1}^{\infty} I_k| = \sum_{k=1}^{\infty} |I_k|$。

證明： 首先，$|\bigcup_{k=1}^{\infty} I_k| \leq \sum_{k=1}^{\infty} |I_k|$ 是明顯的。接著利用定理 5.3.15 我們證明另一個方向的不等式如下：$|\bigcup_{k=1}^{\infty} I_k| \geq |\bigcup_{k=1}^{\infty} I_k^o| = \sum_{k=1}^{\infty} |I_k^o|$ $= \sum_{k=1}^{\infty} |I_k|$。證明完畢。 $\square$

§5.3 可測集合

推論 5.3.17. 假設 E_1、E_2 為可測集合，且 $E_2 \subseteq E_1$。如果 $|E_2| < +\infty$，則 $|E_1 - E_2| = |E_1| - |E_2|$。

證明： 因為 $E_1 = E_2 \cup (E_1 - E_2)$，由定理 5.3.15 得到 $|E_1| = |E_2| + |E_1 - E_2|$。再由假設 $|E_2| < +\infty$，便推得 $|E_1 - E_2| = |E_1| - |E_2|$。證明完畢。 □

定理 5.3.18. 假設 $\{E_k\}_{k=1}^{\infty}$ 為一序列之可測集合。

(i) 如果 $E_k \nearrow E$，則 $\lim_{k \to \infty} |E_k| = |E|$。
(ii) 如果 $E_k \searrow E$ 且 $|E_k| < +\infty$，某一個 k，則 $\lim_{k \to \infty} |E_k| = |E|$。

證明： (i) 我們可以假設 $|E_k| < +\infty$，對於每一個 $k \in \mathbb{N}$ 都成立。否則結論是明顯的。由假設 $E_k \nearrow E$，我們可以把 E 寫成

$$E = E_1 \cup (E_2 - E_1) \cup \cdots \cup (E_{k+1} - E_k) \cup \cdots。$$

接著利用定理 5.3.15 與推論 5.3.17，得到

$$|E| = |E_1| + \sum_{k=1}^{\infty} |E_{k+1} - E_k| = |E_1| + \sum_{k=1}^{\infty} (|E_{k+1}| - |E_k|) = \lim_{k \to \infty} |E_k|。$$

(ii) 不妨假設 $|E_1| < +\infty$。然後，把 E_1 寫成

$$E_1 = E \cup (E_1 - E_2) \cup \cdots \cup (E_k - E_{k+1}) \cup \cdots。$$

同樣利用定理 5.3.15 與推論 5.3.17，得到

$$|E_1| = |E| + \sum_{k=1}^{\infty} |E_k - E_{k+1}| = |E| + \sum_{k=1}^{\infty} (|E_k| - |E_{k+1}|)$$
$$= |E| + |E_1| - \lim_{k \to \infty} |E_k|。$$

兩邊各消去 $|E_1|$ 後，便得到 $\lim_{k\to\infty}|E_k|=|E|$。證明完畢。□

在定理 5.3.18 的敘述 (ii) 中，條件 $|E_k|<+\infty$，某一個 k，是不能省的。我們可以在 $\mathbb{R}$ 上取一個簡單的例子。令 $I_k=[k,+\infty)$，$k\in\mathbb{N}$，則 $I_k\searrow\emptyset$。因此，$\lim_{k\to\infty}|I_k|=+\infty\neq 0=|\emptyset|$。

關於集合的外測度，我們也可以得到類似於定理 5.3.18(i) 的結論。

定理 5.3.19. 假設 $\{E_k\}_{k=1}^\infty$ 為 $\mathbb{R}^n$ 上一序列之集合。如果 $E_k\nearrow E$，則 $\lim_{k\to\infty}|E_k|_e=|E|_e$。

證明： 對於每一個 k ($k\in\mathbb{N}$)，選取一個 G_δ 集合 H_k 使得 $E_k\subseteq H_k$ 且 $|E_k|_e=|H_k|$。另外，對於每一個 m ($m\in\mathbb{N}$)，令 $U_m=\bigcap_{k=m}^\infty H_k$。所以，$U_m$ 是可測的且上升到 $U=\bigcup_{m=1}^\infty U_m$。因此，由定理 5.3.18(i)，得到 $|U|=\lim_{m\to\infty}|U_m|$。因為 $E_m\subseteq U_m\subseteq H_m$，我們有 $|E_m|_e\leq |U_m|\leq |H_m|=|E_m|_e$。因此，$|E_m|_e=|U_m|$ 且 $\lim_{m\to\infty}|E_m|_e=|U|$。又由於 $E=\bigcup_{k=1}^\infty E_k\subseteq\bigcup_{k=1}^\infty U_k=U$，推得 $|E|_e\leq|U|=\lim_{m\to\infty}|E_m|_e$。至於 $\lim_{m\to\infty}|E_m|_e\leq|E|_e$，則是明顯的，因為 $E_m\subseteq E$。證明完畢。□

底下則又是一個與集合之可測性等價的條件。它告訴我們可以用可測集合去切割任意集合 A 的外測度。

定理 5.3.20（卡拉西奧多里）. 假設 E 是 $\mathbb{R}^n$ 上的一個子集合。則 E 是可測的若且唯若，對於任意集合 $A\subseteq\mathbb{R}^n$，我們有

$$|A|_e=|A\cap E|_e+|A-E|_e。 \tag{5.3.2}$$

卡拉西奧多里 (Constantin Carathéodory，1873–1950) 為一

§5.3 可測集合

位希臘數學家。

證明：假設 E 是可測的。對於任意集合 $A \subseteq \mathbb{R}^n$，選取一個 G_δ 集合 H 使得 $A \subseteq H$ 且 $|A|_e = |H|$。由於 $H = (H \cap E) \cup (H - E)$，$(H \cap E) \cap (H - E) = \emptyset$ 與 $H \cap E$、$H - E$ 都是可測的，利用定理 5.3.15，得到 $|H| = |H \cap E| + |H - E|$。因此，推得

$$|A|_e = |H| = |H \cap E| + |H - E| \geq |A \cap E|_e + |A - E|_e。$$

至於 $|A|_e \leq |A \cap E|_e + |A - E|_e$ 則是明顯的。所以，$|A|_e = |A \cap E|_e + |A - E|_e$。

反過來說，假設對於任意集合 A 等式 (5.3.2) 都是成立的。這時候我們先考慮 $|E|_e < +\infty$ 的情形。選取一個 G_δ 集合 H 使得 $E \subseteq H$ 且 $|E|_e = |H|$。由假設得到 $|H| = |E|_e + |H - E|_e$。因為 $|E|_e < +\infty$，推得 $|H - E|_e = 0$。所以，集合 $Z = H - E$ 是可測的。這說明 $E = H - Z$ 也是可測的。

如果 $|E|_e = +\infty$，令 $E_k = E \cap B(0; k)$ $(k \in \mathbb{N})$，則 $|E_k|_e < +\infty$ 且 $E = \bigcup_{k=1}^{\infty} E_k$。對於每一個 $k \in \mathbb{N}$，選取一個 G_δ 集合 H_k 使得 $E_k \subseteq H_k$ 且 $|E_k|_e = |H_k|$。同樣由假設得到 $|H_k| = |H_k \cap E|_e + |H_k - E|_e \geq |E_k|_e + |H_k - E|_e$。因此，推得 $|H_k - E|_e = 0$。現在考慮可測集合 $H = \bigcup_{k=1}^{\infty} H_k$。不難看出，$E \subseteq H$ 與 $H - E = \bigcup_{k=1}^{\infty} (H_k - E)$。由此，推得 $|H - E|_e \leq \sum_{k=1}^{\infty} |H_k - E|_e = 0$。特別地，集合 $Z = H - E$ 是可測的。所以，$E = H - Z$ 也是可測的。證明完畢。 □

是以當集合 E 為集合 A 中之一個可測子集合時，利用卡拉西奧多里的定理，便知道 $|A|_e = |E| + |A - E|_e$。如果我們又知道 $|E| < +\infty$，就可以得到 $|A - E|_e = |A|_e - |E|$。

關於集合的測度論，到此也有了一些基礎與瞭解。其中定理 5.2.8說明了任意集合的外測度是可以用一個 G_δ 集合的測度來表現。

因此，接下來我們將利用已知的理論把定理 5.2.8 作一個推廣。

定理 5.3.21. 假設 E 是 $\mathbb{R}^n$ 上的一個子集合。則存在一個 G_δ 集合 H 滿足 $E \subseteq H$，且對於任意可測集合 M 我們有 $|E \cap M|_e = |H \cap M|$。特別地，當 $M = \mathbb{R}^n$ 時，$|E|_e = |H|$。

證明： 我們先考慮 $|E|_e < +\infty$ 的情形。選取一個 G_δ 集合 H 使得 $E \subseteq H$ 且 $|E|_e = |H|$。令 M 為一個可測集合。經由卡拉西奧多里定理，得到

$$|E \cap M|_e + |E - M|_e = |E|_e = |H| = |H \cap M| + |H - M| < +\infty。$$

因為 $E - M \subseteq H - M$，推得 $|E - M|_e \leq |H - M|$。所以，$|E \cap M|_e \geq |H \cap M|$。然而，$|E \cap M|_e \leq |H \cap M|$ 是明顯的。因此，$|E \cap M|_e = |H \cap M|$。

如果 $|E|_e = +\infty$，選取一序列集合 $\{E_k\}_{k=1}^\infty$ 滿足 $E = \bigcup_{k=1}^\infty E_k$、$|E_k|_e < +\infty$ ($k \in \mathbb{N}$) 與 $E_k \nearrow E$。接著利用前段之證明，對於每一個 $k \in \mathbb{N}$，選取一個 G_δ 集合 V_k 滿足 $E_k \subseteq V_k$，且對於任意可測集合 M 我們有 $|E_k \cap M|_e = |V_k \cap M|$。令 $H_k = \bigcap_{m=k}^\infty V_m$。則 H_k 是一個 G_δ 集合，$E_k \subseteq H_k \subseteq V_k$ 且 $H_k \nearrow H = \bigcup_{m=1}^\infty H_m$，$H$ 是一個 $G_{\delta\sigma}$ 集合。這個時候，對於任意一個可測集合 M，我們有 $E_k \cap M \subseteq H_k \cap M \subseteq V_k \cap M$。因此，得到 $|E_k \cap M|_e = |H_k \cap M|$。又由於 $E_k \nearrow E$ 與 $H_k \nearrow H$，我們有 $E \subseteq H$、$E_k \cap M \nearrow E \cap M$ 與 $H_k \cap M \nearrow H \cap M$。是以依據定理 5.3.19，推得

$$|E \cap M|_e = \lim_{k \to \infty} |E_k \cap M|_e = \lim_{k \to \infty} |H_k \cap M| = |H \cap M|。$$

證明的最後一步，就是把集合 H 修正成一個 G_δ 集合。依據定理 5.3.13(ii)，我們可以把 H 寫成 $H = H_1 - Z$，其中 H_1 為一個 G_δ

§5.3 可測集合

集合,且 $|Z| = 0$。因此,$E \subseteq H_1$。對於任意一個可測集合 M,得到 $H_1 \cap M = (H \cap M) \cup (Z \cap M)$。因此,推得 $|E \cap M|_e = |H \cap M| = |H_1 \cap M|$。證明完畢。$\square$

雖然集合之測度論還有很多層面需要進一步釐清,不過本章的講述將在這裡暫告一段落。一個極基本且重要的問題就是集合的可測性在函數的映射之下是否會保存。這個問題是相對重要且複雜的。在這裡我們只敘述並證明以下的定理。

定理 5.3.22. 假設函數 $g : \mathbb{R}^n \to \mathbb{R}^n$ 滿足一個均勻、階數為 $\alpha = 1$ 的利普希茨條件,亦即,存在一個正數 M 滿足

$$|g(x) - g(y)| \leq M|x - y|,$$

對於任意 $x, y \in \mathbb{R}^n$ 都成立。則 g 把可測集合映成可測集合。

證明: 首先,由假設知道 g 是一個均勻連續的函數。令 E 為一個可測集合。依據定理 5.3.13(iii),我們可以把 E 寫成 $E = F \cup Z$,其中 F 為一個 F_σ 集合,$|Z| = 0$。因為 F 為一個 F_σ 集合,所以可以把 F 寫成 $F = \bigcup_{k=1}^{\infty} C_k$,其中 C_k ($k \in \mathbb{N}$) 為一個緊緻集合。因此,得到

$$g(E) = g(F) \cup g(Z) = \bigcup_{k=1}^{\infty} g(C_k) \cup g(Z)。$$

由於 g 是一個連續的函數,C_k 為一個緊緻集合,所以 $g(C_k)$ 也是一個緊緻集合,亦即,$g(C_k)$ 是有界且閉的。換句話說,$g(F)$ 是一個 F_σ 集合,也就是一個可測集合。

接下來,我們驗證 $g(Z)$ 的可測性。在這裡我們需要一個仔細的觀察。如果 Q 是一個邊長為 l 的 n-維方體,則 $v(Q) = l^n$ 且直徑 $\text{diam } Q = \sqrt{n} l$。因為函數 g 滿足一個均勻、階數為 $\alpha = 1$ 的利普希

茨條件，所以 $g(Q)$ 落在一個邊長為 $2\sqrt{n}Ml$ 的 n-維方體。由於 $g(Q)$ 是可測的，得到 $|g(Q)| \le (2\sqrt{n}Ml)^n = (2\sqrt{n}M)^n|Q| = c|Q|$，其中 $c = (2\sqrt{n}M)^n$。現在，考慮一個閉區間 I，把 I 寫成可數個非重疊之 n-維方體 Q_k 的聯集，亦即，$I = \bigcup_{k=1}^{\infty} Q_k$。由此便可推得

$$|g(I)| = \left|\bigcup_{k=1}^{\infty} g(Q_k)\right| \le \sum_{k=1}^{\infty} |g(Q_k)| \le c\sum_{k=1}^{\infty} |Q_k| = c|I|。$$

由於 $|Z| = 0$，對於任意給定之正數 ϵ，存在一個覆蓋 Z 的閉區間族 $\{I_k\}_{k=1}^{\infty}$ 滿足 $\sum_{k=1}^{\infty} |I_k| < \epsilon$。因此，得到

$$|g(Z)|_e \le \sum_{k=1}^{\infty} |g(I_k)| \le c\sum_{k=1}^{\infty} |I_k| < c\epsilon。$$

換句話說，$|g(Z)|_e = 0$，推得 $g(Z)$ 是一個可測集合。因此，得到 $g(E) = g(F) \cup g(Z)$ 也是一個可測集合。證明完畢。 □

最後，我們考慮一個特例，亦即，線性轉換。$f : \mathbb{R}^n \to \mathbb{R}^n$ 為一個線性轉換，指的就是 $f(x) = Mx$，其中 M 為一個 $n \times n$ 的矩陣 (matrix)。不難看出，此時 f 會滿足一個均勻、階數為 $\alpha = 1$ 的利普希茨條件。所以，依據定理 5.3.22，一個線性轉換會把可測集合映成可測集合。另外，我們定義 $\mathbb{R}^n$ 中一個平行多面體 (parallelepiped) P 的體積 $v(P)$ 為以 P 的邊作為列向量 (row vectors) 所形成 $n \times n$ 矩陣之行列式的絕對值。類似於定理 5.2.3 與定理 5.2.11 的證明，我們也可以推得

$$|P| = v(P)。 \tag{5.3.3}$$

定理 5.3.23. 假設 $f : \mathbb{R}^n \to \mathbb{R}^n$ 為一個線性轉換，$f(x) = Mx$，其中 M 為一個 $n \times n$ 的矩陣。令 E 為一個可測集合。則 $|f(E)| = \delta|E|$，其中 $\delta = |\det M|$。

§5.4 不可測集合

證明： 首先，如果 I 為一個閉區間，我們有 $|f(I)| = \delta|I|$。現在，假設 E 為 $\mathbb{R}^n$ 上的一個子集合，給定任意正數 ϵ，選取可數個閉區間 $\{I_k\}_{k=1}^{\infty}$ 覆蓋 E 且滿足 $\sum_{k=1}^{\infty} |I_k| \leq |E|_e + \epsilon$。因此，

$$|f(E)|_e \leq \sum_{k=1}^{\infty} |f(I_k)| = \delta \sum_{k=1}^{\infty} |I_k| \leq \delta(|E|_e + \epsilon)。$$

由此，便可推得 $|f(E)|_e \leq \delta|E|_e$。這也說明了 f 把零測度的集合映成零測度的集合。

反過來說，我們可以假設 $\delta > 0$，否則結論是明顯的。對於任意給定之正數 ϵ，因為 E 是一個可測集合，選取一個開集 G 滿足 $E \subseteq G$ 與 $|G - E| < \epsilon$。這個時候把 G 寫成可數個非重疊之閉區間 $\{I_k\}_{k=1}^{\infty}$ 的聯集，亦即，$G = \bigcup_{k=1}^{\infty} I_k$，我們有

$$\delta|E| \leq \delta \sum_{k=1}^{\infty} |I_k| = |f(G)| \leq |f(E)| + |f(G - E)|$$
$$\leq |f(E)| + \delta|G - E| < |f(E)| + \delta\epsilon。$$

因此，得到 $\delta|E| \leq |f(E)|$。所以，$|f(E)| = \delta|E|$。證明完畢。   □

§5.4　不可測集合

對於集合的測度論，經由以上數節的討論，我們應該已有了基本的瞭解。所以，很自然地，又會衍生出一個問題。也就是說，是不是每一個集合都是可以測的? 很不幸地，這個答案是否定的。所以，在這一節裡我們將證明不可測集合的存在性。這是首先由維塔利所提出的。

維塔利 (Giuseppe Vitali，1875–1932) 為一位義大利數學家。

我們先證明一個有趣的結論。

定理 5.4.1. 假設 E 是 $\mathbb{R}$ 上的一個可測集合滿足 $|E| > 0$。則集合

$$\Omega = \{x - y \mid x \in E, y \in E\}$$

會包含一個以 0 為中心點的區間。

證明： 對於任意給定之正數 ϵ，選取一個開集 G 滿足 $E \subseteq G$ 與 $|G| < (1+\epsilon)|E|$。接著，把 G 寫成可數個非重疊之閉區間 $\{I_k\}_{k=1}^{\infty}$ 的聯集，亦即，$G = \bigcup_{k=1}^{\infty} I_k$。令 $E_k = E \cap I_k$。所以，E_k 為一個可測集合滿足 $E = \bigcup_{k=1}^{\infty} E_k$ 且，當 $j \neq k$ 時，$E_j \cap E_k$ 至多只有一點。因此，$|G| = \sum_{k=1}^{\infty} |I_k|$ 與 $|E| = \sum_{k=1}^{\infty} |E_k|$。由於 $|G| < (1+\epsilon)|E|$，所以存在一個指標 k_0 使得 $|I_{k_0}| < (1+\epsilon)|E_{k_0}|$。為了方便起見，我們直接把 I_{k_0} 與 E_{k_0} 寫成 $\tilde{I}$ 與 $\tilde{E}$，所以有 $\tilde{E} \subseteq \tilde{I}$ 與 $|\tilde{I}| < (1+\epsilon)|\tilde{E}|$。

現在，取 $\epsilon = \frac{1}{4}$，得到 $|\tilde{E}| > \frac{4}{5}|\tilde{I}|$。另外，如果 d 是一個常數，我們把 $\tilde{E}$ 平移 d 單位之後的集合記為 $\tilde{E}_d = \{x + d \mid x \in \tilde{E}\}$。很明顯地，$\tilde{E}_d$ 是可以測的且 $|\tilde{E}| = |\tilde{E}_d|$。我們說，當 $|d| < \frac{3}{5}|\tilde{I}|$ 時，$\tilde{E} \cap \tilde{E}_d \neq \emptyset$。因為如果 $\tilde{E} \cap \tilde{E}_d = \emptyset$，集合 $\tilde{E} \cup \tilde{E}_d$ 便會包含於一個長度為 $|\tilde{I}| + |d|$ 的閉區間。因而得到

$$2|\tilde{E}| = |\tilde{E}| + |\tilde{E}_d| = |\tilde{E} \cup \tilde{E}_d| \leq |\tilde{I}| + |d| < \frac{8}{5}|\tilde{I}|。$$

這是一個矛盾。這也就是說，當 $|d| < \frac{3}{5}|\tilde{I}|$ 時，存在 $x, y \in \tilde{E}$ 使得 $x = y + d$，亦即，$d = x - y \in \Omega$。所以，集合 Ω 會包含一個開區間 $(-a, a)$，其中 $a = \frac{3}{5}|\tilde{I}|$。證明完畢。 □

現在我們可以證明在 $\mathbb{R}$ 上存在一個不可測集合。在 $\mathbb{R}^n$ 上的證明也是類似地。在此證明中我們需要用到策梅洛所提出的選擇公設 (axiom of choice)，簡記為 AC，如下：

§5.4 不可測集合

選擇公設. 假設 $\{E_\alpha \mid \alpha \in \Lambda\}$ 為一個由指標集合 Λ 所定義的集合族，滿足 $E_\alpha \neq \emptyset$，對於任意 $\alpha \in \Lambda$ 都成立與 $E_\alpha \cap E_\beta = \emptyset$，如果 $\alpha, \beta \in \Lambda$ 且 $\alpha \neq \beta$，則存在一個集合 S 它的元素是由每一個 E_α ($\alpha \in \Lambda$) 中各取唯一的一個元素所組成。

策梅洛 (Ernst Zermelo，1871–1953) 為德國的數學家。良序定理也是他所證出的。

在數學上，選擇公設等價於選擇函數 (choice function) φ，定義如下：
$$\varphi : \Lambda \to \bigcup_{\alpha \in \Lambda} E_\alpha$$
$$\alpha \mapsto \varphi(\alpha) \in E_\alpha \text{，}$$
的存在性。

定理 5.4.2（維塔利）. 在 $\mathbb{R}$ 上存在一個不可測集合。

證明： 首先，在 $\mathbb{R}$ 上定義一個等價關係 $\sim$ (equivalence relation $\sim$)。我們說二個實數 x，y 有關係，亦即，$x \sim y$，如果 $x - y \in \mathbb{Q}$。所以，實數 x 所屬的等價類 (equivalence class) 就可以寫成 $\mathbb{Q}_x = \{x + r \mid r \in \mathbb{Q}\}$，把 $\mathbb{Q}$ 平移 x 單位之後的集合。這些等價類的個數是不可數的且彼此相互分離，其中一個就是 $\mathbb{Q}$，其餘的等價類都是由無理數所形成之集合。

現在，透過策梅洛所提出的選擇公設，存在一個集合 Σ 它的元素是由每一個 $\mathbb{Q}_x$ ($x \in \mathbb{R}$) 中各取唯一的一個元素所組成。因此，Σ 裡任意二個相異點的差都是無理數。這說明了集合
$$\Omega = \{x - y \mid x \in \Sigma, y \in \Sigma\}$$
是不可能包含一個以 0 為中心點的區間。所以，依據定理 5.4.1，這

又表示 Σ 是一個不可測的集合或是一個可測的集合滿足 $|\Sigma| = 0$。我們說後者是不會發生的。因為如果 Σ 是一個可測的集合滿足 $|\Sigma| = 0$，由於 $\mathbb{R} = \bigcup_{r \in \mathbb{Q}} \Sigma_r$，我們會得到 $|\mathbb{R}| = 0$。這是一個矛盾。所以，Σ 是一個不可測的集合。證明完畢。 □

定理 5.4.3. 如果 E 是 $\mathbb{R}$ 上一個具有正外測度的集合，則 E 包含有一個不可測的集合。

證明： 假設 $E \subseteq \mathbb{R}$ 且 $|E|_e > 0$。令 Σ 為定理 5.4.2 之證明中所得到的集合。同樣地，由於 $\mathbb{R} = \bigcup_{r \in \mathbb{Q}} \Sigma_r$，推得 $E = \bigcup_{r \in \mathbb{Q}} (E \cap \Sigma_r) = \bigcup_{r \in \mathbb{Q}} E(r)$，其中 $E(r) = E \cap \Sigma_r$。如果 $E(r)$ 為可測的集合，對於每一個 $r \in \mathbb{Q}$ 都成立，則依據定理 5.4.1，$|E(r)| = 0$ 必須成立。但是，這又會導致於 E 是一個可測的集合與 $|E| = 0$，得到一個矛盾。所以，存在一個有理數 r 使得 $E(r) \subseteq E$ 為一個不可測的集合。證明完畢。 □

讀者如果對複測度有興趣的話，可以參閱文獻 [4]。

底下是與本章內容相關的一些習題。

習題 5.1. 證明集合的外測度是平移不變量 (translation invariant)。也就是說，如果 E 為 $\mathbb{R}^n$ 上的子集合，$h \in \mathbb{R}^n$，定義 $E_h = \{x + h \mid x \in E\}$。則 $|E_h|_e = |E|_e$。

習題 5.2. 證明定理 5.2.11。

習題 5.3. 證明 $[0, 1]$ 上的康托爾-勒貝格函數不是一個絕對連續的函數。

§5.4　不可測集合

習題 5.4. 證明定理 5.3.9。

習題 5.5. 證明定理 5.3.13。

習題 5.6. 證明定理 5.3.14。

習題 5.7. 假設 $Z \subseteq \mathbb{R}$ 是一個零測度集合。則 $\{x^2 \mid x \in Z\}$ 也是一個零測度集合。

習題 5.8. 證明存在一個連續函數會把可測的集合映成不可測的集合。

習題 5.9. 假設 $\{E_k\}_{k=1}^{\infty}$ 為 $\mathbb{R}^n$ 上一序列之集合滿足 $\sum_{k=1}^{\infty} |E_k|_e < +\infty$。證明 $\limsup_{k \to \infty} E_k$ 與 $\liminf_{k \to \infty} E_k$ 都是零測度集合。

習題 5.10. 如果 E_1、E_2 都是可測的集合，證明 $|E_1 \cap E_2| + |E_1 \cup E_2| = |E_1| + |E_2|$。

習題 5.11. 假設 E 為 $\mathbb{R}^n$ 上的可測子集滿足 $|E| < +\infty$，且 $E = E_1 \cup E_2$，$E_1 \cap E_2 = \emptyset$。如果 $|E| = |E_1|_e + |E_2|_e$，證明 E_1 與 E_2 都是可測的集合。

習題 5.12. 如果 E_1、E_2 為 $\mathbb{R}$ 上可測的集合，證明 $E_1 \times E_2$ 為 $\mathbb{R}^2$ 上可測的集合且 $|E_1 \times E_2| = |E_1||E_2|$。(在這裡我們把 $0 \cdot (+\infty)$ 解釋為 0。)

習題 5.13. 假設 G 為 $\mathbb{R}$ 的加法子群，$G \neq \mathbb{R}$。如果集合 G 是可測的，證明 $|G| = 0$。

習題 5.14. 假設 E 為 $\mathbb{R}^n$ 上的子集合。定義 E 的內測度 (inner measure) 為 $|E|_i = \sup |F|$，其中 sup 是對 E 上所有之閉子集合來取的。證明

(i) $|E|_i \leq |E|_e$。
(ii) 如果 $|E|_e < +\infty$，則 E 是可測的集合若且唯若 $|E|_i = |E|_e$。

習題 5.15. 假設 E 為 $\mathbb{R}^n$ 上的子集合。如果 $|E|_e = +\infty$，則習題 5.14(ii) 之結論是不成立的。

習題 5.16. 假設 E 為 $\mathbb{R}^n$ 上的可測子集合，$A \subseteq E$。證明 $|E| = |A|_i + |E - A|_e$。

習題 5.17. 證明存在一序列的集合 $\{E_k\}_{k=1}^{\infty}$ 滿足 $E_j \cap E_k = \emptyset$，如果 $j \neq k$，且 $|\bigcup_{k=1}^{\infty} E_k|_e < \sum_{k=1}^{\infty} |E_k|_e$。

習題 5.18. 證明存在一序列的集合 $\{E_k\}_{k=1}^{\infty}$ 滿足 $E_k \searrow E$，$|E_k|_e < +\infty$ $(k \in \mathbb{N})$，且 $\lim_{k \to \infty} |E_k|_e > |E|_e$。

習題 5.19. 如同康托爾集合的構造方式，我們可以在區間 $[0,1]$ 上構造一個類似的集合 $\mathcal{C}_\eta$，其中 $0 < \eta < 1$，只是要求在第 k 步驟時我們移除的開區間長度為 $\eta 3^{-k}$。證明集合 $\mathcal{C}_\eta$ 是一個完美集合，測度為 $1 - \eta$，且不包含任何區間 $[a,b]$，$a < b$。

習題 5.20. 在 $\mathbb{R}$ 上是否存在一個稠密的 G_δ 集合 E 滿足 $|E| = 0$？

習題 5.21. 假設 $0 < a < 1$。在區間 $[0,1]$ 上是否存在一個可測子集合 $E(a)$ 滿足 $\lim_{h\to 0^+} \frac{|E(a) \cap [0,h]|}{h} = a$？

§5.5 參考文獻

1. Folland, G. B., Real Analysis: Modern Techniques and Their Applications, Second Edition, John Wiley and Sons, Inc., New York, 1999.

2. Jones, F., Lebesgue Integration on Euclidean Space, Jones and Bartlett Publishers Inc., Boston, MA, 1993.

3. Royden, H. L., Real Analysis, Third Edition, Macmillan, New York, 1988.

4. Rudin, W., Real and Complex Analysis, Third Edition, McGraw-Hill, New York, 1987.

5. Stein, E. M. and Shakarchi, R., Real Analysis: Measure Theory, Integration, and Hilbert Spaces, Princeton Lectures in Analysis III, Princeton University Press, Princeton, NJ, 2005.

6. Wheeden, R. L. and Zygmund, A., Measure and Integral: An Introduction to Real Analysis, Marcel Dekker, Inc., New York, 1977.

第 6 章
勒貝格可測函數

§6.1 可測函數

誠如在上一章所言,我們希望能擴大可以積分之函數空間。為了達到這個目的,我們採用了一個嶄新的構想。也就是說,在開始時我們直接對值域或對應域做分割,然後試著以廣義長方體的體積來逼近一個非負函數 f 在集合 E 上所圍出來之域的體積。是以在上一章節裡,我們講述了一些有關測度論的基本理論,讓我們接下來可用以討論新的函數空間。

所以,從現在開始假設 E 為 $\mathbb{R}^n$ 上的一個可測子集合,f 則為定義在 E 上的實函數,亦即,對於每一個點 $x \in E$,$-\infty \leq f(x) \leq +\infty$。如果我們說 f 為 E 上的有限函數,則表示對於每一個點 $x \in E$,$-\infty < f(x) < +\infty$。

定義 6.1.1. 我們說 f 是 E 上的一個勒貝格可測函數 (Lebesgue measurable function),或簡稱為可測函數 (measurable function),

如果對於每一個 $\lambda \in \mathbb{R}$，

$$E_\lambda = \{x \in E \mid f(x) > \lambda\}$$

都是 $\mathbb{R}^n$ 上的可測子集合。

有時候為了方便起見，我們會把集合 E_λ 簡記為 $\{f > \lambda\}$。當 f 是 E 上的一個可測函數時，由下列等式不難看出

$$E = \{f = -\infty\} \cup \left(\bigcup_{k=1}^{\infty} \{f > -k\} \right). \tag{6.1.1}$$

所以，集合 $\{f = -\infty\}$ 也是一個 $\mathbb{R}^n$ 的可測子集合。因此，關於後續討論的實函數 f，我們也都假設集合 $\{f = -\infty\}$ 是一個 $\mathbb{R}^n$ 上的可測子集合。

如果 E 是一個博雷爾集合，f 為 E 上的一個函數使得 E_λ 也是一個博雷爾集合，對於每一個 $\lambda \in \mathbb{R}$ 都成立，我們便稱 f 為 E 上的一個博雷爾可測函數 (Borel measurable function)，或 f 在 E 上是博雷爾可測的 (Borel measurable)。在 E 上一個博雷爾可測函數 f 也都是勒貝格可測的。底下是幾個關於可測函數的基本定理。

定理 6.1.2. 假設 f 為定義在可測集合 E 上的一個實函數。則下面的敘述是彼此相互等價的。對於每一個 $\lambda \in \mathbb{R}$，

(i) $\{f > \lambda\}$ 是可測的。
(ii) $\{f \geq \lambda\}$ 是可測的。
(iii) $\{f < \lambda\}$ 是可測的。
(iv) $\{f \leq \lambda\}$ 是可測的。

證明：(i)⇒(ii)。因為 $\{f \geq \lambda\} = \bigcap_{k=1}^{\infty} \{f > \lambda - \frac{1}{k}\}$，所以，由 (i) 得到 $\{f \geq \lambda\}$ 的可測性。(ii)⇒(iii)。因為 $\{f < \lambda\} = \{f \geq \lambda\}^c$，所

§6.1 可測函數

以,由 (ii) 知道 $\{f < \lambda\}$ 是可測的。(iii)⇒(iv)。因為 $\{f \leq \lambda\} = \bigcap_{k=1}^{\infty} \{f < \lambda + \frac{1}{k}\}$,所以,由 (iii) 得到 $\{f \leq \lambda\}$ 的可測性。(iv)⇒(i)。因為 $\{f > \lambda\} = \{f \leq \lambda\}^c$,所以,由 (iv) 知道 $\{f > \lambda\}$ 是可測的。證明完畢。 □

定理 6.1.3. 假設 f 是 E 上的可測函數。對於每一個 $\lambda \in \mathbb{R}$,集合 $\{f = \lambda\}$ 是可測的。

證明: 因為 $\{f = \lambda\} = \{f \geq \lambda\} \cap \{f \leq \lambda\}$,所以直接由定理 6.1.2 的 (ii) 與 (iv) 知道,$\{f = \lambda\}$ 是可測的。證明完畢。 □

值得注意的是,定理 6.1.3 的逆敘述,一般而言,是不成立的。如下例所示。

例 6.1.4. 我們可以在區間 $[0, 1]$ 上定義一個不可測函數 f,但是集合 $\{f = \lambda\}$ ($\lambda \in \mathbb{R}$) 卻都是可測的。建構的方式如下:因為 $|(0, 1]| = 1$,經由定理 5.4.3,我們知道在 $(0, 1]$ 中存在一個不可測的集合 E。定義函數 $f: [0, 1] \to \mathbb{R}$ 為

$$f(x) = \begin{cases} x, & \text{如果 } x \in E, \\ -x, & \text{如果 } x \notin E. \end{cases}$$

所以,不難看出對於每一個 $\lambda \in \mathbb{R}$,$\{f = \lambda\}$ 為一個單點所形成的集合或空集合。因此,集合 $\{f = \lambda\}$ ($\lambda \in \mathbb{R}$) 都是可測的。但是集合 $\{f > 0\} = E$ 卻是不可測的。也就是說,f 是一個不可測函數。

推論 6.1.5. 假設 f 為 E 上的一個實函數。則 f 為可測函數若且唯若 $\{\lambda < f < +\infty\}$ 是可測的,對於每一個 $\lambda \in \mathbb{R}$ 都成立。

我們把本推論的證明放在習題裡，由讀者自行驗證。

定理 6.1.6. 假設 f 為 E 上的一個實函數。則 f 為可測函數若且唯若對於每一個 $\mathbb{R}$ 上的開子集合 V，其前像 $f^{-1}(V)$ 都是 $\mathbb{R}^n$ 上的可測集合。

證明： 首先，假設對於每一個 $\mathbb{R}$ 上的開子集合 V，$f^{-1}(V)$ 都是 $\mathbb{R}^n$ 上的可測集合。考慮 $V = (\lambda, +\infty)$，$\lambda \in \mathbb{R}$，得到 $f^{-1}(V) = \{\lambda < f < +\infty\}$ 為 $\mathbb{R}^n$ 上的可測集合。因此，由推論 6.1.5，便可推得 f 為可測函數。

反過來說，假設 f 為可測函數。令 $V \subseteq \mathbb{R}$ 為一個開子集合。我們可以把 V 寫成可數個分離之開區間 (a_k, b_k) 的聯集，亦即，$V = \bigcup_{k=1}^{\infty}(a_k, b_k)$。因為 $\{a_k < f < b_k\}$ 為可測集合，推得 $f^{-1}(V) = \bigcup_{k=1}^{\infty} f^{-1}((a_k, b_k)) = \bigcup_{k=1}^{\infty}\{a_k < f < b_k\}$ 也是可測集合。證明完畢。 □

當 E 為一個博雷爾集合，f 為 E 上的一個實函數時，定理 6.1.6 的證明也可以推得 f 為博雷爾可測函數若且唯若對於每一個 $\mathbb{R}$ 上的開子集合 V，其前像 $f^{-1}(V)$ 都是 $\mathbb{R}^n$ 上的博雷爾可測集合。另外，如果 f 為一個連續函數，則 f 是一個可測函數。

底下的定理把驗證函數的可測性縮減到 $\mathbb{R}$ 上的一個稠密子集合。

定理 6.1.7. 假設 Λ 為 $\mathbb{R}$ 上的一個稠密子集合，f 為 E 上的一個實函數。如果 $\{f > \lambda\}$ 是可測的，對於每一個 $\lambda \in \Lambda$ 都成立，則 f 是一個可測函數。

§6.1 可測函數

證明： 令 $\lambda \in \mathbb{R}$。選取一序列的點 $\{\lambda_k\}_{k=1}^{\infty}$，$\lambda_k \in \Lambda$，滿足 $\lambda_k \geq \lambda$ 且 $\lim_{k \to \infty} \lambda_k = \lambda$。因為 Λ 為 $\mathbb{R}$ 上的稠密子集合，這是可以做到的。因此，便可以得到 $\{f > \lambda\} = \bigcup_{k=1}^{\infty} \{f > \lambda_k\}$ 是可測的。證明完畢。 □

測度為零的集合在我們討論與研究可測函數時，通常可以被忽略。回顧在第 2.4 節裡，當我們討論黎曼積分中的勒貝格定理時，我們定義了一個新的概念，就是名詞「幾乎到處」，簡記為 a.e.。我們說一個性質在 E 上幾乎到處成立，亦即，可能在排除 E 的一個零測度之子集合後，這個性質在 E 上都要成立。因此，命題：在 E 上，$f = 1$ a.e. 就表示可能存在一個 $Z \subseteq E$ 滿足 $|Z| = 0$，使得 $f = 1$ 在 $E - Z$ 恆成立。是以利用幾乎到處的概念，我們可以再敘述幾個有關可測函數的性質。

定理 6.1.8. 假設 f 為 E 上的一個可測函數，g 為 E 上的一個實函數。如果在 E 上 $g = f$ a.e.，則 g 也是一個可測函數且 $|\{g > \lambda\}| = |\{f > \lambda\}|$，對於每一個 $\lambda \in \mathbb{R}$ 都成立。

證明： 令 $Z = \{x \in E \mid f(x) \neq g(x)\}$，得到 $|Z| = 0$。對於每一個 $\lambda \in \mathbb{R}$，我們有

$$\{g > \lambda\} \cup Z = \{f > \lambda\} \cup Z。$$

由於 f 是一個可測函數，所以 $\{g > \lambda\} \cup Z$ 是一個可測集合。這也說明了 $\{g > \lambda\}$ 是一個可測集合。因此，g 也是一個可測函數。同時，我們也有

$$|\{g > \lambda\}| = |\{g > \lambda\} \cup Z| = |\{f > \lambda\} \cup Z| = |\{f > \lambda\}|。$$

證明完畢。 □

經由定理 6.1.8 的闡述，我們便可以把可測函數的定義再做些微的擴展。也就是說，我們把定義在 E 上 a.e. 的函數也包括進來。對於這樣的函數，我們說它是可測的如果此函數在它定義的地方是可測的。同樣地注意到，一個在 E 上的可測函數在 E 的任意可測子集合 E_1 上也是可測的，原因是 $\{x \in E_1 \mid f(x) > \lambda\} = \{x \in E \mid f(x) > \lambda\} \cap E_1$。

定理 6.1.9. 假設 ϕ 為 $\mathbb{R}$ 上的一個連續函數，f 為 E 上一個幾乎到處有限的函數使得 $\phi(f)$ 在 E 上 a.e. 是有定義的。如果 f 是可測的，則函數 $\phi(f)$ 也是可測的。

證明： 實際上，我們可以假設 f 在 E 上是到處有限的函數。直接利用定理 6.1.6，令 V 為 $\mathbb{R}$ 上的一個開子集合。由於 $\phi^{-1}(V)$ 是一個開子集合，f 是一個可測函數，得到 $(\phi(f))^{-1}(V) = f^{-1}(\phi^{-1}(V))$ 是一個可測集合。證明完畢。 □

利用定理 6.1.9，我們便可以知道由一個可測函數所生成的一些熟悉之函數也都是可測函數。

例 6.1.10. 假設 f 是一個可測函數。則函數 f^k ($k \in \mathbb{N}$)，$|f|^p$ ($p > 0$)，αf，$f + \alpha$，$e^{\alpha f}$ ($\alpha \in \mathbb{R}$)，$f^+ = \max\{f, 0\}$ 與 $f^- = -\min\{f, 0\}$ 皆為可測函數。

定理 6.1.11. 如果 f，g 都是可測函數，則集合 $\{f > g\}$ 是可測的。

證明： 因為 $\mathbb{Q}$ 是可數的，我們把集合 $\{f > g\}$ 直接寫成

$$\{f > g\} = \bigcup_{r \in \mathbb{Q}} \{f > r > g\} = \bigcup_{r \in \mathbb{Q}} (\{f > r\} \cap \{g < r\})$$

§6.1 可測函數

就可以了。證明完畢。 □

定理 6.1.12. 假設 f, g 都是可測函數。

(i) 如果 f 與 g 皆是有限函數，則 $f+g$ 與 fg 都是可測函數。
(ii) 如果 $g \neq 0$ a.e.，則 $1/g$ 是可測函數。

證明：(i) 的證明。令 $\lambda \in \mathbb{R}$。因為

$$\{f+g > \lambda\} = \bigcup_{r \in \mathbb{Q}}(\{f > \lambda - r\} \cap \{g > r\}),$$

所以，$f+g$ 是可測函數。至於 fg 的可測性，可以由下列等式

$$fg = \frac{1}{4}((f+g)^2 - (f-g)^2)$$

得到。

(ii) 的證明。在排除一個零測度集合後，我們可以假設在 E 上 $g \neq 0$。因此，如果 $\lambda > 0$，則 $\{\frac{1}{g} > \lambda\} = \{0 < g < \frac{1}{\lambda}\}$ 是可測的。另外，$\{\frac{1}{g} > 0\} = \{0 < g < +\infty\}$ 也是可測的。如果 $\lambda < 0$，則 $\{\frac{1}{g} > \lambda\} = \{g > 0\} \cup \{g < \frac{1}{\lambda}\}$ 是可測的。證明完畢。 □

在定理 6.1.12(i) 的敘述裡，如果 $f+g$ 是有定義的話，亦即，像 $(+\infty)+(-\infty)$ 或 $(-\infty)+(+\infty)$ 都不會出現，則自然推得 $f+g$ 是可測函數，不需要假設它們是有限函數。如果假設 f 與 g 皆是有限函數 a.e.，也可以推得 $f+g$ 是可測函數。另外，依照傳統的用法，在此我們採用 $0 \cdot (\pm\infty) = (\pm\infty) \cdot 0 = 0$。

定理 6.1.13. 假設 $\{f_k\}_{k=1}^{\infty}$ 為一序列之可測函數。則 $\sup_k f_k(x)$ 與 $\inf_k f_k(x)$ 都是可測函數。

證明: 令 $\lambda \in \mathbb{R}$。不難看出 $\{\sup_k f_k(x) > \lambda\} = \bigcup_{k=1}^{\infty} \{f_k > \lambda\}$ 是可測的,推得 $\sup_k f_k(x)$ 是可測函數。因為 $\inf_k f_k(x) = -\sup_k(-f_k(x))$,所以 $\inf_k f_k(x)$ 也是可測函數。證明完畢。 $\square$

定理 6.1.13可以適用於有限個可測函數的情形。比如說,有 m 個可測函數 $f_1, \cdots, f_m$,則 $\max_k f_k(x)$ 與 $\min_k f_k(x)$ 都是可測函數。特別地,當 $m=2$,f 為一個可測函數時,$f^+ = \max\{f, 0\}$ 與 $f^- = -\min\{f, 0\}$ 也都是可測函數。這給予例 6.1.10中之函數一個不同的詮釋。

定理 6.1.14. 假設 $\{f_k\}_{k=1}^{\infty}$ 為一序列之可測函數。則 $\limsup_{k \to \infty} f_k(x)$ 與 $\liminf_{k \to \infty} f_k(x)$ 都是可測函數。特別地,如果 $\lim_{k \to \infty} f_k(x)$ 存在 a.e.,則 $\lim_{k \to \infty} f_k(x)$ 是可測函數。

證明: 利用定理 6.1.13與定義

$$\limsup_{k \to \infty} f_k(x) = \inf_j \{\sup_{k \geq j} f_k(x)\}, \quad \liminf_{k \to \infty} f_k(x) = \sup_j \{\inf_{k \geq j} f_k(x)\},$$

就知道 $\limsup_{k \to \infty} f_k(x)$ 與 $\liminf_{k \to \infty} f_k(x)$ 都是可測函數。如果 $\lim_{k \to \infty} f_k(x)$ 存在 a.e.,則 $\lim_{k \to \infty} f_k(x) = \limsup_{k \to \infty} f_k(x)$ a.e.。所以,$\lim_{k \to \infty} f_k(x)$ 是可測函數。證明完畢。 $\square$

令 E 為 $\mathbb{R}^n$ 的一個子集合。在例 2.3.8裡,我們定義了 E 上的特徵函數 χ_E,$\chi_E(x) = 1$,如果 $x \in E$;$\chi_E(x) = 0$,如果 $x \notin E$。很明顯地,χ_E 是可測函數若且唯若 E 是一個可測集合。

定義 6.1.15. 我們說 s 是可測集合 E 上的一個簡單函數 (simple function),如果 s 可以寫成

$$s(x) = \sum_{k=1}^{m} a_k \chi_{E_k}(x),$$

其中 $E_1, \cdots, E_m$ 為 m 個彼此分離的子集合滿足 $E = \bigcup_{k=1}^{m} E_k$，$a_k$ ($1 \leq k \leq m$) 則為彼此相異的實數。

定理 6.1.16. 假設 s 是一個簡單函數。則 s 是可測函數若且唯若 $E_1, \cdots, E_m$ 都是可測集合。

我們把本定理的證明放在習題裡，由讀者自行驗證。底下的定理則說明了一般的函數是可以用比較清楚的簡單函數來逼近。

定理 6.1.17. 假設 f 為 E 上的一個函數。則
(i) f 可以寫成一序列簡單函數 $\{s_k\}_{k=1}^{\infty}$ 的極限，即 $f = \lim_{k \to \infty} s_k$。
(ii) 如果 $f \geq 0$，我們可以選擇 (i) 中之 s_k 為上升至 f 的序列，亦即，$s_k \leq s_{k+1}$，對於每一個 k 都成立。
(iii) 如果 (i) 與 (ii) 中之函數 f 是可測的，我們也可以選擇 $\{s_k\}$ 是可測的簡單函數序列。

證明： 首先，我們證明 (ii)。假設 $f \geq 0$。首先，把區間 $[0, k]$ 分割成 $k2^k$ 個長度為 2^{-k} 之小區間 $[(j-1)2^{-k}, j2^{-k}]$，$1 \leq j \leq k2^k$。定義 E 的子集合

$$E_{kj} = \left\{ x \in E \,\middle|\, \frac{j-1}{2^k} \leq f(x) < \frac{j}{2^k} \right\}, \, 1 \leq j \leq k2^k,$$
$$E_{k\infty} = \{ x \in E \mid f(x) \geq k \}。$$

不難看出，集合 E_{kj} ($1 \leq j \leq k2^k$) 與 $E_{k\infty}$ 是 E 中彼此分離的子集合。現在，定義簡單函數 s_k 如下：

$$s_k(x) = \sum_{j=1}^{k2^k} \frac{j-1}{2^k} \chi_{E_{kj}} + k \chi_{E_{k\infty}}。 \tag{6.1.2}$$

很明顯地，$s_k(x) \leq s_{k+1}(x) \leq f(x)$ $(k \in \mathbb{N})$，且 $\lim_{k \to \infty} s_k(x) = f(x)$，因為 $0 \leq f(x) - s_k(x) \leq 2^{-k}$，當 $f(x) < +\infty$ 且 k 很大時；$s_k(x) = k \to +\infty$，當 $f(x) = +\infty$。

證明 (i)。由於 $f = f^+ - f^-$，依據 (ii) 的證明，存在簡單函數序列 $\{s'_k\}_{k=1}^{\infty}$ 與 $\{s''_k\}_{k=1}^{\infty}$ 使得 $s'_k \to f^+$ 與 $s''_k \to f^-$。因此，$s'_k - s''_k$ 為一個簡單函數且 $s'_k - s''_k \to f^+ - f^- = f$。只要注意到在 $s'_k - s''_k$ 的表示式裡，係數為 0 這一項應該寫成 $0 \cdot \chi_{E'_{k1} \cap E''_{k1}}$。

證明 (iii)。如果 f 是可測的，當 $f \geq 0$ 時，則在 (ii) 的證明中所定義的集合 E_{kj} $(1 \leq j \leq k2^k)$ 與 $E_{k\infty}$ 都是可測的。所以，簡單函數 s_k 也是可測的。至於 (i) 的情形，只要考慮 $f = f^+ - f^-$ 就可以了。證明完畢。 □

定理 6.1.17 的證明告訴我們，如果 f 在 E 上是有界的，則此簡單函數序列 $\{s_k\}_{k=1}^{\infty}$ 會均勻地收斂到 f。

由前面的討論知道，一個定義在可測集合 E 上的連續函數 f 是可測的。在這裡我們要引進另一類基本且重要的可測函數。

定義 6.1.18. 假設 f 為定義在集合 E 上的一個函數，$x_0 \in E$ 為 E 的一個極限點。我們說 f 在點 x_0 上半連續 (upper semicontinuous)，簡記為 f 在點 x_0 是 usc，如果

$$\limsup_{x \to x_0; x \in E} f(x) \leq f(x_0)。 \tag{6.1.3}$$

我們說 f 在點 x_0 下半連續 (lower semicontinuous)，簡記為 f 在點 x_0 是 lsc，如果

$$\liminf_{x \to x_0; x \in E} f(x) \geq f(x_0)。 \tag{6.1.4}$$

§6.1 可測函數

當 $f(x_0) = +\infty$，則 f 在點 x_0 會自動是上半連續；當 $f(x_0) = -\infty$，則 f 在點 x_0 會自動是下半連續。如果 $f(x_0) < +\infty$，則 f 在點 x_0 是上半連續表示，對於任意給定之 $M > f(x_0)$，存在一個 $\delta > 0$ 滿足 $f(x) < M$，對於任意點 $x \in B(x_0; \delta) \cap E$ 都成立。類似地，如果 $f(x_0) > -\infty$，則 f 在點 x_0 是下半連續表示，對於任意給定之 $m < f(x_0)$，存在一個 $\delta > 0$ 滿足 $f(x) > m$，對於任意點 $x \in B(x_0; \delta) \cap E$ 都成立。

例 6.1.19. 定義函數 $f : \mathbb{R} \to \mathbb{R}$ 如下：

$$f(x) = \begin{cases} 1, & \text{如果 } x = 0, \\ 0, & \text{如果 } x \neq 0。 \end{cases}$$

則 f 在點 0 是上半連續。如果定義函數 $f : \mathbb{R} \to \mathbb{R}$ 如下：

$$f(x) = \begin{cases} -1, & \text{如果 } x = 0, \\ 0, & \text{如果 } x \neq 0。 \end{cases}$$

則 f 在點 0 是下半連續。

例 6.1.20. 假設 g 為閉區間 $[0,1]$ 上的狄利克雷特函數。因此，$g(x) = 1$，當 x 是有理數；$g(x) = 0$，當 x 是無理數。所以，依據定義 6.1.18，g 在有理數點是上半連續；g 在無理數點是下半連續。

所以，函數 f 在點 x_0 連續若且唯若 $|f(x_0)| < +\infty$，且 f 在點 x_0 同時是上半連續與下半連續。我們說定義在 E 上的函數 f，相對於 E，為上半連續 (下半連續或連續) 如果在 E 上的每一個極限點 f 為上半連續 (下半連續或連續)。底下的定理可以用來特徵 E 上之半連續函數。

定理 6.1.21. (i) 一個函數 f，相對於 E，是上半連續若且唯若，對於每一個 $\alpha \in \mathbb{R}$，集合 $\{x \in E \mid f(x) \geq \alpha\}$ 是相對閉的 (或等價地說 $\{x \in E \mid f(x) < \alpha\}$ 是相對開的)。

(ii) 一個函數 f，相對於 E，是下半連續若且唯若，對於每一個 $\alpha \in \mathbb{R}$，集合 $\{x \in E \mid f(x) \leq \alpha\}$ 是相對閉的 (或等價地說 $\{x \in E \mid f(x) > \alpha\}$ 是相對開的)。

證明： 我們將只證明 (i)。(ii) 的證明是類似的，因為，相對於 E，f 是上半連續若且唯若 $-f$ 是下半連續。假設 f 是上半連續。考慮集合 $V = \{x \in E \mid f(x) < \alpha\}$，$\alpha \in \mathbb{R}$。如果 $x_0 \in V$，得到 $f(x_0) < \alpha$。依據函數 f 在點 x_0 上半連續的定義，存在一個 $\delta > 0$ 滿足 $f(x) < \alpha$，對於任意點 $x \in B(x_0; \delta) \cap E$ 都成立。這表示 $B(x_0; \delta) \cap E \subseteq V$。所以，$V$ 是 E 上的開集合。

反過來說，假設對於每一個 $\alpha \in \mathbb{R}$，集合 $\{x \in E \mid f(x) < \alpha\}$ 是相對開的。令 $x_0 \in E$。如果 $f(x_0) = +\infty$，則 f 在點 x_0 會自動上半連續。如果 $f(x_0) < +\infty$，則 $x_0 \in V_\epsilon = \{x \in E \mid f(x) < f(x_0) + \epsilon\}$，其中 ϵ 為任意之正數。由於我們假設 V_ϵ 是 E 的開子集合，所以存在一個 $\delta > 0$ 滿足 $B(x_0; \delta) \cap E \subseteq V_\epsilon$。現在，讓 $\epsilon \to 0^+$，得到

$$\limsup_{x \to x_0; x \in E} f(x) \leq f(x_0)。$$

證明完畢。 □

因此，一個有限函數 f，相對於 E，是連續的若且唯若，對於每一個 $\alpha \in \mathbb{R}$，集合 $\{x \in E \mid f(x) \geq \alpha\}$ 與 $\{x \in E \mid f(x) \leq \alpha\}$ 都是相對閉的，或者等價地說，集合 $\{x \in E \mid f(x) > \alpha\}$ 與 $\{x \in E \mid f(x) < \alpha\}$ 都是相對開的。

定理 6.1.22. 假設函數 f 定義在一個可測集合 E 上。如果，相對於 E，f 是上半連續，或下半連續，或連續，則 f 是可測的。

證明： 假設 f 是上半連續。由定理 6.1.21知道，對於每一個 $\lambda \in \mathbb{R}$，集合 $\{x \in E \mid f(x) \geq \lambda\}$ 是相對閉的。也就是說，存在 $\mathbb{R}^n$ 上的一個閉集合 F 滿足 $\{f \geq \lambda\} = E \cap F$。因此，$\{f \geq \lambda\}$ 是一個可測集合。進而由定理 6.1.2(ii) 得到 f 是一個可測函數。其餘之情形可以類似地推導。證明完畢。 □

§6.2 可測函數的性質

在上一節裡，經由測度論我們引進了可測函數的概念。這些都是新的想法足以讓我們後續用以發展勒貝格積分。但是在此我們也有必要把這些新的工具與傳統的一些思維作一個連結。因此，在研究這些新理論的初始時期，李特爾伍德提出了底下直覺性的三原理：

(i) 每一個可測集合幾乎是 (nearly) 有限個閉區間的聯集。
(ii) 每一個定義在可測集合上的可測函數幾乎是連續的。
(iii) 在可測集合上，一個收斂之可測函數序列其收斂行為幾乎是均勻的。

李特爾伍德 (John Edensor Littlewood，1885–1977) 為一位英國的數學家。

在李特爾伍德所提出之三原理中，名詞「幾乎是」基本上指的就是在排除一個測度很小的集合後，此性質要成立。當然，我們也必須謹慎地在命題上作適當的敘述。李特爾伍德提出之原理 (i) 已經在定理 5.3.14敘述過了。在本節裡我們將討論其餘二原理。

一般而言，李特爾伍德提出之原理 (iii) 是不成立的。比如說，在 $\mathbb{R}$ 上考慮一序列之可測函數 $f_k = \chi_{[-k,k]}$ ($k \in \mathbb{N}$)，得到 $\lim_{k\to\infty} f_k(x) \equiv 1$。但是，函數序列 $\{f_k\}$ 在任意有限域外都不是均勻收斂的。另外一個例子就是，在區間 $[0,1]$ 上，令 $f_k(x) \equiv k$ ($k \in \mathbb{N}$)，推得 $\lim_{k\to\infty} f_k(x) \equiv +\infty$。是以在區間 $[0,1]$ 上序列 $\{f_k\}$ 是無法均勻收斂的。在此二例中我們遇到了一些困難。在第一例裡，定義域 $\mathbb{R}$ 的測度是無窮大的；在第二例裡，極限函數 $f \equiv +\infty$。這些條件都是造成李特爾伍德原理 (iii) 不能成立的瓶頸。然而在排除這些條件之後，葉戈羅夫驗證了李特爾伍德原理 (iii)。這是一個很重要的結論。

葉戈羅夫 (Dimitri Fedorovich Egorov，1869–1931) 為一位俄羅斯及蘇聯的數學家。

定理 6.2.1（葉戈羅夫）. 假設 E 是一個有限測度的可測集合，$\{f_k\}$ 為 E 上收斂 a.e. 至一個有限函數 f 之可測函數序列。則對於任意給定之正數 ϵ，存在 E 的一個閉子集合 F 滿足 $|E - F| < \epsilon$ 且 $\{f_k\}$ 在 F 上均勻收斂到 f。

證明： 假設 m 是一個正整數，定義集合

$$E_m = \bigcap_{k=m+1}^{\infty} \{|f - f_k| < \epsilon\}。$$

因為 f_k ($k \in \mathbb{N}$) 與 f 都是可測函數，所以 E_m 是可測集合。不難看出，$E_m \subseteq E_{m+1}$。又因為 f 是一個有限函數且 $f_k \to f$ a.e.，得到 $E_m \nearrow E - Z$，其中 $|Z| = 0$。接著，由定理 5.3.18(i)，也得到 $\lim_{m\to\infty} |E_m| = |E - Z| = |E|$。由於 $|E| < +\infty$，推得 $\lim_{m\to\infty} |E - E_m| = 0$。現在，如果令 η 也是一個任意給定之正數，則存在一個正整數 m_0 使得 $|E - E_m| < \frac{\eta}{2}$，對於任意 $m \geq m_0$ 都成立。最後再由定理 5.3.13(i)，選取 E_{m_0} 的一個閉子集合 F_{m_0} 滿足 $|E_{m_0} - F_{m_0}| < \frac{\eta}{2}$，

§6.2　可測函數的性質

就得到 E 的一個閉子集合 F_{m_0} 滿足 $|E - F_{m_0}| \leq |E - E_{m_0}| + |E_{m_0} - F_{m_0}| < \eta$ 且 $|f(x) - f_k(x)| < \epsilon$，對於任意 $x \in F_{m_0}$ 與 $k > m_0$ 都成立。

現在假設 ϵ 為任意給定之正數，利用前段之證明選取一個閉子集合 $F_m \subseteq E$ ($m \in \mathbb{N}$) 與一個正整數 $M_{m,\epsilon}$ 滿足 $|E - F_m| < \epsilon 2^{-m}$ 且 $|f(x) - f_k(x)| < \frac{1}{m}$，對於任意 $x \in F_m$，$k > M_{m,\epsilon}$ 都成立。接著，令 $F = \bigcap_{m=1}^{\infty} F_m$。則 F 為一個閉集合包含於 E，並且在 F 上 $\{f_k\}$ 均勻收斂到 f。最後估算測度

$$|E - F| = \left| E - \bigcap_{m=1}^{\infty} F_m \right| = \left| \bigcup_{m=1}^{\infty} (E - F_m) \right| \leq \sum_{m=1}^{\infty} |E - F_m| < \sum_{m=1}^{\infty} \frac{\epsilon}{2^m} = \epsilon \text{。}$$

證明完畢。　□

在這裡我們可以給一個典型的例子來說明葉戈羅夫的定理。假設 $E = [0,1]$，函數 $f_k(x) = x^k$ ($k \in \mathbb{N}$)。很明顯地，f_k 收斂到 f 如下定義：$f(x) = 0$ 如果 $0 \leq x < 1$；$f(1) = 1$。這裡我們以圖 6-2-1 來標示前面幾個函數 f_k。

圖 6-2-1

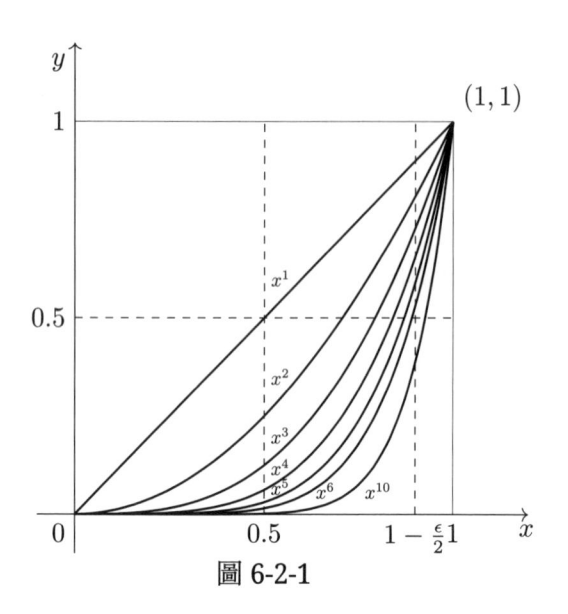

因此，當給定一個正數 ϵ，很容易就可以看出在區間 $F = [0, 1 - \epsilon/2]$ 上函數 f_k 是均勻收斂的，且 $|E - F| = \epsilon/2 < \epsilon$。

至於李特爾伍德原理 (ii)，我們先定義所謂的性質 $\mathcal{C}$ (property $\mathcal{C}$)。

定義 6.2.2. 我們說一個定義在可測集合 E 上的函數 f 有性質 $\mathcal{C}$，如果對於任意給定之正數 ϵ，存在 E 的一個閉子集合 F 滿足 $|E - F| < \epsilon$，且 f 相對於 F 是連續的。

f 相對於 F 是連續的，表示當 $x_0, x_k \in F$ $(k \in \mathbb{N})$，且 $x_k \to x_0$ 時，我們有 $\lim_{k \to \infty} f(x_k) = f(x_0)$。

定理 6.2.3. 一個簡單可測函數 s 有性質 $\mathcal{C}$。

§6.2 可測函數的性質

證明：由於 s 為一個簡單可測函數，所以可以把 s 寫成

$$s(x) = \sum_{k=1}^{m} a_k \chi_{E_k}(x),$$

其中 $E_1, \cdots, E_m$ 為 m 個彼此分離的可測子集合，a_k ($1 \leq k \leq m$) 則為彼此相異的實數。對於任意給定之正數 ϵ，經由定理 5.3.13(i)，選取閉集合 $F_k \subseteq E_k$ 滿足 $|E_k - F_k| < \frac{\epsilon}{m}$，$1 \leq k \leq m$。令 $F = \bigcup_{k=1}^{m} F_k$。則 F 為一個閉集合，且

$$|E - F| = \left| \bigcup_{k=1}^{m} E_k - \bigcup_{k=1}^{m} F_k \right| \leq \left| \bigcup_{k=1}^{m} (E_k - F_k) \right| \leq \sum_{k=1}^{m} |E_k - F_k| < \epsilon.$$

接著，因為每一個 F_k ($1 \leq k \leq m$) 都是 F 的一個開子集合，f 在 F_k 上又是一個等於 a_k 的常數函數，所以 f 在 F 上是一個連續函數。因此，簡單可測函數 s 有性質 $\mathcal{C}$。證明完畢。 □

底下的定理說明了李特爾伍德原理 (ii) 對有限函數是成立的。

定理 6.2.4（魯金）. 假設 f 為定義在可測集合 E 上的一個有限函數。則 f 是可測的若且唯若 f 在 E 上有性質 $\mathcal{C}$。

魯金 (Nikolai Nikolaevich Lusin，1883–1950) 為一位蘇聯的數學家。

證明：首先，假設 f 是可測的函數。由定理 6.1.17知道存在一序列之可測簡單函數 s_k ($k \in \mathbb{N}$) 在 E 上收斂到 f。又由定理 6.2.3知道每一個函數 s_k 都有性質 $\mathcal{C}$。因此，對於任意給定之正數 ϵ，存在閉集合 $F_k \subseteq E$ 滿足 $|E - F_k| < \epsilon 2^{-(k+1)}$，並且 s_k 相對於 F_k 是連續的。

先考慮 $|E| < +\infty$ 的情形。經由定理 6.2.1(葉戈羅夫的定理)，我們知道存在一個 E 的閉子集合 F_0 滿足 $|E - F_0| < \frac{\epsilon}{2}$ 且 $\{s_k\}$ 在 F_0

上均勻收斂至 f。令 $F = F_0 \cap (\bigcap_{k=1}^{\infty} F_k)$。所以，$F$ 是 E 的一個閉子集合且 s_k $(k \in \mathbb{N})$ 在 F 上都是連續函數。因為 $\{s_k\}$ 在 F 上均勻收斂至 f，推得 f 在 F 上也是一個連續函數。關於集合 $E - F$ 的測度，我們有

$$|E - F| \leq |E - F_0| + \sum_{k=1}^{\infty} |E - F_k| < \frac{\epsilon}{2} + \frac{\epsilon}{2} = \epsilon。$$

所以，在 $|E| < +\infty$ 時，f 有性質 $\mathcal{C}$。

一般而言，如果 $|E| = +\infty$，我們可以把 E 寫成 $E = \bigcup_{k=1}^{\infty} E_k$，其中 $E_k = E \cap (B(0; k) - B(0; k-1))$。因為 $|E_k| < +\infty$，依據前段之證明存在閉集合 $F_k \subseteq E_k$ 滿足 $|E_k - F_k| < \epsilon 2^{-k}$，並且 f 相對於 F_k 是連續的。現在，令 $F = \bigcup_{k=1}^{\infty} F_k$。不難看出，$F_k$ 是彼此相互分離之緊緻集合，且每一個 F_k 都是 F 的一個開集合。所以，F 是一個閉集合，並且 f 相對於 F 是連續的。最後，我們估算集合 $E - F$ 的測度

$$|E - F| = \left| \bigcup_{k=1}^{\infty} E_k - \bigcup_{k=1}^{\infty} F_k \right| \leq \sum_{k=1}^{\infty} |E_k - F_k| < \sum_{k=1}^{\infty} \frac{\epsilon}{2^k} = \epsilon。$$

所以，在 $|E| = +\infty$ 時，f 也是有性質 $\mathcal{C}$。

反過來說，我們假設 f 在 E 上有性質 $\mathcal{C}$。因此，對於每一個 $k \in \mathbb{N}$，存在一個閉集合 $F_k \subseteq E$ 滿足 $|E - F_k| < \frac{1}{k}$，並且 f 相對於 F_k 是連續的。考慮 F_σ 集合 $H = \bigcup_{k=1}^{\infty} F_k$。則 $H \subseteq E$ 且 $Z = E - H$ 為一個零測度集合。因此，對於任意 $\lambda \in \mathbb{R}$，我們有

$$\{x \in E \mid f(x) > \lambda\} = \{x \in H \mid f(x) > \lambda\} \cup \{x \in Z \mid f(x) > \lambda\}$$
$$= \bigcup_{k=1}^{\infty} \{x \in F_k \mid f(x) > \lambda\} \cup \{x \in Z \mid f(x) > \lambda\}。$$

因為，對於每一個 $k \in \mathbb{N}$，f 相對於 F_k 是連續的。所以，集合 $\{x \in F_k \mid f(x) > \lambda\}$ 是可測的。集合 $\{x \in Z \mid f(x) > \lambda\}$ 也是可測的，因

為 Z 是一個零測度集合。總而言之,集合 $\{x \in E \mid f(x) > \lambda\}$ 是可測的,得到 f 是一個可測的函數。證明完畢。 □

§6.3 測度收斂

在分析裡一序列函數逐點收斂 (pointwise convergence) 的概念是大家所熟悉的。在這一節我們將引進另一種不一樣的收斂方式,即所謂的測度收斂 (convergence in measure),並討論其與逐點收斂的關係。我們仍然假設 E 是一個可測的集合。

定義 6.3.1. 假設 f 與 f_k ($k \in \mathbb{N}$) 都是 E 上有限 a.e. 的可測函數。我們說在 E 上 $\{f_k\}$ 測度收斂到 f,如果對於任意給定之正數 ϵ,我們有

$$\lim_{k \to \infty} |\{x \in E \mid |f(x) - f_k(x)| > \epsilon\}| = 0 \text{。} \quad (6.3.1)$$

如果在 E 上 $\{f_k\}$ 測度收斂到 f,通常我們以符號 $f_k \xrightarrow{m} f$ 表示之。

定理 6.3.2. 假設 f 與 f_k ($k \in \mathbb{N}$) 都是 E 上有限 a.e. 的可測函數,且 $|E| < +\infty$。如果在 E 上 $\{f_k\}$ 收斂到 f a.e.,則在 E 上 $\{f_k\}$ 測度收斂到 f。

證明:利用定理 6.2.1 的前半證明,如果 ϵ, η 為任意給定之二正數,則存在一個閉集合 $F \subseteq E$ 與一個正整數 K 滿足 $|E - F| < \eta$ 與 $|f(x) - f_k(x)| < \epsilon$,對於每一個點 $x \in F$,$k > K$ 都成立。這表示,當 $k > K$ 時,$\{x \in E \mid |f(x) - f_k(x)| > \epsilon\} \subseteq E - F$。因此,得到

$|\{x \in E \mid |f(x) - f_k(x)| > \epsilon\}| \leq |E - F| < \eta$,當 $k > K$。證明完畢。 $\square$

注意到,在定理 6.3.2 的敘述裡條件 $|E| < +\infty$ 是不能省的。比如說,在 $\mathbb{R}$ 上選取函數 $f_k = \chi_{[-k,k]}$ ($k \in \mathbb{N}$) 與 $f \equiv 1$。則 $\{f_k\}$ 逐點收斂到 f,但是 $\{f_k\}$ 不會測度收斂到 f。

另外,當一個函數序列 $\{f_k\}$ 在 E 上測度收斂到 f 時,也不一定能保證在 E 上 $\{f_k\}$ 能逐點收斂到 f,如下例所示。

例 6.3.3. 我們將在區間 $I = [0,1]$ 上構造一序列之函數 $\{f_k\}_{k=1}^{\infty}$。首先,設 $f_1 = \chi_{[0,1]}$。接下來在步驟 1 把 I 分割成長度為 2^{-1} 的二個閉區間,並自左至右設函數 $f_2 = \chi_{[0,1/2]}$,$f_3 = \chi_{[1/2,1]}$。以此類推。比如說,在步驟 j 把 I 分割成長度為 2^{-j} 的 2^j 個閉區間,並自左至右設函數 $f_{k+1} = \chi_{[0,2^{-j}]}$,$f_{k+2} = \chi_{[2^{-j},2^{1-j}]}$,$\cdots$,$f_{k+2^j} = \chi_{[1-2^{-j},1]}$。這時候下標 k 就是在步驟 j 前面所有函數之總數,亦即,$k = 1 + 2 + \cdots + 2^{j-1} = 2^j - 1$。很明顯地,函數序列 $\{f_k\}$ 在 $[0,1]$ 上會測度收斂到 $f \equiv 0$。但是,對於每一個點 $x \in [0,1]$,$\{f_k(x)\}$ 都不會收斂。

底下則是定理 6.3.2 的部分逆敘述。

定理 6.3.4. 如果函數序列 $\{f_k\}$ 在 E 上測度收斂到 f,則存在一個子序列 $\{f_{k_j}\}$ 在 E 上會逐點收斂到 f a.e.。

證明:由函數測度收斂的定義知道,對於任意給定之正整數 $j \in \mathbb{N}$,存在一個正整數 k_j 使得

$$\left|\left\{|f - f_k| > \frac{1}{j}\right\}\right| < \frac{1}{2^j},$$

對於 $k \geq k_j$ 都成立。我們可以假設 $k_j \nearrow$，亦即，$k_j < k_{j+1}$ ($j \in \mathbb{N}$)。令 $E_j = \{|f - f_{k_j}| > \frac{1}{j}\}$ 與 $H_m = \bigcup_{j=m}^{\infty} E_j$，推得 $|E_j| < 2^{-j}$ 與 $|H_m| \leq \sum_{j=m}^{\infty} 2^{-j} = 2^{1-m}$。另外，在 $E - E_j$ 上，$|f - f_{k_j}| \leq \frac{1}{j}$。這說明了，如果 $j \geq m$，在 $E - H_m$ 上我們有 $|f - f_{k_j}| \leq \frac{1}{j}$。因此，$\{f_{k_j}\}$ 在 $E - H_m$ 上會逐點收斂到 f。又因為 $\lim_{m \to \infty} |H_m| = 0$，推得 $\{f_{k_j}\}$ 在 E 上會逐點收斂到 f a.e.。證明完畢。 □

最後，我們說明函數序列的測度收斂是可以由下面的柯西判別定理來特徵。

定理 6.3.5. 函數序列 $\{f_k\}$ 在 E 上會測度收斂若且唯若，對於任意給定之正數 ϵ，我們有

$$\lim_{k,j \to \infty} |\{x \in E \mid |f_k(x) - f_j(x)| > \epsilon\}| = 0 \text{。} \tag{6.3.2}$$

證明： 首先，假設 $\{f_k\}$ 在 E 上會測度收斂到 f。因此，對於任意給定之正數 ϵ，我們有

$$\{|f_k - f_j| > \epsilon\} \subseteq \{|f - f_k| > \frac{\epsilon}{2}\} \cup \{|f - f_j| > \frac{\epsilon}{2}\} \text{。}$$

很明顯地，這說明 (6.3.2) 是成立的。

反過來說，假設 (6.3.2) 是成立的。因此，我們可以選取正整數 N_j ($j \in \mathbb{N}$)，$N_j \nearrow$，滿足 $|\{|f_m - f_n| > 2^{-j}\}| < 2^{-j}$，對於 $m, n \geq N_j$ 都成立。現在考慮函數序列 $\{f_{N_j}\}$。不難看出，可能在排除一個子集合 $E_j = \{|f_{N_{j+1}} - f_{N_j}| > 2^{-j}\}$ 後，$|E_j| < 2^{-j}$，我們有 $|f_{N_{j+1}} - f_{N_j}| \leq 2^{-j}$。令 $H_i = \bigcup_{j=i}^{\infty} E_j$。因而推得，當 $j \geq i$ 時，

$$|f_{N_{j+1}}(x) - f_{N_j}(x)| \leq 2^{-j} \text{，} x \notin H_i \text{。}$$

這表示在 $E - H_i$ 上，級數 $\sum_{j=1}^{\infty} (f_{N_{j+1}} - f_{N_j})$ 是均勻收斂的。也就是說，在 $E - H_i$ 上，函數序列 $\{f_{N_j}\}$ 是均勻收斂的。又因為

$|H_i| \leq \sum_{j=i}^{\infty} 2^{-j} = 2^{1-i}$,推得在 E 上 $\{f_{N_j}\}$ 會逐點收斂 a.e.。令 $f = \lim_{j \to \infty} f_{N_j}$,便得到在 E 上 $\{f_{N_j}\}$ 會測度收斂到 f。現在,如果我們要證明在 E 上 $\{f_k\}$ 會測度收斂到 f,先觀察到,對於每一個 N_j,我們都有

$$\{|f - f_k| > \epsilon\} \subseteq \{|f - f_{N_j}| > \frac{\epsilon}{2}\} \cup \{|f_{N_j} - f_k| > \frac{\epsilon}{2}\}。$$

因此,當給定任意 $\eta > 0$ 時,利用 $\{f_{N_j}\}$ 會測度收斂到 f 的事實,選取夠大的 N_j 便可以得到 $|\{|f - f_{N_j}| > \frac{\epsilon}{2}\}| < \frac{\eta}{2}$。至於另外一項,則用柯西判別的假設讓 N_j 與 k 都足夠大,我們也可以得到 $|\{|f_{N_j} - f_k| > \frac{\epsilon}{2}\}| < \frac{\eta}{2}$。這說明了在 E 上 $\{f_k\}$ 會測度收斂到 f。證明完畢。 □

底下是與本章內容相關的一些習題。

習題 6.1. 假設 f 為 E 上的一個可測函數。則集合 $\{f > -\infty\}$、$\{f < +\infty\}$、$\{f = +\infty\}$、$\{a \leq f \leq b\}$ ($a \leq b$,$a, b \in \mathbb{R}$) 都是可測的。

習題 6.2. 證明推論 6.1.5。

習題 6.3. 構造可測函數 ϕ 與 f 使得函數 $\phi(f(x))$ 為不可測函數。

習題 6.4. 證明定理 6.1.16。

習題 6.5. 假設 f 為 $\mathbb{R}^n$ 上的上半連續函數。證明 f 是博雷爾可測函數。

習題 6.6. 假設 f 為緊緻子集 E 上的上半連續函數且 $f(x) < +\infty$,$x \in E$。證明 f 在 E 上有上界,並且存在點 $x_0 \in E$ 使得 $f(x_0) \geq f(x)$,對於任意點 $x \in E$ 都成立。

習題 6.7. 假設 f 與 g 為二個在點 x_0 上半連續的函數。證明 $f+g$ 在點 x_0 上半連續。$f-g$ 在點 x_0 會上半連續嗎? fg 在點 x_0 會上半連續嗎?

習題 6.8. 假設 $\{f_k\}$ 為一個函數序列滿足每一個 f_k ($k \in \mathbb{N}$) 在點 x_0 都是上半連續。證明 $\inf_k f_k(x)$ 在點 x_0 也是上半連續。

習題 6.9. 證明在點 x_0 上半連續之一序列下降函數 f_k 的極限函數 f 在點 x_0 也是上半連續。

習題 6.10. 假設 f 為區間 $[a,b]$ 上的上半連續函數且 $f(x) < +\infty$,$x \in [a,b]$。證明在 $[a,b]$ 上存在一序列連續函數 f_k 滿足 $f_k \searrow f$。

習題 6.11. 假設 $f(x,y)$ 為二維區間 $[0,1] \times (0,1]$ 上的連續函數,也假設當 x 屬於 $[0,1]$ 的一個可測子集 E 時,$f(x) = \lim_{y \to 0} f(x,y)$ 存在且有限。如果正數 ϵ, δ 滿足 $0 < \epsilon, \delta < 1$,證明集合 $E_{\epsilon\delta} = \{x \in E \mid |f(x,y) - f(x)| \leq \epsilon,\ 0 < y < \delta\}$ 是可測的。

習題 6.12. 假設 $f(x,y)$ 為二維區間 $[0,1] \times (0,1]$ 上的連續函數,也假設當 x 屬於 $[0,1]$ 的一個可測子集 E 時,$f(x) = \lim_{y \to 0} f(x,y)$ 存在且有限。對於任意給定之正數 $\epsilon < 1$,存在一個閉集合 $F \subseteq E$ 滿足 $|E - F| < \epsilon$,且當 $y \to 0^+$ 時,$f(x,y)$ 在 F 上均勻收斂到 f。

習題 6.13. 假設 $\{f_k\}$ 為定義在可測集合 E 上,$|E| < +\infty$,的一序列可測函數。如果對於每一個點 $x \in E$,存在正數 $M_x < +\infty$ 滿足 $|f_k(x)| \leq M_x$,對於所有 $k \in \mathbb{N}$ 都成立。證明對於任意給定之正數 ϵ,存在一個閉集合 $F \subseteq E$ 與一個正數 $M < +\infty$ 滿足 $|E - F| < \epsilon$

與 $|f_k(x)| \leq M$，對於所有 $k \in \mathbb{N}$ 與點 $x \in F$ 都成立。

習題 6.14. 假設在可測集合 E 上 $f_k \xrightarrow{m} f$ 與 $g_k \xrightarrow{m} g$。證明在 E 上 (i) $f_k + g_k \xrightarrow{m} f + g$；(ii) 如果 $|E| < +\infty$，$f_k g_k \xrightarrow{m} fg$；(iii) 如果 $|E| < +\infty$，$g_k \to g$ 且 $g \neq 0$ a.e.，則 $f_k/g_k \xrightarrow{m} f/g$。

習題 6.15. 令 $f(x,y)$ 為定義在二維閉區間 $I^2 = [0,1] \times [0,1]$ 上的函數。假設 f 在每一個變數都是分別連續的 (亦即，當 y 被固定時，f 是 x 的連續函數；當 x 被固定時，f 是 y 的連續函數)，證明 f 是 I^2 上的可測函數。

習題 6.16. 如果 f 為區間 $[a,b]$ 上的一個有限可測函數，對於任意給定之正數 ϵ，證明存在 $[a,b]$ 上的一個連續函數 g 使得 $|\{x \in [a,b] \mid f(x) \neq g(x)\}| < \epsilon$。

§6.4 參考文獻

1. Folland, G. B., Real Analysis: Modern Techniques and Their Applications, Second Edition, John Wiley and Sons, Inc., New York, 1999.

2. Jones, F., Lebesgue Integration on Euclidean Space, Jones and Bartlett Publishers Inc., Boston, MA, 1993.

3. Royden, H. L., Real Analysis, Third Edition, Macmillan, New York, 1988.

§6.4　參考文獻

4. Rudin, W., Real and Complex Analysis, Third Edition, McGraw-Hill, New York, 1987.

5. Stein, E. M. and Shakarchi, R., Real Analysis: Measure Theory, Integration, and Hilbert Spaces, Princeton Lectures in Analysis III, Princeton University Press, Princeton, NJ, 2005.

6. Wheeden, R. L. and Zygmund, A., Measure and Integral: An Introduction to Real Analysis, Marcel Dekker, Inc., New York, 1977.

第 7 章
勒貝格積分

§7.1 非負函數之積分

一旦有了測度論與勒貝格可測函數作基礎，我們便可以開始討論函數的積分。同樣地，假設 E 為 $\mathbb{R}^n$ 上的一個可測子集合，f 則為定義在 E 上的實函數。首先，假設 f 為一個非負 (nonnegative) 之函數，亦即，$0 \leq f(x) \leq +\infty$，$x \in E$。我們定義 f 在 E 上的圖像 $\Gamma(f, E)$ 與 f 在集合 E 上所圍出來之域 (region) $R(f, E)$ 如下：

$$\Gamma(f, E) = \{(x, f(x)) \in \mathbb{R}^{n+1} \mid x \in E, f(x) < +\infty\],$$
$$R(f, E) = \{(x, y) \in \mathbb{R}^{n+1} \mid x \in E, 0 \leq y \leq f(x) \text{ 如果 } f(x) < +\infty$$
$$\text{與 } 0 \leq y < +\infty \text{ 如果 } f(x) = +\infty\}。$$

定義 7.1.1. 在上述假設與定義之下，如果 $R(f, E)$ 為 $\mathbb{R}^{n+1}$ 上的一個可測子集合，我們便說 f 在 E 上的勒貝格積分 (Lebesgue integral) 存在，並把此積分定義為 $R(f, E)$ 之 $(n+1)$-維的勒貝格測度，亦即，

$|R(f,E)|_{(n+1)}$，以符號表示為

$$\int_E f(x)dx = |R(f,E)|_{(n+1)} \circ \tag{7.1.1}$$

有時候為了方便起見，我們也會把 f 在 E 上的勒貝格積分記為

$$\int_E f dx \quad \text{或} \quad \int_E f \quad \text{或} \quad \int \cdots \int_E f(x_1, \cdots, x_n) dx_1 \cdots dx_n \circ$$

另外，注意到在定義 7.1.1 裡，我們只對非負之函數 f 作定義，並且積分 $\int_E f$ 的存在與否只跟 $R(f,E)$ 的可測性有關，與 $|R(f,E)|_{(n+1)}$ 為有限或無限是無關的。為了方便起見，如果在沒有必要釐清的時候，我們會省略掉測度符號裡維度的下標。也就是說，符號 $|R(f,E)|$ 即表示 $R(f,E)$ 在 $\mathbb{R}^{n+1}$ 中的測度。

首先，我們看一個簡單的情形，也就是說，當 f 是 E 上的一個常數函數。這時候 f 在集合 E 上所圍出來之域 $R(f,E)$ 就是所謂的柱狀體集合 (cylinder set)。

定理 7.1.2. 假設 E 為 $\mathbb{R}^n$ 上的一個可測子集合，$0 \le a \le +\infty$。定義

$$E_a = \{(x,y) \mid x \in E, 0 \le y \le a\}，\text{如果 } a < +\infty，$$
$$E_\infty = \{(x,y) \mid x \in E, 0 \le y < +\infty\}，\text{如果 } a = +\infty \circ$$

則 E_a 是 $\mathbb{R}^{n+1}$ 上的可測子集合，且 $|E_a|_{(n+1)} = a|E|_{(n)}$。

證明： 這個定理的證明主要是經由一系列仔細的觀察便可以得到。我們先假設 $a < +\infty$。因此，當 $|E| = 0$ 或 E 為一個閉，或開，或半開區間，結果都是明顯的。其次當 E 是一個開集合時，把 E 寫成彼此分離之半開區間 $\{I_k\}_{k=1}^\infty$ 的聯集，亦即，$E = \bigcup_{k=1}^\infty I_k$，則

§7.1 非負函數之積分

$E_a = \bigcup_{k=1}^{\infty} I_{k,a}$。由於 $\{I_{k,a}\}$ 是可測的且彼此分離，推得 E_a 也是可測的且

$$|E_a| = \sum_{k=1}^{\infty} |I_{k,a}| = \sum_{k=1}^{\infty} a|I_k| = a|E|。$$

當 E 是一個 G_δ 集合且 $|E| < +\infty$ 時，把 E 寫成 $E = \bigcap_{k=1}^{\infty} G_k$，其中 G_k ($k \in \mathbb{N}$) 是開集合且 $|G_1| < +\infty$。更進一步我們可以假設 $G_k \searrow E$。因此，由定理 5.3.18(ii)，得到 $\lim_{k \to \infty} |G_k| = |E|$。另外，由前段之證明知道 $G_{k,a}$ 是可測的，$|G_{k,a}| = a|G_k|$ 與 $G_{k,a} \searrow E_a$。所以，E_a 是可測的且

$$|E_a| = \lim_{k \to \infty} |G_{k,a}| = \lim_{k \to \infty} a|G_k| = a \lim_{k \to \infty} |G_k| = a|E|。$$

接下來，如果 E 是一個可測集合且 $|E| < +\infty$ 時，透過定理 5.3.13(ii) 得到 $E = H - Z$，其中 $|Z| = 0$，H 為一個 G_δ 集合滿足 $|E| = |H|$。因為 $E_a = H_a - Z_a$，所以 E_a 是可測的且 $|E_a| = |H_a| = a|H| = a|E|$。

當 $a < +\infty$，最後的一種情形即 E 是一個可測集合且 $|E| = +\infty$。這個時候只要把 E 寫成可數個彼此分離且測度有限之可測子集合的聯集就可以了。

現在如果 $a = +\infty$，選取一序列之正數 $\{a_k\}$ 上升至 $+\infty$，便可以推得 $E_{a_k} \nearrow E_\infty$，進而完成證明。證明完畢。 □

記得在此我們採用傳統的符號 $0 \cdot (\pm\infty) = (\pm\infty) \cdot 0 = 0$。

定理 7.1.3. 假設 f 是 E 上一個非負之可測函數。則 f 在 E 上之圖像 $\Gamma(f, E)$ 為 $(n+1)$-維零測度集合。

證明： 首先，我們假設 $|E| < +\infty$。對於任意給定之正數 ϵ，以及

$k \in \mathbb{N}$,令 $E_k = \{x \in E \mid (k-1)\epsilon \leq f(x) < k\epsilon\}$。則這些 E_k 是 E 上彼此分離且可測的子集合,滿足 $\bigcup_{k=1}^{\infty} E_k = \{0 \leq f < +\infty\}$。因此,得到 $\Gamma(f, E) = \bigcup_{k=1}^{\infty} \Gamma(f, E_k)$。不難看出

$$|\Gamma(f, E)|_e \leq \sum_{k=1}^{\infty} |\Gamma(f, E_k)|_e \leq \epsilon \sum_{k=1}^{\infty} |E_k| \leq \epsilon |E|。$$

因為 ϵ 是任意給定之正數,所以得到 $|E| = 0$。如果 $|E| = +\infty$,我們只要把 E 寫成可數個彼此分離且測度有限之可測子集合的聯集,然後再重覆以上的論述就可以了。證明完畢。□

底下的定理是勒貝格積分理論中極其重要的基礎。有了它後續的推導才得以發展。

定理 7.1.4. 假設 f 為 E 上一個非負之實函數。則 $\int_E f$ 存在若且唯若 f 是可測的。

證明:首先,假設 f 為 E 上的一個可測函數。由定理 6.1.17知道,存在一序列簡單可測函數 $\{s_k\}$ 上升至 f。因此,得到 $R(s_k, E) \cup \Gamma(f, E) \nearrow R(f, E)$。如果 $s_k = \sum_{j=1}^{N_k} a_{kj} \chi_{E_{kj}}$,則 $R(s_k, E) = \bigcup_{j=1}^{N_k} E_{kj, a_{kj}}$。現在由定理 7.1.2與定理 7.1.3知道 $R(s_k, E) \cup \Gamma(f, E)$ 是一個 $\mathbb{R}^{n+1}$ 上的可測集合。接著,再由定理 5.3.4得到 $R(f, E)$ 也是可測的。所以,$\int_E f$ 存在。

反過來說,假設 $\int_E f$ 存在,亦即,$R(f, E)$ 是一個 $\mathbb{R}^{n+1}$ 上的可測集合。因此,對於 λ a.e., $0 \leq \lambda < +\infty$,

$$\{x \in E \mid f(x) \geq \lambda\} = \{x \in E \mid (x, \lambda) \in R(f, E)\}$$

是 $\mathbb{R}^n$ 上的可測集合。這是利用第八章之富比尼定理得到的,亦即,定理 8.1.7(i)。特別地,這說明了當 λ 屬於 $(0, +\infty)$ 上一個稠密子集

合時，$\{x \in E \mid f(x) \geq \lambda\}$ 是 $\mathbb{R}^n$ 上的可測集合。如果 $\lambda < 0$，則 $\{x \in E \mid f(x) \geq \lambda\} = E$ 也是 $\mathbb{R}^n$ 上的可測集合。最後，再依據定理 6.1.7，便得到 f 是 E 上的一個可測函數。證明完畢。 □

推論 7.1.5. 假設 f 為 E 上一個非負可測之函數。如果 f 在彼此分離的集合 E_k 上取值 a_k ($1 \leq k \leq N$)，且 $E = \bigcup_{k=1}^{N} E_k$，則

$$\int_E f = \sum_{k=1}^{N} a_k |E_k|。$$

證明： 因為 f 為 E 上的一個非負可測函數，所以依據定理 7.1.4 知道 $R(f, E)$ 是 $(n+1)$-維可測的。在假設之下，不難看出 $R(f, E) = \bigcup_{k=1}^{N} E_{k, a_k}$。因此，得到

$$\int_E f = |R(f, E)| = \sum_{k=1}^{N} |E_{k, a_k}| = \sum_{k=1}^{N} a_k |E_k|。$$

證明完畢。 □

如果在推論 7.1.5 的敘述中我們假設 $\{a_k\}$ 為相異實數，則 f 就是一個簡單函數。底下我們開始敘述一些有關於勒貝格積分的性質。

定理 7.1.6. 假設 f 與 g 為 E 上的非負可測函數。

 (i) 如果在 E 上 $0 \leq g \leq f$，則 $\int_E g \leq \int_E f$。特別地，$\int_E (\inf_E f) \leq \int_E f$。
 (ii) 如果 $\int_E f < +\infty$，則在 E 上 $f < +\infty$ a.e.。
 (iii) 如果 $E_1 \subseteq E$ 為 E 的可測子集合，則 $\int_{E_1} f \leq \int_E f$。

證明： 由於 $R(g, E) \subseteq R(f, E)$ 與 $R(f, E_1) \subseteq R(f, E)$，所以 (i) 與 (iii) 的證明是明顯地。至於 (ii) 的證明，我們可以假設 $|E| > 0$。如

果在一個正測度之子集合 E_1 上 $f = +\infty$，對於任意之正數 a，只要利用 (i) 與 (iii) 便可以得到

$$\int_E f \geq \int_{E_1} f \geq \int_{E_1} a = a|E_1|。$$

因為 $|E_1| > 0$，當 $a \to +\infty$，我們便會得到一個矛盾。所以，f 必須是有限的 a.e.。證明完畢。 □

接著我們敘述非負函數的單調收斂定理 (monotone convergence theorem for nonnegative functions)。它的證明是很直接的，但卻是一個很有用的定理。

定理 7.1.7（非負函數的單調收斂定理）．假設 $\{f_k\}_{k=1}^\infty$ 為一序列非負可測函數滿足在 E 上 $f_k \nearrow f$，則

$$\int_E f_k \to \int_E f。$$

證明：首先，由定理 6.1.14 知道 f 是 E 上的可測函數。不難看出，$R(f_k, E) \cup \Gamma(f, E) \nearrow R(f, E)$。因此，經由定理 5.3.18(i) 與定理 7.1.3，即可得到 $|R(f_k, E)| \to |R(f, E)|$。證明完畢。 □

注意到如果 $\{f_k\}_{k=1}^\infty$ 為一序列非負可測函數滿足在 E 上 $f_k \searrow f$，則 $\int_E f_k$ 不一定會下降到 $\int_E f$。比如說，在 $E = [0,1]$ 上定義函數 f_k ($k \in \mathbb{N}$) 如下：

$$f_k(x) = \begin{cases} 0, & \text{如果 } \frac{1}{k} \leq x \leq 1, \\ +\infty, & \text{如果 } 0 \leq x < \frac{1}{k}。 \end{cases}$$

則 $f_k \searrow f$，其中 $f(0) = +\infty$，$f(x) = 0$，當 $0 < x \leq 1$。因此，對於每一個 $k \in \mathbb{N}$，我們有 $\int_E f_k = +\infty$，但是 $\int_E f = 0$。

§7.1 非負函數之積分

定理 7.1.8. 假設 f 為 E 上的一個非負可測之函數。如果 $E = \bigcup_{k=1}^{\infty} E_k$，其中 $\{E_k\}$ 為 E 上可數個彼此分離之可測子集合，則

$$\int_E f = \sum_{k=1}^{\infty} \int_{E_k} f \, \text{。}$$

證明： 由於 $\{R(f, E_k)\}$ 是 $\mathbb{R}^{n+1}$ 上彼此分離之可測子集合，且 $R(f, E) = \bigcup_{k=1}^{\infty} R(f, E_k)$，利用定理 5.3.15 即可得到 $|R(f, E)| = \sum_{k=1}^{\infty} |R(f, E_k)|$。證明完畢。 □

在這裡我們也可以模仿黎曼積分的定義方式給予勒貝格積分一種新的詮釋。

定理 7.1.9. 假設 f 為 E 上一個非負可測之函數。則

$$\int_E f = \sup \sum_k (\inf_{x \in E_k} f(x)) |E_k| , \tag{7.1.2}$$

其中 sup 是在所有 E 的有限分割 (finite decomposition) 中選取的。一個 E 的有限分割指的是存在 m 個 ($m \in \mathbb{N}$) E 上彼此分離之可測子集合 $\{E_k\}_{k=1}^{m}$ 使得 $E = \bigcup_{k=1}^{m} E_k$。

證明： 如果 $E = \bigcup_{k=1}^{m} E_k$ 是一個有限分割，考慮函數

$$g = \sum_{k=1}^{m} (\inf_{x \in E_k} f(x)) \chi_{E_k} \, \text{。}$$

因為 $0 \leq g \leq f$，由定理 7.1.6(i) 得到 $\int_E g \leq \int_E f$，亦即，$\sum_{k=1}^{m} (\inf_{x \in E_k} f(x)) |E_k| \leq \int_E f$。因此，當我們再對所有 E 的有限分割中選取 sup 時，便得到

$$\int_E f \geq \sup \sum_k (\inf_{x \in E_k} f(x)) |E_k| \, \text{。}$$

至於反方向之不等式，我們模仿定理 6.1.17 的證明，對於每一個 $k \in \mathbb{N}$，定義 $k2^k + 1$ 個 E 的子集合如下：

$$E_{kj} = \left\{ x \in E \;\middle|\; \frac{j-1}{2^k} \leq f(x) < \frac{j}{2^k} \right\}, \quad 1 \leq j \leq k2^k,$$

$$E_{k\infty} = \{x \in E \mid f(x) \geq k\}。$$

不難看出，集合 E_{kj} ($1 \leq j \leq k2^k$) 與 $E_{k\infty}$ 是 E 中彼此分離的子集合，且滿足 $E = E_{k\infty} \cup (\bigcup_{j=1}^{k2^k} E_{kj})$。所以這是一個 E 的有限分割。因此，考慮下列函數

$$s_k(x) = (\inf_{x \in E_{k\infty}} f(x))\chi_{E_{k\infty}} + \sum_{j=1}^{k2^k} (\inf_{x \in E_{kj}} f(x))\chi_{E_{kj}}。$$

很明顯地，我們有 $0 \leq s_k \nearrow f$。因此，由非負函數的單調收斂定理便得到 $\int_E s_k \to \int_E f$。因為

$$\int_E s_k = (\inf_{x \in E_{k\infty}} f(x))|E_{k\infty}| + \sum_{j=1}^{k2^k} (\inf_{x \in E_{kj}} f(x))|E_{kj}|,$$

所以推得

$$\int_E f \leq \sup \sum_k (\inf_{x \in E_k} f(x))|E_k|,$$

其中 sup 是在所有 E 的有限分割中選取的。證明完畢。 □

在 (7.1.2) 右手邊的表示式，基本上就是黎曼積分的理論裡達布所提出的下積分。在這裡我們必須注意到如果 sup 與 inf 的位置互換，一般而言，(7.1.2) 式是不會成立的。也就是說，(7.1.2) 的右手邊是不能以上積分的形式來呈現。

接著利用定理 7.1.9，我們立刻得到下面的結果。

定理 7.1.10. 假設 f 為 E 上一個非負可測之函數。如果 $|E| = 0$，則 $\int_E f = 0$。

§7.1 非負函數之積分

定理 7.1.11. 假設 f 與 g 為 E 上的二個非負可測之函數。如果在 E 上 $g \leq f$ a.e.，則 $\int_E g \leq \int_E f$。特別地，如果在 E 上 $g = f$ a.e.，則 $\int_E g = \int_E f$。

證明： 令 $H = \{g \leq f\}$ 與 $Z = E - H$，則 $|Z| = 0$。因此，經由定理 7.1.6(i)，定理 7.1.8 與定理 7.1.10，得到

$$\int_E g = \int_H g + \int_Z g = \int_H g \leq \int_H f = \int_H f + \int_Z f = \int_E f \text{。}$$

證明完畢。 □

由上述之定理 7.1.11，我們觀察到 f 在一個零測度子集合上的值是不會影響 f 在 E 上的積分。因此，如果一開始 f 只是在 E 上有定義 a.e.，亦即，在一個零測度子集合 Z 上沒有定義，我們也可以在 Z 上隨意定義 f 的值並且把 $\int_E f$ 定義為 $\int_{E-Z} f$。這樣我們就可以把考慮的函數擴展到只有定義在 E 上 a.e. 的非負函數。

定理 7.1.12. 假設 f 為 E 上一個非負可測之函數。則 $\int_E f = 0$ 若且唯若在 E 上 $f = 0$ a.e.。

證明： 如果在 E 上 $f = 0$ a.e.，由定理 7.1.11 便得到 $\int_E f = 0$。反過來說，如果 $\int_E f = 0$，則對於任意 $\lambda > 0$，我們有

$$\lambda |\{x \in E \mid f(x) > \lambda\}| \leq \int_{\{x \in E \mid f(x) > \lambda\}} f \leq \int_E f = 0 \text{。}$$

因為 $\lambda > 0$，得到 $|\{x \in E \mid f(x) > \lambda\}| = 0$。因此，

$$\{x \in E \mid f(x) > 0\} = \bigcup_{k=1}^{\infty} \{x \in E \mid f(x) > \frac{1}{k}\}$$

為一個零測度集合。所以，在 E 上 $f = 0$ a.e.。證明完畢。 □

在定理 7.1.12的證明中，我們也得到下面很有用的估算，即柴比雪夫不等式 (Tchebyshev's inequality)。

柴比雪夫 (Pafnuty Lvovich Tchebyshev，1821–1894) 為一位俄羅斯的數學家。

推論 7.1.13（柴比雪夫不等式）．假設 f 為 E 上一個非負可測之函數。則對於任意 $\lambda > 0$，我們有

$$|\{x \in E \mid f(x) > \lambda\}| \leq \frac{1}{\lambda} \int_E f \text{。} \tag{7.1.3}$$

不等式 (7.1.3) 的重要性在於我們可以利用 f 的積分來估算 f 的大小。

定理 7.1.14. 假設 f 與 g 為 E 上二個非負可測之函數，$c \geq 0$ 為一個常數。則

(i) $\int_E (cf) = c \int_E f$。
(ii) $\int_E (f+g) = \int_E f + \int_E g$。
(iii) 如果 $0 \leq f \leq g$ 且 $\int_E f < +\infty$，則 $\int_E (g-f) = \int_E g - \int_E f$。

證明： (i) 如果 f 是一個簡單函數，則 cf 也是一個簡單函數。因此，經由推論 7.1.5所得到的公式就得證了。至於一般之非負可測函數 f，選取一序列簡單函數 $\{s_k\}_{k=1}^\infty$ 滿足 $0 \leq s_k \nearrow f$。如此便得到 $0 \leq cs_k \nearrow cf$ 與

$$\int_E (cf) = \lim_{k \to \infty} \int_E (cs_k) = c \lim_{k \to \infty} \int_E s_k = c \int_E f \text{。}$$

(ii) 先考慮 f 與 g 都是簡單函數的情形。所以，$f = \sum_{i=1}^N a_i \chi_{A_i}$，且 $g = \sum_{j=1}^M b_j \chi_{B_j}$。則 $f + g$ 也是一個簡單函數如下：$f + g =$

§7.1 非負函數之積分

$\sum_{i,j}(a_i+b_j)\chi_{A_i\cap B_j}$。因此，得到

$$\int_E (f+g) = \sum_{i,j}(a_i+b_j)|A_i\cap B_j|$$
$$= \sum_{i=1}^N a_i \sum_{j=1}^M |A_i\cap B_j| + \sum_{j=1}^M b_j \sum_{i=1}^N |A_i\cap B_j|$$
$$= \sum_{i=1}^N a_i|A_i| + \sum_{j=1}^M b_j|B_j|$$
$$= \int_E f + \int_E g。$$

至於一般之非負可測函數 f 與 g，選取非負簡單函數 $\{s_k\}$ 與 $\{t_k\}$ 滿足 $s_k \nearrow f$ 與 $t_k \nearrow g$，得到 $0 \leq s_k + t_k \nearrow f+g$。因此，我們有

$$\int_E (f+g) = \lim_{k\to\infty}\int_E(s_k+t_k) = \lim_{k\to\infty}\left(\int_E s_k + \int_E t_k\right) = \int_E f + \int_E g。$$

(iii) 首先，必須注意到由於我們假設 $\int_E f < +\infty$，所以依據定理 7.1.6(ii) 知道 $f < +\infty$ a.e.。也就是說 $g-f$ 是有定義的 a.e.。因此，由 (ii) 便可以得到

$$\int_E g = \int_E ((g-f)+f) = \int_E(g-f) + \int_E f。$$

又因為假設 $\int_E f < +\infty$，所以推得 $\int_E(g-f) = \int_E g - \int_E f$。證明完畢。 □

定理 7.1.15. 假設 $\{f_k\}_{k=1}^\infty$ 為 E 上一序列之非負可測函數，則

$$\int_E \left(\sum_{k=1}^\infty f_k\right) = \sum_{k=1}^\infty \int_E f_k。$$

證明： 對於每一個 $m \in \mathbb{N}$，只要設 $g_m = \sum_{k=1}^{m} f_k$，便得到 $g_m \nearrow \sum_{k=1}^{\infty} f_k$。因此，依據定理 7.1.7 (非負函數的單調收斂定理)，我們有

$$\sum_{k=1}^{\infty} \int_E f_k = \lim_{m \to \infty} \int_E g_m = \int_E \left(\sum_{k=1}^{\infty} f_k \right) \circ$$

證明完畢。 □

很明顯地，定理 7.1.15 與定理 7.1.7 在數學上是彼此等價的。它們都給出了某種極限與積分可以互換順序的充分條件。在數學上這是一個很重要的議題。一般而言，如果 $\{f_k\}_{k=1}^{\infty}$ 為 E 上一序列之非負可測有限函數，且在 E 上 $f_k \to f$，f 為一個有限函數，這樣的條件是無法保證 $\int_E f = \lim_{k \to \infty} \int_E f_k$。比如說，對於每一個 $k \in \mathbb{N}$，在區間 $[0,1]$ 上考慮函數 $f_k = k\chi_{(0, \frac{1}{k})}$。則 $f_k \to f$，$f \equiv 0$。但是，對於每一個 $k \in \mathbb{N}$，$\int_0^1 f_k = 1$，然而 $\int_0^1 f = 0$。所以，$\lim_{k \to \infty} \int_0^1 f_k = 1 \neq 0 = \int_0^1 f$。

底下我們敘述法圖引理，它是在討論此議題一個很重要的工具。

法圖 (Pierre Joseph Louis Fatou，1878–1929) 為一位法國的數學家和天文學家。

定理 7.1.16 (法圖引理). 假設 $\{f_k\}_{k=1}^{\infty}$ 為 E 上一序列之非負可測函數，則

$$\int_E (\liminf_{k \to \infty} f_k) \leq \liminf_{k \to \infty} \int_E f_k \circ$$

證明： 依據定義 $\liminf_{k \to \infty} f_k = \lim_{j \to \infty} \{\inf_{k \geq j} f_k\}$，所以，$\liminf_{k \to \infty} f_k$ 是非負可測函數。因此，左手邊的積分是存在的。如果，對於每一個 $j \in \mathbb{N}$，我們令 $g_j = \inf_{k \geq j} f_k$，則不難看出 $0 \leq g_j \leq f_j$ 且

§7.1 非負函數之積分 167

$g_j \nearrow \liminf_{k\to\infty} f_k$。是以由定理 7.1.6(i) 與定理 7.1.7，推得

$$\int_E (\liminf_{k\to\infty} f_k) = \lim_{j\to\infty} \int_E g_j \leq \liminf_{j\to\infty} \int_E f_j \text{。}$$

證明完畢。 □

利用法圖引理就可以立即得到以下的推論。

推論 7.1.17. 假設 $\{f_k\}_{k=1}^{\infty}$ 為 E 上一序列之非負可測函數，滿足在 E 上 $f_k \to f$ a.e.。如果存在一個正數 M 使得對於每一個 k 我們有 $\int_E f_k \leq M$，則 $\int_E f \leq M$。

證明： 利用法圖引理得到

$$\int_E f = \int_E (\lim_{k\to\infty} f_k) \leq \liminf_{k\to\infty} \int_E f_k \leq M \text{。}$$

證明完畢。 □

有了這些準備工作之後，接著我們要證明在勒貝格積分理論裡一個很重要的定理，亦即，勒貝格控制收斂定理 (Lebesgue's dominated convergence theorem)，簡稱為 LDCT。它給出了一個充分條件使得極限與積分的順序可以互換。

定理 7.1.18（勒貝格控制收斂定理）. 假設 $\{f_k\}_{k=1}^{\infty}$ 為 E 上一序列之非負可測函數，滿足在 E 上 $f_k \to f$ a.e.。如果存在一個非負可測函數 g，滿足在 E 上對於每一個 k 我們有 $f_k \leq g$ a.e. 且 $\int_E g < +\infty$，則

$$\int_E f = \int_E (\lim_{k\to\infty} f_k) = \lim_{k\to\infty} \int_E f_k \text{。}$$

證明： 為了證明勒貝格控制收斂定理，我們將使用二次法圖引理。

首先，由法圖引理我們直接有

$$\int_E f = \int_E (\lim_{k\to\infty} f_k) \le \liminf_{k\to\infty} \int_E f_k \text{。}$$

接著考慮函數 $g - f_k \ge 0$ a.e. ($k \in \mathbb{N}$)，經由定理 7.1.14(iii)，再用一次法圖引理得到

$$\begin{aligned}\int_E g - \int_E f &= \int_E (g-f) = \int_E \liminf_{k\to\infty} (g-f_k) \\ &\le \liminf_{k\to\infty} \int_E (g-f_k) = \int_E g + \liminf_{k\to\infty}\left(-\int_E f_k\right) \\ &= \int_E g - \limsup_{k\to\infty} \int_E f_k \text{。}\end{aligned}$$

因此，在兩邊各刪掉 $\int_E g$ 後，我們得到

$$\limsup_{k\to\infty} \int_E f_k \le \int_E f \le \liminf_{k\to\infty} \int_E f_k \text{。}$$

也就是說，$\int_E f = \lim_{k\to\infty} \int_E f_k$。證明完畢。 □

§7.2 可測函數之積分

當我們對非負可測函數之積分有了初步的瞭解之後，便可以更進一步來討論一般可測函數的積分。同樣地，假設 E 是 $\mathbb{R}^n$ 上的一個可測集合，f 為 E 上的一個可測實函數。因此，$f = f^+ - f^-$，其中 f^+ 與 f^- 都是非負可測函數。在這裡為了定義 f 的勒貝格積分，我們必須要避免 $(+\infty)+(-\infty)$ 或 $(-\infty)+(+\infty)$ 的情形發生。所以，我們給出下面的定義。

§7.2 可測函數之積分

定義 7.2.1. 假設 f 為 E 上的可測函數，$f = f^+ - f^-$。如果 $\int_E f^+$ 與 $\int_E f^-$ 其中至少有一個是有限的，我們便說勒貝格積分 $\int_E f$ 存在，並且定義

$$\int_E f(x)dx = \int_E f^+(x)dx - \int_E f^-(x)dx \text{。} \tag{7.2.1}$$

如果 f 只是定義在 E 上 a.e.，我們也是可以定義 f 的勒貝格積分。所以，如果沒有特殊的必要，我們將會假設 f 在 E 上的每一個點都有定義。很明顯地，如果勒貝格積分 $\int_E f$ 存在，則 $-\infty \leq \int_E f \leq +\infty$。當勒貝格積分 $\int_E f$ 存在且有限時，我們稱 f 是勒貝格可積分 (Lebesgue integrable)，或簡稱為可積分 (integrable)，並記為 $f \in L(E)$。因此，

$$L(E) = \left\{ f \;\middle|\; -\infty < \int_E f < +\infty \right\} \text{。} \tag{7.2.2}$$

另外，對於任意正數 p，$0 < p < +\infty$，我們也定義 $L^p(E)$ 空間如下：

$$L^p(E) = \left\{ f \;\middle|\; \int_E |f|^p < +\infty \right\} \text{。} \tag{7.2.3}$$

在沒有疑慮的時候，我們也會把 $L^p(E)$ 簡記為 L^p。由於 $L^p(E)$ 空間是分析裡一個非常重要的議題，我們在第九章會再度對它作一個完整的討論。

定理 7.2.2. $L(E) = L^1(E)$。

證明： 假設 $f \in L(E)$。因此，依據假設 $\int_E f = \int_E f^+ - \int_E f^-$ 是一個有限數。由於 $\int_E f^+$ 與 $\int_E f^-$ 至少有一個是有限的，這表示 $\int_E f^+$ 與 $\int_E f^-$ 都是有限的。所以，

$$\int_E |f| = \int_E (f^+ + f^-) = \int_E f^+ + \int_E f^- < +\infty \text{，}$$

得到 $f \in L^1(E)$。

反過來說，如果 $f \in L^1(E)$，推得 $\int_E f^+ \leq \int_E |f| < +\infty$ 與 $\int_E f^- \leq \int_E |f| < +\infty$。所以，$-\infty < \int_E f = \int_E f^+ - \int_E f^- < +\infty$，亦即，$f \in L(E)$。證明完畢。 □

定理 7.2.2 說明了 f 是可積分的若且唯若 $|f|$ 是可積分的。經由定理 7.1.6(ii)，底下的定理則是明顯的。

定理 7.2.3. 如果 $f \in L^p(E)$ $(0 < p < +\infty)$，則在 E 上 f 是有限的 a.e.。

定理 7.2.4. (i) 假設 f 與 g 為 E 上二個可測函數。如果 $\int_E f$ 與 $\int_E g$ 都存在，且在 E 上 $f \leq g$ a.e.，則 $\int_E f \leq \int_E g$。特別地，如果在 E 上 $f = g$ a.e.，則 $\int_E f = \int_E g$。
(ii) 如果 E_2 是可測集合，E_1 是 E_2 的可測子集合且 $\int_{E_2} f$ 存在，則 $\int_{E_1} f$ 也存在。

證明：(i) 首先，由假設在 E 上 $f \leq g$ a.e.，便可以推得 $0 \leq f^+ \leq g^+$ 與 $0 \leq g^- \leq f^-$ a.e.。因此，得到

$$\int_E f = \int_E f^+ - \int_E f^- \leq \int_E g^+ - \int_E g^- = \int_E g。$$

(ii) 因為 $\int_{E_2} f$ 存在，由假設知道 $\int_{E_2} f^+$ 與 $\int_{E_2} f^-$ 之中至少有一個是有限的。是以由定理 7.1.6(iii) 我們也推得 $\int_{E_1} f^+$ 與 $\int_{E_1} f^-$ 之中至少有一個是有限的。所以，$\int_{E_1} f$ 也是存在的。證明完畢。 □

定理 7.2.5. 如果 $\int_E f$ 存在，且 $E = \bigcup_{k=1}^{\infty} E_k$ 為可數個彼此分離之可

§7.2 可測函數之積分

測子集合 E_k 的聯集，則
$$\int_E f = \sum_{k=1}^\infty \int_{E_k} f \text{。}$$

證明： 由定理 7.2.4(ii) 知道，對於每一個 k，$\int_{E_k} f$ 是存在的。再經由定理 7.1.8，我們有
$$\int_E f = \int_E f^+ - \int_E f^- = \sum_{k=1}^\infty \int_{E_k} f^+ - \sum_{k=1}^\infty \int_{E_k} f^-$$
$$= \sum_{k=1}^\infty \left(\int_{E_k} f^+ - \int_{E_k} f^- \right) = \sum_{k=1}^\infty \int_{E_k} f \text{。}$$
在上式倒數之第二個等號能夠成立，主要是因為級數 $\sum_{k=1}^\infty \int_{E_k} f^+$ 與 $\sum_{k=1}^\infty \int_{E_k} f^-$ 中至少有一個是收斂的。證明完畢。 $\square$

經由定理 7.1.10 與定理 7.1.12，我們也得到下面的結果。

定理 7.2.6. 如果 $|E| = 0$ 或在 E 上 $f = 0$ a.e.，則 $\int_E f = 0$。

定理 7.2.7. 如果 $\int_E f$ 存在，則 $\int_E (-f)$ 也存在且 $\int_E (-f) = -\int_E f$。

證明： 本定理的證明是直接的。因為 $(-f)^+ = f^-$ 與 $(-f)^- = f^+$，所以其中有一個勒貝格積分是有限的，亦即，$\int_E (-f)$ 是存在的。同時，依據勒貝格積分的定義，
$$\int_E (-f) = \int_E (-f)^+ - \int_E (-f)^- = \int_E f^- - \int_E f^+ = -\int_E f \text{。}$$
證明完畢。 $\square$

定理 7.2.8. 如果 $\int_E f$ 存在，$c \in \mathbb{R}$，則 $\int_E (cf)$ 也存在且 $\int_E (cf) = c \int_E f$。

證明：如果 $c \geq 0$，我們有 $(cf)^+ = cf^+$ 與 $(cf)^- = cf^-$。因此，由定理 7.1.14(i) 得到 $\int_E (cf)^+ = c\int_E f^+$ 與 $\int_E (cf)^- = c\int_E f^-$，且其中至少有一個是有限的。因此，$\int_E (cf)$ 存在且 $\int_E (cf) = \int_E (cf)^+ - \int_E (cf)^- = c\int_E f^+ - c\int_E f^- = c\int_E f$。

如果 $c = -1$，此即定理 7.2.7。如果 $c < 0$，把 c 寫成 $c = -|c|$，利用本定理前半的證明即可。證明完畢。 □

定理 7.2.9. 如果 $f, g \in L^1(E)$，則 $f + g \in L^1(E)$ 且
$$\int_E (f+g) = \int_E f + \int_E g \circ$$
特別地，$L^1(E)$ 形成一個佈於 $\mathbb{R}$ 的向量空間 (vector space)。

證明：如果 $f \in L^1(E)$，$c \in \mathbb{R}$，利用定理 7.1.14(i)，則 $\int_E |cf| = |c|\int_E |f| < +\infty$。所以，$cf \in L^1(E)$。如果 $f, g \in L^1(E)$，利用三角不等式 $|f + g| \leq |f| + |g|$，便得到
$$\int_E |f+g| \leq \int_E (|f|+|g|) = \int_E |f| + \int_E |g| < +\infty \circ$$
因此，$f + g \in L^1(E)$，證得 $L^1(E)$ 是一個佈於 $\mathbb{R}$ 的向量空間。

至於等式的部分，我們把 E 分割成 6 個彼此分離的子集合 E_k ($1 \leq k \leq 6$)，使得函數 f 與 g 在這些 E_k 上形成 6 個彼此互斥的情形來討論。

(i) $f \geq 0$，$g \geq 0$。此即定理 7.1.14(ii)。

(ii) $f \geq 0$，$g < 0$，$f + g \geq 0$。因此，$(f+g) + (-g) = f$ a.e.，同樣利用定理 7.1.14(ii) 與定理 7.2.7，便得到
$$\int_E f = \int_E (f+g) + \int_E (-g) = \int_E (f+g) - \int_E g \circ$$

§7.2 可測函數之積分

再經由移項,便得到我們要的等式。

(iii) $f \geq 0$,$g < 0$,$f + g < 0$。類似於 (ii),考慮 $f + (-(f+g)) = -g$,就行了。

(iv) $f < 0$,$g \geq 0$,$f+g \geq 0$。類似於 (ii),考慮 $(-f)+(f+g) = g$,就行了。

(v) $f < 0$,$g \geq 0$,$f + g < 0$。類似於 (ii),考慮 $g + (-(f+g)) = -f$,就行了。

(vi) $f < 0$,$g < 0$。類似於 (ii),考慮 $-(f+g) = (-f) + (-g)$,就行了。

因此,推得

$$\int_E (f+g) = \sum_{k=1}^{6} \int_{E_k} (f+g) = \sum_{k=1}^{6} \left(\int_{E_k} f + \int_{E_k} g \right) = \int_E f + \int_E g \text{。}$$

證明完畢。 □

推論 7.2.10. 假設 f 與 g 為 E 上之可測函數滿足 $g \geq f$ a.e.,且 $f \in L^1(E)$。則

$$\int_E (g-f) = \int_E g - \int_E f \text{。}$$

證明: 由假設 $g \geq f$ a.e.,得到 $g^- \leq f^-$ a.e.。因為 $f \in L^1(E)$,所以 $\int_E g$ 是存在的。由於 $g - f \geq 0$ a.e.,$\int_E (g-f)$ 也是存在的。如果 $g \in L^1(E)$,則由定理 7.2.9 便得到此等式。如果 $g \notin L^1(E)$,因為 $\int_E g^- < +\infty$,得到 $\int_E g^+ = +\infty$ 與 $\int_E g = +\infty$。很明顯地,我們也有 $g - f \notin L^1(E)$。因此,$\int_E (g-f) = +\infty = \int_E g - \int_E f$。證明完畢。 □

推論 7.2.11. 假設 $f \in L^1(E)$,g 為 E 上之可測函數滿足 $|g| \leq M$ a.e.,某一個正數 M。則 $fg \in L^1(E)$。

證明： 直接利用定理 7.1.6(i) 與定理 7.2.8，就可以得到

$$\int_E |fg| \leq \int_E M|f| = M \int_E |f| < +\infty \text{。}$$

證明完畢。 □

推論 7.2.12. 假設 $f \in L^1(E)$，且 $f \geq 0$ a.e.，g 為 E 上之可測函數，並且存在二個有限數 α 與 β 使得在 E 上 $\alpha \leq g \leq \beta$ a.e.。則

$$\alpha \int_E f \leq \int_E fg \leq \beta \int_E f \text{。}$$

證明： 因為 g 是有界的 a.e.，所以由推論 7.2.11 知道 $fg \in L^1(E)$。再由假設 $f \geq 0$ a.e.，推得在 E 上 $\alpha f \leq fg \leq \beta f$ a.e.。因此，直接積分就可以得到此結論。證明完畢。 □

底下我們將把有關於非負可測函數積分中幾個典型的重要定理在一般可測函數之積分上重新敘述。這幾個定理將會是未來我們運算勒貝格積分的重要依據。

定理 7.2.13（單調收斂定理）. 假設 $\{f_k\}_{k=1}^{\infty}$ 為 E 上一序列之可測函數。

(i) 如果在 E 上 $f_k \nearrow f$ a.e.，並且存在一個 $\phi \in L^1(E)$ 使得在 E 上 $f_k \geq \phi$ a.e.，對所有的 k 都成立。則 $\lim_{k \to \infty} \int_E f_k = \int_E f$。
(ii) 如果在 E 上 $f_k \searrow f$ a.e.，並且存在一個 $\phi \in L^1(E)$ 使得在 E 上 $f_k \leq \phi$ a.e.，對所有的 k 都成立。則 $\lim_{k \to \infty} \int_E f_k = \int_E f$。

證明： (i) 由於零測度集合不會影響勒貝格積分，我們不妨假設 $f_k \nearrow f$ 與 $f_k \geq \phi$ 都是到處成立。並且由 $0 \leq f_k - \phi \nearrow f - \phi$，直接利用

§7.2 可測函數之積分

推論 7.2.10 與非負可測函數之單調收斂定理就可以得到

$$\lim_{k\to\infty}\int_E f_k - \int_E \phi = \lim_{k\to\infty}\int_E (f_k - \phi) = \int_E (f - \phi) = \int_E f - \int_E \phi \text{。}$$

接著刪掉等式二邊之 $\int_E \phi$ 就可以了。

(ii) 的證明基本上由 (i) 就可以得到，只要觀察到在 E 上 $-f_k \nearrow -f$ a.e. 與 $-f_k \geq -\phi$ a.e.，對所有的 k 都成立，就可以了。證明完畢。 □

定理 7.2.14（均勻收斂定理）. 假設 $f_k \in L^1(E)$ ($k \in \mathbb{N}$)，$|E| < +\infty$，並且 $\{f_k\}$ 在 E 上均勻收斂到 f。則 $f \in L^1(E)$ 且 $\lim_{k\to\infty}\int_E f_k = \int_E f$。

證明： 由均勻收斂的假設與 $|E| < +\infty$，是以當 k 足夠大時，我們有 $|f| \leq |f - f_k| + |f_k| \leq 1 + |f_k|$。因此，得到 $f \in L^1(E)$。至於極限之等式，考慮 ϵ 為任意一正數，則存在一個下標 k_0 使得 $|f(x) - f_k(x)| < \epsilon$，對於任意 $x \in E$ 與任意 $k \geq k_0$ 都成立。因此，當 $k \geq k_0$，我們推得

$$\left|\int_E f - \int_E f_k\right| \leq \int_E |f - f_k| \leq \epsilon |E| \text{。}$$

所以，$\lim_{k\to\infty}\int_E f_k = \int_E f$。證明完畢。 □

定理 7.2.15（法圖引理）. 假設 $\{f_k\}_{k=1}^{\infty}$ 為 E 上一序列之可測函數。如果存在一個 $\phi \in L^1(E)$ 使得在 E 上 $f_k \geq \phi$ a.e.，對所有的 k 都成立。則

$$\int_E (\liminf_{k\to\infty} f_k) \leq \liminf_{k\to\infty} \int_E f_k \text{。}$$

證明： 我們只要在 E 上考慮函數 $f_k - \phi \geq 0$ a.e.，接著再利用非負可測函數之法圖引理就可以了。證明完畢。 □

底下則是一個簡單的推論。

推論 7.2.16. 假設 $\{f_k\}_{k=1}^{\infty}$ 為 E 上一序列之可測函數。如果存在一個 $\phi \in L^1(E)$ 使得在 E 上 $f_k \leq \phi$ a.e.，對所有的 k 都成立。則

$$\int_E (\limsup_{k \to \infty} f_k) \geq \limsup_{k \to \infty} \int_E f_k \text{。}$$

證明： 利用定理 7.2.15(法圖引理)，我們只要在 E 上考慮函數 $-f_k \geq -\phi$ a.e.，便得到

$$-\int_E (\limsup_{k \to \infty} f_k) = \int_E (\liminf_{k \to \infty} (-f_k)) \leq \liminf_{k \to \infty} \int_E (-f_k)$$
$$= -\limsup_{k \to \infty} \int_E f_k \text{。}$$

經由移項即可完成證明。證明完畢。 □

定理 7.2.17（勒貝格控制收斂定理）. 假設 $\{f_k\}_{k=1}^{\infty}$ 為 E 上一序列之可測函數，滿足在 E 上 $f_k \to f$ a.e.。如果存在一個非負可測函數 $g \in L^1(E)$，滿足在 E 上對於每一個 k 我們有 $|f_k| \leq g$ a.e.，則

$$\int_E f = \int_E (\lim_{k \to \infty} f_k) = \lim_{k \to \infty} \int_E f_k \text{。}$$

證明： 首先，由假設在 E 上對於每一個 k 我們有 $0 \leq g + f_k \leq 2g$ a.e.。因此，利用非負可測函數之勒貝格控制收斂定理與定理 7.2.9，便可以得到

$$\int_E g + \int_E f = \lim_{k \to \infty} \int_E (g + f_k) = \int_E g + \lim_{k \to \infty} \int_E f_k \text{。}$$

接著在等式二邊刪掉 $\int_E g$ 就可以了。證明完畢。 □

當 $|E| < +\infty$，對於任意正數 M，常數函數 $g \equiv M$ 都屬於 $L^1(E)$。因而在此情形之下我們可以把勒貝格控制收斂定理敘述成以下的有界收斂定理 (bounded convergence theorem)。在實用上這是一個很好的工具。

定理 7.2.18（有界收斂定理）. 假設 $\{f_k\}_{k=1}^{\infty}$ 為 E 上一序列之可測函數，滿足在 E 上 $f_k \to f$ a.e.。如果 $|E| < +\infty$，且存在一個正數 M 使得在 E 上對於每一個 k 我們有 $|f_k| \leq M$ a.e.，則 $\lim_{k\to\infty} \int_E f_k = \int_E f$。

§7.3 勒貝格積分與黎曼-斯蒂爾吉斯積分的連結

在本章之前二節，我們對勒貝格積分已經作了初步的講解。也因為如此，整體看來在勒貝格積分與黎曼-斯蒂爾吉斯積分之間似乎存在著某種連結。讀者或許可以參考定理 7.1.9。因此，在這一節裡我們準備來釐清此現象。為了方便起見，我們將假設 E 是一個可測集合滿足 $|E| < +\infty$，且 f 是 E 上一個可測函數，它的值在 E 上是有限的 a.e.。這樣的假設實際上是沒有必要的，只是讓我們的講解可以相對的順暢。如果讀者有興趣的話，也可以此為基礎繼續鑽研。

為了要建立此類的連結，我們必須考慮 f 在 E 上的分佈函數 (distribution function) $\omega_{f,E}$ 定義如下。

定義 7.3.1. 假設 f 是 E 上一個可測函數，它的值在 E 上是有限的

a.e.。對於任意 $\alpha \in \mathbb{R}$，定義 f 在 E 上的分佈函數 $\omega_{f,E}$ 如下：

$$\omega_{f,E}(\alpha) = |\{x \in E \mid f(x) > \alpha\}|。 \tag{7.3.1}$$

一般我們會把 f 在 E 上的分佈函數 $\omega_{f,E}(\alpha)$ 簡記為 $\omega_f(\alpha)$ 或 $\omega(\alpha)$，把集合 $\{x \in E \mid f(x) > \alpha\}$ 簡記為 $\{f > \alpha\}$。

現在，我們把相關於分佈函數 ω 幾個明顯的性質敘述如下：

(i) $\{f > \alpha\} \searrow \{f = +\infty\}$，當 $\alpha \to +\infty$。
(ii) ω 為一個下降函數。
(iii) $\lim_{\alpha \to \infty} \omega(\alpha) = 0$。
(iv) $\lim_{\alpha \to -\infty} \omega(\alpha) = |E|$。

由這些性質不難看出，ω 在 $(-\infty, +\infty)$ 上是一個有限變量函數，其全變量正好等於 $|E|$。

定理 7.3.2. 如果 $\alpha < \beta$，則 $|\{\alpha < f \leq \beta\}| = \omega(\alpha) - \omega(\beta)$。

證明： 由於 $\{f > \beta\} \subseteq \{f > \alpha\}$，得到 $\{\alpha < f \leq \beta\} = \{f > \alpha\} - \{f > \beta\}$。又因為 $|E| < +\infty$，所以，經由推論 5.3.17，我們有 $|\{\alpha < f \leq \beta\}| = \omega(\alpha) - \omega(\beta)$。證明完畢。 □

定理 7.3.3. 關於函數 f 在 E 上之分佈函數 $\omega(\alpha)$ 的單邊極限，我們有

(i) $\omega(\alpha+) = \omega(\alpha)$。
(ii) $\omega(\alpha-) = |\{f \geq \alpha\}|$。
(iii) $\omega(\alpha-) - \omega(\alpha) = |\{f = \alpha\}|$。

§7.3 勒貝格積分與黎曼-斯蒂爾吉斯積分的連結

證明：如果 $\epsilon_k \searrow 0$，則 $\{f > \alpha + \epsilon_k\} \nearrow \{f > \alpha\}$ 且 $\{f > \alpha - \epsilon_k\} \searrow \{f \geq \alpha\}$。因為 $|E| < +\infty$，依據定理 5.3.18 即可推得 (i) 與 (ii)。至於 (iii)，只要觀察到 $|\{f \geq \alpha\}| = |\{f > \alpha\}| + |\{f = \alpha\}|$ 就可以了。
證明完畢。 □

定理 7.3.3 說明了分佈函數 ω 是右連續函數，並且在每一個點 α 可能會存在一個左跳躍 $\omega(\alpha) - \omega(\alpha-)$。是以分佈函數 ω 在點 α 連續若且唯若 $|\{f = \alpha\}| = 0$。ω 也有可能在一個區間上恆為一常數。

推論 7.3.4. 分佈函數 ω 在開區間 (α, β) 為一常數若且唯若 $|\{\alpha < f < \beta\}| = 0$，亦即，$f$ 幾乎沒取到介於 α 與 β 之間的值。

證明：因為 $|\{\alpha < f < \beta\}| = |\{f > \alpha\}| - |\{f \geq \beta\}| = \omega(\alpha) - \omega(\beta-) = 0$，因此，$\omega$ 在區間 $[\alpha, \beta)$ 為一常數。又由於分佈函數 ω 是右連續函數，所以 ω 在區間 $[\alpha, \beta)$ 為一常數等價於在區間 (α, β) 為一常數。
證明完畢。 □

定理 7.3.5. 假設 $a, b \in \mathbb{R}$。如果 $a < f(x) \leq b$，對於每一個點 $x \in E$ 都成立，則

$$\int_E f = -\int_a^b \alpha \, d\omega(\alpha) \text{。} \tag{7.3.2}$$

證明：首先，基於假設 $|E| < +\infty$，在 (7.3.2) 左邊之勒貝格積分是存在且有限的。另外，依據定理 4.3.16，(7.3.2) 右邊之黎曼-斯蒂爾吉斯積分也是存在且有限的。

為了證明這二個積分是相等的，我們令區間 $[a, b]$ 的分割 $P = \{\alpha_0 < \alpha_1 < \cdots < \alpha_m\}$，其中 $a = \alpha_0$，$\alpha_m = b$，並且令 $E_j = \{\alpha_{j-1} < f \leq \alpha_j\}$ ($1 \leq j \leq m$)。這些區間 E_j 是彼此分離的，且

$E = \bigcup_{j=1}^{m} E_j$。由於 $|E_j| = |\{\alpha_{j-1} < f \leq \alpha_j\}| = \omega(\alpha_{j-1}) - \omega(\alpha_j) = -(\omega(\alpha_j) - \omega(\alpha_{j-1})) = -\Delta\omega_j$，所以，得到

$$-\sum_{j=1}^{m} \alpha_{j-1} \Delta\omega_j = \sum_{j=1}^{m} \alpha_{j-1} |E_j| \leq \int_E f = \sum_{j=1}^{m} \int_{E_j} f$$

$$\leq \sum_{j=1}^{m} \alpha_j |E_j| = -\sum_{j=1}^{m} \alpha_j \Delta\omega_j。$$

因此，當分割 P 愈來愈細時，上述不等式的二邊便會趨近於黎曼-斯蒂爾吉斯積分 $-\int_a^b \alpha d\omega(\alpha)$，進而得到 (7.3.2)。證明完畢。 □

如果 f 在 E 上不是有界時，定理 7.3.5可以修正如下。

定理 7.3.6. 假設 f 是 E 上的可測函數。
令 $E_{ab} = \{x \in E \mid a < f(x) \leq b\}$，其中 a 與 b 為二個有限數。則

$$\int_{E_{ab}} f = -\int_a^b \alpha d\omega(\alpha)。 \qquad (7.3.3)$$

證明： 考慮 f 在 E_{ab} 上的分佈函數 $\omega_{ab}(\alpha) = |\{x \in E_{ab} \mid f(x) > \alpha\}|$。則依據定理 7.3.5，我們有

$$\int_{E_{ab}} f = -\int_a^b \alpha d\omega_{ab}(\alpha)。$$

因此，如果當 $a \leq \alpha < \beta \leq b$，我們能夠得到 $\omega_{ab}(\alpha) - \omega_{ab}(\beta) = \omega(\alpha) - \omega(\beta)$，則在計算黎曼-斯蒂爾吉斯積分 $-\int_a^b \alpha d\omega_{ab}(\alpha)$ 時，便可以把它替換成 $-\int_a^b \alpha d\omega(\alpha)$。如此證明便完成了。但這是明顯的。因為當 α 與 β 受到此限制時，$\{x \in E_{ab} \mid \alpha < f(x) \leq \beta\} = \{x \in E \mid \alpha < f(x) \leq \beta\}$。證明完畢。 □

下面的定理則在適度的假設之下把 f 有界的條件移除。我們定

§7.3 勒貝格積分與黎曼-斯蒂爾吉斯積分的連結

義符號

$$\int_{-\infty}^{\infty} \alpha d\omega(\alpha) = \lim_{\substack{b \to \infty \\ a \to -\infty}} \int_a^b \alpha d\omega(\alpha),$$

如果極限存在。

定理 7.3.7. 如果 $\int_E f$ 與 $\int_{-\infty}^{\infty} \alpha d\omega(\alpha)$ 之中有一個是有限時，則另外一個也是有限的且

$$\int_E f = -\int_{-\infty}^{\infty} \alpha d\omega(\alpha) \circ \quad (7.3.4)$$

證明： 首先，假設 $\int_E f$ 是有限的，亦即，$f \in L^1(E)$。利用單調收斂定理可以推得 $\int_{E_{ab}} f^+ \to \int_E f^+$ 與 $\int_{E_{ab}} f^- \to \int_E f^-$，當 $b \to +\infty$，$a \to -\infty$。因此，得到 $\int_{E_{ab}} f \to \int_E f$，當 $b \to +\infty$，$a \to -\infty$。又由定理 7.3.6 知道 $\int_{E_{ab}} f = -\int_a^b \alpha d\omega(\alpha)$。所以，只要讓 $b \to +\infty$，$a \to -\infty$，就可以得到 (7.3.4)。

反過來說，假設 $\int_{-\infty}^{\infty} \alpha d\omega(\alpha)$ 存在且是有限的。因此，$\int_0^{\infty} \alpha d\omega(\alpha)$ 也是有限的。接著對於任意正數 b，利用定理 7.3.6，得到 $\int_{E_{0b}} f = -\int_0^b \alpha d\omega(\alpha)$。又因為當 $b \to +\infty$ 時，$E_{0b} \nearrow \{0 < f < +\infty\}$，所以我們可以推得

$$-\int_0^{\infty} \alpha d\omega(\alpha) = -\lim_{b \to +\infty} \int_0^b \alpha d\omega(\alpha) = \lim_{b \to +\infty} \int_{E_{0b}} f = \lim_{b \to +\infty} \int_{E_{0b}} f^+$$
$$= \int_{\{0 < f < +\infty\}} f^+ = \int_E f^+ \circ$$

類似地，我們也有

$$\int_{-\infty}^0 \alpha d\omega(\alpha) = \lim_{a \to -\infty} \int_a^0 \alpha d\omega(\alpha) = -\lim_{a \to -\infty} \int_{E_{a0}} f = \lim_{a \to -\infty} \int_{E_{a0}} f^-$$
$$= \int_{\{-\infty < f \leq 0\}} f^- = \int_E f^- \circ$$

由於這些積分都是有限的，我們有

$$\int_E f = \int_E f^+ - \int_E f^- = -\int_0^\infty \alpha d\omega(\alpha) - \int_{-\infty}^0 \alpha d\omega(\alpha)$$
$$= -\int_{-\infty}^\infty \alpha d\omega(\alpha) \circ$$

證明完畢。 □

由上述幾個定理可以看出，函數 f 在 E 上的積分是可以由它在 E 上的分佈函數 $\omega_{f,E}$ 來決定的。因此，我們說函數 f 與 g 在 E 上是等度可測 (equimeasurable)，或等度分佈 (equidistributed)，如果對於任意 $\alpha \in \mathbb{R}$，我們有

$$\omega_{f,E}(\alpha) = \omega_{g,E}(\alpha) \circ$$

對於二個等度分佈的函數 f 與 g，我們便會有 $|\{a < f \leq b\}| = |\{a < g \leq b\}|$ 與 $|\{f = a\}| = |\{g = a\}|$。下面是一個簡單的例子。

例 7.3.8. 在區間 $[0,1]$ 上，定義 $f(x) = x$ 與 $g(x) = 1 - x$。則 f 與 g 在 $[0,1]$ 上是等度分佈的。

推論 7.3.9. 如果 f 與 g 在 E 上是等度分佈的且 $f \in L^1(E)$，則 $g \in L^1(E)$ 且

$$\int_E f = \int_E g \circ$$

證明： 直接由定理 7.3.7 就可以得到

$$\int_E f = -\int_{-\infty}^\infty \alpha d\omega_{f,E}(\alpha) = -\int_{-\infty}^\infty \alpha d\omega_{g,E}(\alpha) = \int_E g \circ$$

證明完畢。 □

§7.3 勒貝格積分與黎曼-斯蒂爾吉斯積分的連結

在這裡我們可以暫時作一個總結，回顧一下勒貝格積分與黎曼-斯蒂爾吉斯積分的區別。黎曼-斯蒂爾吉斯積分的第一個步驟就是分割定義域 $[a,b]$。但是這種作法連狄利克雷特函數都無法處理。至於勒貝格積分我們是可以經由對 f 的值域或對應域來作分割而得到。

為了說明此一細節，我們還是假設 f 是 E 上的一個非負可測函數，$|E| < +\infty$，且 f 在 E 上是有限的 a.e.。考慮分割 $P = \{0 = \alpha_0 < \alpha_1 < \alpha_2 < \cdots\}$，其中 $\{\alpha_k\}_{k=0}^{\infty}$ 為可數個上升之分割點滿足 $\alpha_k \to +\infty$，並且令範數 $\|P\| = \sup_k(\alpha_{k+1} - \alpha_k)$。同時令 $E_k = \{\alpha_k \leq f < \alpha_{k+1}\}$ ($k \in \{0\} \cup \mathbb{N}$) 與 $Z = \{f = +\infty\}$。所以，這些 E_k 與 Z 為彼此分離之可測集合滿足 $E = (\bigcup_{k=0}^{\infty} E_k) \cup Z$ 與 $|Z| = 0$。所以，$|E| = \sum_{k=0}^{\infty} |E_k|$。定義

$$\sigma_P = \sum_{k=0}^{\infty} \alpha_k |E_k|, \quad \Sigma_P = \sum_{k=0}^{\infty} \alpha_{k+1} |E_k|.$$

定理 7.3.10. 假設 f 是 E 上的一個非負可測函數，$|E| < +\infty$，且 f 在 E 上是有限的 a.e.。定義 σ_P 與 Σ_P 如上述，則

$$\int_E f = \lim_{\|P\| \to 0} \sigma_P = \lim_{\|P\| \to 0} \Sigma_P. \tag{7.3.5}$$

證明： 首先，我們可以假設 f 在 E 上的每一個點都是有限的，亦即，$Z = \emptyset$。對於任意給定之分割 Γ，考慮函數

$$\phi_P = \sum_{k=0}^{\infty} \alpha_k \chi_{E_k} \quad \text{與} \quad \psi_P = \sum_{k=0}^{\infty} \alpha_{k+1} \chi_{E_k}.$$

因此，得到 $0 \leq \phi_P \leq f \leq \psi_P$ 與

$$\sigma_P = \int_E \phi_P \leq \int_E f \leq \int_E \psi_P = \Sigma_P.$$

現在如果假設 $f \in L^1(E)$，則 $\sigma_P < +\infty$。當 $\|P\| \to 0$ 時，由於我們有估算

$$0 \leq \Sigma_P - \sigma_P = \sum_{k=0}^{\infty}(\alpha_{k+1} - \alpha_k)|E_k| \leq \|P\||E|,$$

便可以推得 $\Sigma_P < +\infty$ 與 (7.3.5)。反之，如果 $\int_E f = +\infty$，則 $\Sigma_P = +\infty$。因為 $\|P\| \to 0$，$\|P\||E| < +\infty$，這也推得 $\sigma_P = +\infty$。所以，(7.3.5) 也是成立的。證明完畢。 □

如果 f 在 E 上是有界的，透過 f 與一個連續函數 ϕ 的合成，我們便可以得到一個新的可測函數 $\phi(f)$。底下的定理就是把 $\phi(f)$ 在 E 上的勒貝格積分以黎曼-斯蒂爾吉斯積分的形式表現出來。

定理 7.3.11. 假設 f 是 E 上的一個可測函數滿足 $a < f \leq b$，a 與 b 為實數，ϕ 為區間 $[a,b]$ 上的一個連續函數。則

$$\int_E \phi(f) = -\int_a^b \phi(\alpha)d\omega(\alpha)。 \tag{7.3.6}$$

證明： 因為 $|E| < +\infty$，ϕ 為有界，所以，$\phi(f) \in L^1(E)$。另外，由定理 4.3.16 知道 (7.3.6) 右邊之黎曼-斯蒂爾吉斯積分也是存在的。對於每一個 $k \in \mathbb{N}$，考慮區間 $[a,b]$ 上的分割 $P_k : a = \alpha_0^{(k)} < \alpha_1^{(k)} < \cdots < \alpha_{m_k}^{(k)} = b$，滿足 $\|P_k\| \to 0$，當 $k \to +\infty$。利用這些分割，定義簡單函數 $s_k(x) = \alpha_j^{(k)}$，如果 $\alpha_{j-1}^{(k)} < f(x) \leq \alpha_j^{(k)}$。不難看出，$a < s_k \leq b$ 且 $\lim_{k \to \infty} s_k = f$。進而得到 $\lim_{k \to \infty} \phi(s_k) = \phi(f)$。因

此，經由有界收斂定理，我們有

$$\int_E \phi(f) = \lim_{k \to \infty} \int_E \phi(s_k) = \lim_{k \to \infty} \sum_{j=1}^{m_k} \phi(\alpha_j^{(k)})|\{\alpha_{j-1}^{(k)} < f \leq \alpha_j^{(k)}\}|$$

$$= \lim_{k \to \infty} \sum_{j=1}^{m_k} \phi(\alpha_j^{(k)})(\omega(\alpha_{j-1}^{(k)}) - \omega(\alpha_j^{(k)}))$$

$$= -\int_a^b \phi(\alpha) d\omega(\alpha) \circ$$

證明完畢。 □

當我們要把 f 有界的條件移除時，下面之符號的引進是必須的，亦即，

$$\int_{-\infty}^{\infty} \phi(\alpha) d\omega(\alpha) = \lim_{\substack{b \to \infty \\ a \to -\infty}} \int_a^b \phi(\alpha) d\omega(\alpha),$$

如果極限存在。

定理 7.3.12. 假設 f 是 E 上的一個可測函數，ϕ 為 $(-\infty, +\infty)$ 上的一個連續函數。如果 $\phi(f) \in L^1(E)$，則 $\int_{-\infty}^{\infty} \phi(\alpha) d\omega(\alpha)$ 存在且

$$\int_E \phi(f) = -\int_{-\infty}^{\infty} \phi(\alpha) d\omega(\alpha) \circ \tag{7.3.7}$$

證明：同樣地，我們可以假設 f 在 E 上的每一個點都是有限的。令 $a < b$ 為二實數，$E_{ab} = \{x \in E \mid a < f(x) \leq b\}$，$\omega_{ab}(\alpha) = |\{x \in E_{ab} \mid f(x) > \alpha\}|$ 為 f 在 E_{ab} 上的分佈函數。因為 $\phi(f) \in L^1(E)$，利用定理 7.3.11 與定理 7.3.6 之證明，便可以推得

$$\int_E \phi(f) = \lim_{\substack{b \to \infty \\ a \to -\infty}} \int_{E_{ab}} \phi(f) = -\lim_{\substack{b \to \infty \\ a \to -\infty}} \int_a^b \phi(\alpha) d\omega_{ab}(\alpha)$$

$$= -\lim_{\substack{b \to \infty \\ a \to -\infty}} \int_a^b \phi(\alpha) d\omega(\alpha) = -\int_{-\infty}^{\infty} \phi(\alpha) d\omega(\alpha) \circ$$

證明完畢。　　　　　　　　　　　　　　　　　　　　　□

在這裡值得注意的是，如果在定理 7.3.12 的敘述裡我們假設 ϕ 是一個連續且非負的函數，則結論 (7.3.7) 就會自動成立，無須 $\phi(f) \in L^1(E)$ 的條件。主要的原因是在證明中的第一個等號我們可以直接利用非負函數之單調收斂定理。下面是幾個實用的例子。

例 7.3.13. 如果 ϕ 是 $\mathbb{R}$ 上一個連續函數，則

$$\int_E |\phi(f)| = -\int_{-\infty}^{\infty} |\phi(\alpha)| d\omega(\alpha)。$$

特別地，如果 $\phi(\alpha) = |\alpha|^p$，$0 < p < +\infty$，則

$$\int_E |f|^p = -\int_{-\infty}^{\infty} |\alpha|^p d\omega(\alpha)。$$

例 7.3.14. 如果 f 是非負的函數，則

$$\int_E f^p = -\int_0^{\infty} \alpha^p d\omega(\alpha)。$$

因此，對於 E 上任意可測函數 f，我們都有

$$\int_E |f|^p = -\int_0^{\infty} \alpha^p d\omega_{|f|}(\alpha)。$$

如果 $f \in L^p(E)$，$0 < p < +\infty$，我們也有柴比雪夫不等式：

$$\omega(\alpha) \leq \frac{1}{\alpha^p} \int_{\{f > \alpha\}} f^p, \quad \alpha > 0。 \qquad (7.3.8)$$

因此，當 $\alpha > 0$ 時，(7.3.8) 說明了 $\alpha^p \omega(\alpha)$ 是有界的。然而，當 $\alpha \to +\infty$ 時，$\alpha^p \omega(\alpha)$ 會有極限嗎？為了說明此現象，我們可以考慮函數 $f_k = f \chi_{\{f > \alpha_k\}}$ $(k \in \mathbb{N})$，其中 $\{\alpha_k\}$，$\alpha_k > 0$，為一上升至 $+\infty$ 的點

列。由於在 E 上 f 是有限的 a.e.，所以 $f_k \to 0$ a.e.。另外，我們也有 $0 \leq f_k^p \leq |f|^p \in L^1(E)$。因此，利用勒貝格控制收斂定理，便可以得到

$$0 \leq \lim_{\alpha \to \infty} \alpha^p \omega(\alpha) \leq \lim_{\alpha \to \infty} \int_{\{f > \alpha\}} f^p = \lim_{k \to \infty} \int_E f_k^p = 0。$$

如此，我們便得到底下的定理。

定理 7.3.15. 如果 $f \in L^p(E)$，$0 < p < +\infty$，則

$$\lim_{\alpha \to \infty} \alpha^p \omega(\alpha) = 0。$$

定理 7.3.16. 如果 $f \geq 0$ 且 $f \in L^p(E)$，$0 < p < +\infty$，則

$$\int_E f^p = -\int_0^\infty \alpha^p d\omega(\alpha) = p \int_0^\infty \alpha^{p-1} \omega(\alpha) d\alpha。 \tag{7.3.9}$$

證明： 第一個等式即例 7.3.14。至於第二個等式，當 $0 < a < b < +\infty$ 時，我們利用定理 4.2.7 得到

$$-\int_a^b \alpha^p d\omega(\alpha) = -b^p \omega(b) + a^p \omega(a) + p \int_a^b \alpha^{p-1} \omega(\alpha) d\alpha。$$

因為 $|E| < +\infty$，所以 $0 \leq \omega(a) \leq |E| < +\infty$，得到 $\lim_{a \to 0} a^p \omega(a) = 0$。另外，由定理 7.3.15，我們也有 $\lim_{b \to \infty} b^p \omega(b) = 0$。是以當 $a \to 0$，$b \to +\infty$ 時，我們便得到第二個等式。證明完畢。 □

§7.4 再訪勒貝格積分

到目前為止，基本上我們已建立了勒貝格積分的一些初步理論。因此，在這裡必須謹慎地思考一下這個勒貝格積分理論是否符合我

們真正的需求。也就是說，它是否有把黎曼積分作真正的推廣，可以對一些無法做黎曼積分的函數做勒貝格積分。另外，對於黎曼可積分的函數是否一定能做勒貝格積分，並且此勒貝格積分的結果是否會等於做黎曼積分的結果。如果這些問題都是肯定的話，那麼勒貝格積分在數學上就是黎曼積分一個真正的推廣。

在這一節裡，我們將以區間 $[a,b]$ 上的有界函數為例來作探討。首先，我們知道區間 $[0,1]$ 上的狄利克雷特函數 g 是不能黎曼積分的。但是，不難看出 g 是可測的，並且 g 在 $[0,1]$ 上的勒貝格積分 $\int_0^1 g = 0$ (如習題 7.1 所示)。這意味著勒貝格積分理論可以對某些無法做黎曼積分的函數做勒貝格積分。另一方面，如果 $f:[a,b] \to \mathbb{R}$ 為一個黎曼可積分的有界函數，則由定理 2.3.7 (勒貝格定理) 知道 f 在 $[a,b]$ 上是連續的 a.e.。所以，f 是 $[a,b]$ 上一個有界可測的函數。也因此，推得 f 在 $[a,b]$ 上是勒貝格可積分，亦即，$f \in L^1([a,b])$。至於 f 在 $[a,b]$ 上的勒貝格積分是否會等於黎曼積分，下面的定理給了一個肯定的答案。這說明了勒貝格積分在 $[a,b]$ 上就是黎曼積分一個真正的推廣。為了區別黎曼積分與勒貝格積分，在這裡我們將以符號 $(R)\int_a^b f$ 代表 f 在 $[a,b]$ 上的黎曼積分，以符號 $\int_a^b f$ 代表 f 在 $[a,b]$ 上的勒貝格積分 $\int_{[a,b]} f$。

定理 7.4.1. 假設 $f:[a,b] \to \mathbb{R}$ 為一個有界函數，且 $f \in \mathcal{R}$。則 f 是 $[a,b]$ 上的可測函數且 $f \in L^1([a,b])$，並且

$$\int_a^b f = (R)\int_a^b f。$$

證明： 對於每一個 $k \in \mathbb{N}$，令 $P_k = \{x_0^{(k)}, x_1^{(k)}, \cdots, x_{n_k}^{(k)}\}$，$a = x_0^{(k)} < x_1^{(k)} < \cdots < x_{n_k}^{(k)} = b$，為 $[a,b]$ 上的一個分割滿足範數 $\|P_k\| \to 0$，當

§7.4 再訪勒貝格積分

$k \to +\infty$。首先，對於每一個 $k \in \mathbb{N}$，$1 \leq j \leq n_k$，令

$$m_j^{(k)} = \inf_{x \in [x_{j-1}^{(k)}, x_j^{(k)}]} \{f(x)\}, \quad M_j^{(k)} = \sup_{x \in [x_{j-1}^{(k)}, x_j^{(k)}]} \{f(x)\}。$$

接著我們定義二序列簡單函數 l_k 與 u_k 如下：

$$l_k(x) = \sum_{j=1}^{n_k} m_j^{(k)} \chi_{[x_{j-1}^{(k)}, x_j^{(k)})} + f(b)\chi_{\{b\}},$$

$$u_k(x) = \sum_{j=1}^{n_k} M_j^{(k)} \chi_{[x_{j-1}^{(k)}, x_j^{(k)})} + f(b)\chi_{\{b\}}。$$

所以，l_k 與 u_k 為 $[a,b]$ 上均勻有界之可測函數，滿足 $l_k \leq f \leq u_k$。另外，l_k 與 u_k 的勒貝格積分分別為

$$\int_a^b l_k = L(P_k, f), \quad \int_a^b u_k = U(P_k, f),$$

其中 $L(P_k, f)$ 為下黎曼和，$U(P_k, f)$ 為上黎曼和。如果我們假設 P_{k+1} 比 P_k 更細，對於每一個 $k \in \mathbb{N}$ 都成立，則 l_k 會上升到可測函數 $l = \lim_{k \to \infty} l_k$，$u_k$ 會下降到可測函數 $u = \lim_{k \to \infty} u_k$，並且有 $l \leq f \leq u$。這個時候我們可以利用有界收斂定理，得到

$$\int_a^b l = \lim_{k \to \infty} \int_a^b l_k = \lim_{k \to \infty} L(P_k, f)$$
$$= (R)\int_a^b f = \lim_{k \to \infty} U(P_k, f) = \lim_{k \to \infty} \int_a^b u_k = \int_a^b u。$$

因為 $u - l \geq 0$，得到在 $[a,b]$ 上 $l = f = u$ a.e.。所以，f 是 $[a,b]$ 上的可測函數，並且 $\int_a^b f = (R)\int_a^b f$。證明完畢。 □

關於非負之可測函數，我們可以把定理 7.4.1 推廣至瑕積分 (improper integral)。

定理 7.4.2. 假設 f 為 $[a,b]$ 上一個非負之有限函數，對於每一個小正數 ϵ，f 在 $[a+\epsilon, b]$ 是黎曼可積分。並且假設瑕積分

$$I = \lim_{\epsilon \to 0} (R) \int_{a+\epsilon}^{b} f$$

存在且有限。則 $f \in L^1([a,b])$，且

$$\int_a^b f = I。$$

證明： 由假設與定理 7.4.1可以知道 f 在 $[a+\epsilon, b]$ 是一個有界之可測函數，並且滿足 $\int_{a+\epsilon}^b f = (R) \int_{a+\epsilon}^b f$。由於在 $[a,b]$ 上，當 $\epsilon \to 0$，$f_\epsilon = f\chi_{[a+\epsilon,b]} \nearrow f$ a.e.，得到 f 為 $[a,b]$ 上之可測函數。最後，透過假設與非負函數之單調收斂定理，即可推得

$$\int_a^b f = \lim_{\epsilon \to 0} \int_a^b f\chi_{[a+\epsilon,b]} = \lim_{\epsilon \to 0} \int_{a+\epsilon}^b f = \lim_{\epsilon \to 0} (R) \int_{a+\epsilon}^b f = I。$$

證明完畢。 □

勒貝格積分發展至此，已大大地擴展了我們對積分的視野，讓我們能夠處理更廣、更大的函數空間。因此，在後續的應用與研究上，勒貝格積分都將是一個主要的工具。

底下是與本章內容相關的一些習題。

習題 7.1. 假設 g 是 $E = [0,1]$ 上的狄利克雷特函數。證明 g 是可測的且 $\int_E g = 0$。

習題 7.2. 構造 E 上一個非負可測之函數 f，使得

$$\int_E f \neq \inf \sum_k (\sup_{x \in E_k} f(x))|E_k|,$$

§7.4 再訪勒貝格積分

其中 inf 是在所有 E 的有限分割中選取的。

習題 7.3. 如果 $\int_F f = 0$，對於可測集合 E 的每一個可測子集合 F 都成立，證明在 E 上 $f = 0$ a.e.。

習題 7.4. 如果 $f \in L^1(0,1)$，證明，對於每一個 $k \in \mathbb{N}$，$x^k f(x) \in L^1(0,1)$，且 $\lim_{k \to \infty} \int_0^1 x^k f(x) dx = 0$。

習題 7.5. 構造一個在 $(0, +\infty)$ 上有界之連續函數滿足 $\lim_{x \to \infty} f(x) = 0$，但是 $f \notin L^p(0, +\infty)$，對於任意 $p > 0$ 都成立。

習題 7.6. 假設 $\{f_k\}_{k=1}^{\infty}$ 為 E 上一序列之可測函數。如果 $\sum_{k=1}^{\infty} \int_E |f_k| < +\infty$，證明在 E 上級數 $\sum_{k=1}^{\infty} f_k$ 會絕對收斂 a.e.。

習題 7.7. 令 $\mathbb{Q} \cap [0,1] = \{r_k\}_{k=1}^{\infty}$，並且假設常數序列 $\{a_k\}_{k=1}^{\infty}$ 滿足 $\sum_{k=1}^{\infty} |a_k| < +\infty$。證明在 $[0,1]$ 上級數 $\sum_{k=1}^{\infty} a_k |x - r_k|^{-1/2}$ 絕對收斂 a.e.。

習題 7.8. 假設 $\{f_k\}_{k=1}^{\infty}$ 為 E 上一序列之非負可測函數。如果在 E 上 $f_k \leq f$ 且 $f_k \to f$ a.e.，證明 $\int_E f_k \to \int_E f$。

習題 7.9. 構造一個在 $(0, +\infty)$ 上之有界連續函數 f 使得其瑕積分存在且有限，但是 $f \notin L^1(0, +\infty)$。

習題 7.10. 假設函數 $f(x, y)$ 定義在 $[0,1] \times [0,1]$ 且滿足，對於每一個 $x \in [0,1]$，$f(x, y)$ 是 y 的勒貝格可積分函數，且 $\frac{\partial f}{\partial x}(x, y)$ 是 (x, y) 的有界函數。證明，對於每一個 $x \in [0,1]$，$\frac{\partial f}{\partial x}(x, y)$ 是 y 的可測函數，

並且滿足

$$\frac{d}{dx}\int_0^1 f(x,y)dy = \int_0^1 \frac{\partial f}{\partial x}(x,y)dy。$$

習題 7.11. 假設 f 與 $\{f_k\}_{k=1}^\infty$ 為集合 E 上之可測且有限 a.e. 的函數。如果 $p > 0$ 且 $\lim_{k\to\infty}\int_E |f - f_k|^p = 0$，證明在 E 上 f_k 測度收斂到 f。

習題 7.12. 假設 f 與 $\{f_k\}_{k=1}^\infty$ 為集合 E 上之可測且有限 a.e. 的函數。如果 $p > 0$，$\lim_{k\to\infty}\int_E |f - f_k|^p = 0$ 且 $\int_E |f_k|^p \leq M$，對於所有 $k \in \mathbb{N}$ 都成立，證明 $\int_E |f|^p \leq M$。

習題 7.13. 如果 $f \geq 0$ 且存在一個 $c > 0$，$p > 0$，使得當 $\alpha > 0$ 時，$\omega(\alpha) \leq c(1+\alpha)^{-p}$，證明 $f \in L^r(E)$，對於任意 $0 < r < p$ 都成立。

習題 7.14. 假設 f 為 E 上一個非負可測之函數。對於任意 $k \in \mathbb{Z}$，令 $E_{2^k} = \{x \in E \mid f(x) > 2^k\}$ 與 $F_k = \{x \in E \mid 2^k < f(x) \leq 2^{k+1}\}$。證明 $f \in L^1(E)$ 若且唯若

$$\sum_{-\infty < k < \infty} 2^k |F_k| < +\infty \quad \text{若且唯若} \quad \sum_{-\infty < k < \infty} 2^k |E_{2^k}| < +\infty。$$

§7.5　參考文獻

1. Folland, G. B., Real Analysis: Modern Techniques and Their Applications, Second Edition, John Wiley and Sons, Inc., New York, 1999.

§7.5 參考文獻

2. Jones, F., Lebesgue Integration on Euclidean Space, Jones and Bartlett Publishers Inc., Boston, MA, 1993.

3. Royden, H. L., Real Analysis, Third Edition, Macmillan, New York, 1988.

4. Rudin, W., Real and Complex Analysis, Third Edition, McGraw-Hill, New York, 1987.

5. Stein, E. M. and Shakarchi, R., Real Analysis: Measure Theory, Integration, and Hilbert Spaces, Princeton Lectures in Analysis III, Princeton University Press, Princeton, NJ, 2005.

6. Wheeden, R. L. and Zygmund, A., Measure and Integral: An Introduction to Real Analysis, Marcel Dekker, Inc., New York, 1977.

第 8 章
富比尼定理

§8.1 富比尼定理

在建構黎曼積分時,如果我們假設 f 是 $I = [a,b] \times [c,d]$ 上的一個連續函數,便可以推得所謂的富比尼定理

$$\int_I f(x,y)dxdy = \int_a^b \left(\int_c^d f(x,y)dy\right)dx = \int_c^d \left(\int_a^b f(x,y)dx\right)dy \text{。}$$

富比尼定理把重積分以疊積分的形式表現出來,在實用上是一個非常有用的工具。現在一個新的積分理論,亦即,勒貝格積分,也已經被發展出來了,我們當然希望對於勒貝格積分能有類似的富比尼定理,以方便做更進一步的探討。底下我們就直接敘述勒貝格積分裡的富比尼定理。

首先,我們定義一些符號。令 I_1 為 $\mathbb{R}^n$ 上的一個閉區間包含了所有的點 $x = (x_1, x_2, \cdots, x_n)$,其中 $a_i \leq x_i \leq b_i$ $(1 \leq i \leq n)$;I_2 為 $\mathbb{R}^m$ 上的一個閉區間包含了所有的點 $y = (y_1, y_2, \cdots, y_m)$,其中 $c_j \leq y_j \leq d_j$ $(1 \leq j \leq m)$。因此,符號 $I = I_1 \times I_2$ 表示一個 $(n+m)$-維之閉區間包含了所有的點 $(x,y) = (x_1, \cdots, x_n, y_1, \cdots, y_m)$。一個

定義在 I 上的函數 f 將以 $f(x,y)$ 表示之，$\int_I f(x,y)dxdy$ 則表示函數 f 在 I 上的積分。

定理 8.1.1（富比尼定理）. 假設 $f(x,y) \in L^1(I)$，$I = I_1 \times I_2$。則

(i) 對於幾乎每一個 $x \in I_1$，$f(x,y)$ 是 I_2 上可測且可積分的函數。

(ii) $\int_{I_2} f(x,y)dy$ 是 I_1 上一個可測且可積分的函數，並且

$$\iint_I f(x,y)dxdy = \int_{I_1}\left(\int_{I_2} f(x,y)dy\right)dx \text{。} \tag{8.1.1}$$

我們可以在定理 8.1.1 的敘述中，把定義域設成 $I_1 = \mathbb{R}^n$，$I_2 = \mathbb{R}^m$，$I = \mathbb{R}^{n+m}$，因為我們只要把 f 以 0 延伸到整個 $\mathbb{R}^{n+m}$ 就可以了。另外，在不會引起混淆之下，當我們在寫集合的測度時可能會略去維度的標示。有時候我們也會略去定義域的標示，比如說，以 $\int f(x,y)dx$ 代替 $\int_{I_1} f(x,y)dx$，以 $L^1(dx)$ 代替 $L^1(I_1)$，以 $L^1(dxdy)$ 代替 $L^1(I)$，等等。基本上富比尼定理的證明是逐步推進的。因此，我們會從簡單的情形作為證明的開始。為了證明上的方便，一個函數 $f(x,y) \in L^1(dxdy)$ 如果使得富比尼定理成立，我們便說函數 f 有富比尼性質。

引理 8.1.2. 有限個具有富比尼性質之函數的線性組合也具有富比尼性質。

此證明是直接的。

引理 8.1.3. 假設 f_k ($k \in \mathbb{N}$) 都具有富比尼性質，且 $f_k \nearrow f$ 或 $f_k \searrow f$。如果 $f \in L^1(dxdy)$，則 f 具有富比尼性質。

證明：我們只要證明 $f_k \nearrow f$ 的情形就可以了，另外之情形可以 $-f_k \nearrow -f$ 類似處理之。因此，依據假設對於每一個 $k \in \mathbb{N}$，存在 $\mathbb{R}^n$ 上一個零測度之集合 Z_k 使得 $f_k(x,y) \in L^1(dy)$，如果 $x \notin Z_k$。令 $Z = \bigcup_{k=1}^{\infty} Z_k$，則 Z 是 $\mathbb{R}^n$ 上一個零測度之集合。如果 $x \notin Z$，則對於每一個 $k \in \mathbb{N}$，$f_k(x,y) \in L^1(dy)$。利用定理 7.2.13(i) 之單調收斂定理，把 $\{f_k(x,y)\}_{k=1}^{\infty}$ 作為一個 y 的函數，便可得到

$$g_k(x) = \int f_k(x,y)dy \nearrow \int f(x,y)dy = g(x), \quad x \notin Z\text{。}$$

再由假設知道 $g_k \in L^1(dx)$，$f_k \in L^1(dxdy)$ 且滿足 $\iint f_k(x,y)dxdy = \int g_k(x)dx$。這時候再用一次單調收斂定理，推得

$$\iint f(x,y)dxdy = \int g(x)dx = \int \left(\int f(x,y)dy\right)dx\text{。}$$

因此，由假設 $f \in L^1(dxdy)$，得到 $g \in L^1(dx)$。所以，g 是有限的 a.e.，這也表示 f 具有富比尼性質。證明完畢。 □

引理 8.1.4. 假設 $E \subseteq \mathbb{R}^{n+m}$ 是一個 G_δ 集合，亦即，$E = \bigcap_{k=1}^{\infty} G_k$，$G_k$ 為開集合。如果 $|G_1| < +\infty$，則 χ_E 具有富比尼性質。

證明：本引理的證明將分成幾個情形來討論。

(i) 如果 $E = I_1 \times I_2$，其中 I_1 與 I_2 分別為 $\mathbb{R}^n$ 與 $\mathbb{R}^m$ 上之有界開區間，則 $|E|_{(n+m)} = |I_1|_{(n)}|I_2|_{(m)}$。對於每一個 x，χ_E 是 y 的可測函數。設 $h(x) = \int \chi_E(x,y)dy$，則 $h(x) = |I_2|$ 當 $x \in I_1$，$h(x) = 0$ 當 $x \notin I_1$。另外，很明顯地，$\int h(x)dx = |I_1||I_2| = |E| = \iint \chi_E(x,y)dxdy$。所以，$\chi_E$ 具有富比尼性質。

(ii) 如果 $E \subseteq \partial I$，I 是 $\mathbb{R}^{n+m}$ 上的一個閉區間。則很明顯地，對於 x a.e.，$|\{y \mid (x,y) \in E\}|_{(m)} = 0$。因此，如果設 $h(x) = \int \chi_E(x,y)dy$，則 $h(x) = 0$ a.e.。由此推得 $\int h(x)dx = 0 = |E| = \iint \chi_E(x,y)dxdy$，亦即，$\chi_E$ 具有富比尼性質。

(iii) 如果 E 是一個半開的區間，亦即，E 是此區間內部與部分邊界的聯集。利用 (i)、(ii) 與引理 8.1.2，即可得知 χ_E 具有富比尼性質。

(iv) 如果 E 是 $\mathbb{R}^{n+m}$ 上的一個開集合，滿足 $|E| < +\infty$。我們可以把 E 寫成 $E = \bigcup_{k=1}^{\infty} I_k$，其中 I_k 為半開的區間且 $I_j \cap I_k = \emptyset$，如果 $j \neq k$。令 $E_m = \bigcup_{k=1}^{m} I_k$。則經由 (iii) 與引理 8.1.2，即可得知 χ_{E_m} 具有富比尼性質。接著 $\chi_{E_m} \nearrow \chi_E$，且 $\chi_E \in L^1(dxdy)$，所以由引理 8.1.3就推得 χ_E 具有富比尼性質。

(v) 最後，假設 E 是一個 G_δ 集合，$E = \bigcap_{k=1}^{\infty} G_k$。我們可以假設 $G_k \searrow E$。因為 $|E| < +\infty$，所以 $\chi_E \in L^1(dxdy)$。因此，利用 (iv) 與引理 8.1.3就知道 χ_E 具有富比尼性質。證明完畢。

$\square$

如果 $E \subseteq \mathbb{R}^{n+m}$，當 $x \in \mathbb{R}^n$ 時，我們定義符號 $E_x = \{y \in \mathbb{R}^m \mid (x,y) \in E\}$。

引理 8.1.5. 假設 $Z \subseteq \mathbb{R}^{n+m}$ 且 $|Z|_{(n+m)} = 0$。則 χ_Z 具有富比尼性質，且對於 x a.e.，$|Z_x|_{(m)} = 0$。

證明： 首先，選一個 G_δ 集合 H 滿足 $Z \subseteq H$ 與 $|Z| = |H| = 0$。由於 H 是一個 G_δ 集合滿足引理 8.1.4的假設，因此，χ_H 具有富比尼性質。所以，

$$\int \left(\int \chi_H(x,y) dy \right) dx = \iint \chi_H(x,y) dx dy = 0。$$

因為 $\int \chi_H(x,y) dy$ 是 $\mathbb{R}^n$ 上的一個非負可測且可積分的函數，所以由定理 7.1.12知道，對於 x a.e.，$\int \chi_H(x,y) dy = 0 = |H_x|$。由於 $Z \subseteq H$，這也說明了對於 x a.e.，$|Z_x| = 0$。因此，推得對於 x a.e.，$\chi_Z(x,y)$ 是 $\mathbb{R}^m$ 上的非負可測函數滿足 $\int \chi_Z(x,y) dy = |Z_x| = 0$。最

§8.1 富比尼定理

後,由假設 $|Z| = 0$,得到

$$\int \left(\int \chi_Z(x,y) dy \right) dx = 0 = |Z| = \iint \chi_Z(x,y) dxdy \text{。}$$

所以,χ_Z 具有富比尼性質。證明完畢。 □

引理 8.1.6. 假設 $E \subseteq \mathbb{R}^{n+m}$。如果 E 是可測的且 $|E| < +\infty$,則 χ_E 具有富比尼性質。

證明: 首先,把 E 寫成 $E = H - Z$,其中 H 為一個 G_δ 集合滿足 $|E| = |H|$,$|Z| = 0$。因為 $|E| < +\infty$,H 可以表示成 $H = \bigcap_{k=1}^{\infty} G_k$,$G_k$ 為開集合且 $|G_1| < +\infty$。因此,由引理 8.1.4 知道 χ_H 具有富比尼性質。所以,最後透過引理 8.1.2 與引理 8.1.5,$\chi_E = \chi_H - \chi_Z$ 也具有富比尼性質。證明完畢。 □

定理 8.1.1 的證明: 假設 $f \in L^1(dxdy)$。因為 $f = f^+ - f^-$,所以藉由引理 8.1.2,我們可以假設 f 為一個非負可測函數。是以經由定理 6.1.17(ii),存在一序列非負可測之簡單函數 $\{s_k\}_{k=1}^{\infty}$ 上升至 f,其中 $s_k = \sum_{j=1}^{m_k} a_j^{(k)} \chi_{E_j^{(k)}}$,且 $a_j^{(k)} > 0$。由於 $f \in L^1(dxdy)$ 且 $0 \leq s_k \leq f$,我們有 $s_k \in L^1(dxdy)$。因此,推得 $|E_j^{(k)}| < +\infty$,對於所有的 k, j 都成立。最後,透過引理 8.1.2 與引理 8.1.6,得到 s_k 具有富比尼性質。再由引理 8.1.3 也得到 f 具有富比尼性質。證明完畢。 □

富比尼定理說明了,如果 $f \in L^1(dxdy)$,則對於 x a.e.,把 $f(x,y)$ 看成 y 的函數都是可以測的。實事上,只要知道 $f(x,y)$ 是 $\mathbb{R}^{n+m}$ 上的可測函數,不需要 $f \in L^1(dxdy)$ 的條件,就可以得到同樣的結論。

定理 8.1.7. (i) 如果 E 是 $\mathbb{R}^{n+m}$ 上的可測集合，則對於 $x \in \mathbb{R}^n$ a.e.，E_x 都是 $\mathbb{R}^m$ 上的可測集合。(ii) 如果 $f(x,y)$ 是 $\mathbb{R}^{n+m}$ 上的可測函數，則對於 $x \in \mathbb{R}^n$ a.e.，$f(x,y)$ 看成 $y \in \mathbb{R}^m$ 的函數，都是可以測的。

證明：(i) 假設 E 是 $\mathbb{R}^{n+m}$ 上的可測集合，則 $E = H \cup Z$，其中 H 為 $\mathbb{R}^{n+m}$ 上的一個 F_σ 集合，$|Z|_{(n+m)} = 0$。所以，我們有 $E_x = H_x \cup Z_x$。不難看出，H_x 是 $\mathbb{R}^m$ 上的 F_σ 集合。對於 $x \in \mathbb{R}^n$ a.e.，依據引理 8.1.5，Z_x 是 m-維零測度集合。因此，對於 $x \in \mathbb{R}^n$ a.e.，E_x 都是 $\mathbb{R}^m$ 上的可測集合。

(ii) 如果 f 是 $\mathbb{R}^{n+m}$ 上的可測函數，$\lambda \in \mathbb{Q}$，則 $E(\lambda) = \{(x,y) \in \mathbb{R}^{n+m} \mid f(x,y) > \lambda\}$ 為 $\mathbb{R}^{n+m}$ 上的可測集合。因此，依據 (i) 的結論，對於每一個 $\lambda \in \mathbb{Q}$，存在一個 $A_\lambda \subseteq \mathbb{R}^n$ 滿足 $|A_\lambda|_{(n)} = 0$ 使得 $E(\lambda)_x$ 都是 $\mathbb{R}^m$ 上的可測集合，只要 $x \notin A_\lambda$。現在令 $A = \bigcup_{\lambda \in \mathbb{Q}} A_\lambda$，得到 $|A|_{(n)} = 0$。因此，當 $x \notin A$ 時，$E(\lambda)_x$ 都是 $\mathbb{R}^m$ 上的可測集合，對於所有 $\lambda \in \mathbb{Q}$ 都成立。換句話說，由定理 6.1.7 知道，對於 $x \in \mathbb{R}^n$ a.e.，$f(x,y)$ 視為 $y \in \mathbb{R}^m$ 的函數，都是可以測的。證明完畢。 □

底下則是富比尼定理的一個簡單推廣。

定理 8.1.8. 假設 $f(x,y)$ 為定義在可測集合 $E \subseteq \mathbb{R}^{n+m}$ 上的一個可測函數。

(i) 對於 $x \in \mathbb{R}^n$ a.e.，$f(x,y)$ 視為 $y \in E_x$ 的函數是可以測的。
(ii) 如果 $f(x,y) \in L^1(E)$，則對於 $x \in \mathbb{R}^n$ a.e.，$f(x,y) \in L^1(E_x)$。同時，$\int_{E_x} f(x,y)dy$ 對於 $x \in \mathbb{R}^n$ 是可積分的，並且

$$\iint_E f(x,y)dxdy = \int_{\mathbb{R}^n} \left(\int_{E_x} f(x,y)dy \right) dx 。$$

§8.1 富比尼定理

證明： (i) 首先，把函數 f 以 0 延伸到整個 $\mathbb{R}^{n+m}$，並將之記為 $\tilde{f}$。因為 f 是 E 上的可測函數，所以 $\tilde{f}$ 是 $\mathbb{R}^{n+m}$ 上的可測函數。因此，由定理 8.1.7 得到，對於 $x \in \mathbb{R}^n$ a.e.，E_x 都是 $\mathbb{R}^m$ 上的可測集合，且 $\tilde{f}(x,y)$ 視為 y 的函數也都是可以測的。是以 $f(x,y)$ 視為 y 的函數在 E_x 上也是可以測的。

(ii) 如果 $f(x,y) \in L^1(E)$，則 $\tilde{f}(x,y) \in L^1(\mathbb{R}^{n+m})$。因此，依據富比尼定理，我們有

$$\iint_E f(x,y)dxdy = \iint_{\mathbb{R}^{n+m}} \tilde{f}(x,y)dxdy = \int_{\mathbb{R}^n} \left(\int_{\mathbb{R}^m} \tilde{f}(x,y)dy \right) dx \text{。}$$

又因為對於 $x \in \mathbb{R}^n$ a.e.，E_x 都是 $\mathbb{R}^m$ 上的可測集合，且 $\tilde{f}(x,y)$ 視為 y 的函數是可以積分的，因此，透過定理 7.2.5 對於 $x \in \mathbb{R}^n$ a.e.，推得

$$\int_{\mathbb{R}^m} \tilde{f}(x,y)dy = \int_{E_x} \tilde{f}(x,y)dy + \int_{\mathbb{R}^m - E_x} \tilde{f}(x,y)dy = \int_{E_x} f(x,y)dy \text{。}$$

證明完畢。 $\square$

富比尼定理給了我們一個啟示，就是當一個可測函數 $f(x,y) \in L^1(\mathbb{R}^{n+m})$ 時，那麼 f 的重積分便可以疊積分的形式表現出來。反過來說，f 之疊積分存在且有限是無法保證 f 是可積分的。我們以下面的例子說明之。

例 8.1.9. 我們以 $\mathbb{R}^2$ 上的單位正方形 $I = [0,1] \times [0,1]$ 為例。考慮在 I 裡面一序列的小正方形 I_k ($1 \leq k < +\infty$)，其中 $I_k = [a_{k-1}, a_k] \times [a_{k-1}, a_k]$，$a_0 = 0$，$a_k = \sum_{j=1}^{k} 2^{-j}$，$k \geq 1$，如圖 8-1-1 所示。

圖 8-1-1

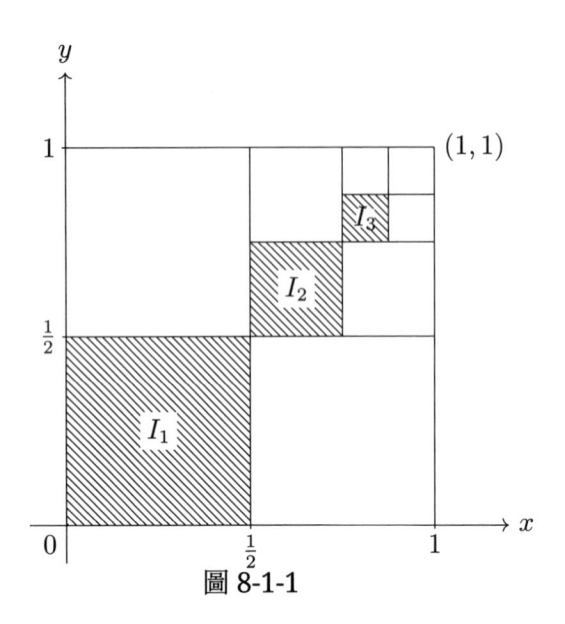

接著,再區分每一個 I_k 成為四個大小全等的小正方形 $I_k^{(j)}$ ($1 \leq j \leq 4$),如圖 8-1-2 所示。

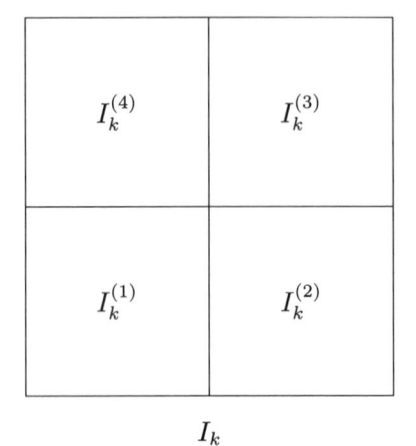

I_k

圖 8-1-2

§8.1 富比尼定理

現在,我們定義函數 f 如下:對於每一個 $k \in \mathbb{N}$,定義 $f = 1/|I_k|$,當 $(x,y) \in \operatorname{int} I_k^{(1)} \cup \operatorname{int} I_k^{(3)}$;$f = -1/|I_k|$,當 $(x,y) \in \operatorname{int} I_k^{(2)} \cup \operatorname{int} I_k^{(4)}$;在 I 剩餘的地方,則定義 $f \equiv 0$。很明顯地,對於所有 $x \in [0,1]$,$\int_0^1 f(x,y)dy = 0$,且對於所有 $y \in [0,1]$,$\int_0^1 f(x,y)dx = 0$。因此,疊積分

$$\int_0^1 \left(\int_0^1 f(x,y)dy \right) dx = \int_0^1 \left(\int_0^1 f(x,y)dx \right) dy = 0$$

存在且相等。然而這樣的條件是無法保證 f 是勒貝格可積分的,如下所示:

$$\iint_I |f(x,y)|dxdy = \sum_{k=1}^\infty \iint_{I_k} |f(x,y)|dxdy = \sum_{k=1}^\infty 1 = +\infty \circ$$

但是,如果假設 f 是非負之可測函數,便可以得到下面托內利所推得的定理。

托內利 (Leonida Tonelli,1885–1946) 為一位義大利的數學家。

定理 8.1.10(托內利定理). 假設 $f(x,y)$ 是區間 $I = I_1 \times I_2 \subseteq \mathbb{R}^{n+m}$ 上一個非負之可測函數。則對於 $x \in I_1$ **a.e.**,$f(x,y)$ 是 I_2 上 y 的可測函數。更進一步,$\int_{I_2} f(x,y)dy$ 是 I_1 上 x 的可測函數,並且我們有

$$\iint_I f(x,y)dxdy = \int_{I_1} \left(\int_{I_2} f(x,y)dy \right) dx \circ$$

證明: 本定理的證明主要是利用富比尼定理與非負函數之單調收斂

定理。對於每一個 $k \in \mathbb{N}$，定義函數

$$f_k(x,y) = \begin{cases} \min\{k, f(x,y)\}, & \text{如果 } |(x,y)| \leq k, \\ 0, & \text{如果 } |(x,y)| > k。 \end{cases}$$

很明顯地，我們有 $0 \leq f_k \nearrow f$ 且 $f_k \in L^1(I)$ $(k \in \mathbb{N})$。所以，f_k 具有富比尼性質，對於每一個 $k \in \mathbb{N}$ 都成立。對於 $x \in I_1$ a.e.，由定理 8.1.8(i) 知道，$f(x,y)$ 是 I_2 上 y 的可測函數。另外，經由非負函數之單調收斂定理，得到 $\int_{I_2} f_k(x,y)dy \nearrow \int_{I_2} f(x,y)dy$。這也說明了 $\int_{I_2} f(x,y)dy$ 是 I_1 上 x 的可測函數。最後，經由富比尼定理，對於每一個 $k \in \mathbb{N}$，我們有

$$\iint_I f_k(x,y)dxdy = \int_{I_1} \left(\int_{I_2} f_k(x,y)dy \right) dx。$$

接著再用一次非負函數之單調收斂定理，分別得到

$$\iint_I f_k(x,y)dxdy \nearrow \iint_I f(x,y)dxdy,$$
$$\int_{I_1} \left(\int_{I_2} f_k(x,y)dy \right) dx \nearrow \int_{I_1} \left(\int_{I_2} f(x,y)dy \right) dx,$$

便可完成本定理的證明。證明完畢。 □

由於疊積分的順序在托內利定理的敘述中並不重要，因此，如果 f 是 $\mathbb{R}^{n+m}$ 上一個非負之可測函數，則

$$\iint_I f(x,y)dxdy = \int_{I_1} \left(\int_{I_2} f(x,y)dy \right) dx = \int_{I_2} \left(\int_{I_1} f(x,y)dx \right) dy。$$
(8.1.2)

是以對於一個非負之可測函數 f，只要 (8.1.2) 中任何一項為有限，則其餘之二項也都會是有限。對於一般之可測函數 f，我們只要把托內利定理應用到函數 $|f|$ 就可以了。

另外，一個有意義的觀察就是透過托內利定理，在富比尼定理的假設中我們只需要求可測函數 f 的勒貝格積分存在，並不需要

$f \in L^1(\mathbb{R}^{n+m})$ 的條件，則結論 (8.1.1) 也是會成立的。比如說，當 $\iint_I f$ 存在且 $\iint_I f = +\infty$，亦即，$\iint_I f^+ = +\infty$，$\iint_I f^- < +\infty$，則透過托內利定理與 $\iint_I f^-$ 為有限，便可推得

$$\iint_I f = \iint_I f^+ - \iint_I f^-$$
$$= \int_{I_1} \left(\int_{I_2} f^+(x,y) dy \right) dx - \int_{I_1} \left(\int_{I_2} f^-(x,y) dy \right) dx$$
$$= \int_{I_1} \left(\int_{I_2} f^+(x,y) dy - \int_{I_2} f^-(x,y) dy \right) dx$$
$$= \int_{I_1} \left(\int_{I_2} f(x,y) dy \right) dx \text{。}$$

§8.2 富比尼定理之應用

在第一章講解點集拓樸時，我們引進了閉集合的定義。一般而言，除此之外我們很難能再對閉集合有所描述。波蘭的數學家馬爾欽凱維奇很巧妙地運用了富比尼定理，給了閉集合結構上的某種描述。在此，我們將以 $\mathbb{R}$ 上的閉集合為例，來呈現馬爾欽凱維奇的工作。

馬爾欽凱維奇 (Józef Marcinkiewicz，1910–1940) 為一位波蘭的數學家。

假設 F 為 $\mathbb{R}$ 上的一個閉集合，定義點 x 到 F 的距離如下：

$$\delta(x) = \text{dist}(x, F) = \inf\{|x-y| \mid y \in F\} \text{。}$$

很明顯地，$\delta(x) = 0$ 若且唯若 $x \in F$。另外，F 的補集可以寫成 $\mathbb{R} - F = \bigcup_{k=1}^{\infty}(a_k, b_k)$，其中 $\{(a_k, b_k)\}$ 為相互分離之開區間，至多有二個開區間是無界的。因此，函數 $\delta(x)$ 的圖形在 F 上為零，在有界

之開區間 (a_k, b_k) 上為一個等腰三角形 (isosceles) 其高為 $\frac{1}{2}(b_k - a_k)$，至於在無界之開區間上則為線性成長。不難看出 $\delta(x)$ 滿足一個均勻、階數為 $\alpha = 1$ 的利普希茨條件

$$|\delta(x) - \delta(y)| \leq |x - y| \text{。}$$

定理 8.2.1（馬爾欽凱維奇）. 假設 (a, b) 為一個有界之開區間，F 為 (a, b) 的一個閉子集合。定義 $\delta(x) = \text{dist}(x, F)$。則對於任意給定之 $\lambda > 0$，積分

$$M_\lambda(x) = M_\lambda(x; F) = \int_a^b \frac{\delta^\lambda(y)}{|x - y|^{1+\lambda}} dy$$

在 F 上是有限的 a.e.。另外，$M_\lambda \in L^1(F)$ 且

$$\int_F M_\lambda \leq \frac{2}{\lambda} |G| \text{，}$$

其中 $G = (a, b) - F$。

證明： 因為在 F 上，$\delta(y) = 0$，所以，經由托內利定理，得到

$$\begin{aligned}
\int_F M_\lambda(x) dx &= \int_F \left(\int_G \frac{\delta^\lambda(y)}{|x-y|^{1+\lambda}} dy \right) dx \\
&= \int_G \delta^\lambda(y) \left(\int_F \frac{dx}{|x-y|^{1+\lambda}} \right) dy \\
&\leq \int_G \delta^\lambda(y) \left(\int_{\{|x-y| \geq \delta(y)\}} \frac{dx}{|x-y|^{1+\lambda}} \right) dy \\
&\leq 2 \int_G \delta^\lambda(y) \left(\int_{\delta(y)}^\infty \frac{dt}{t^{1+\lambda}} \right) dy \\
&= \frac{2}{\lambda} \int_G \delta^\lambda(y) (\delta(y))^{-\lambda} dx = \frac{2}{\lambda} |G| \text{。}
\end{aligned}$$

上述的估算說明了 $M_\lambda \in L^1(F)$。因此，依據定理 7.2.3，$M_\lambda(x)$ 在 F 上是有限的 a.e.。證明完畢。 □

§8.2 富比尼定理之應用

在這裡我們必須對馬爾欽凱維奇定理作更進一步的分析。首先，如果 $x_0 \in G$，則 $M_\lambda(x_0) = +\infty$。原因如下：因為 $x_0 \in G$，所以存在 $\eta > 0$ 使得 $(x_0 - 2\eta, x_0 + 2\eta) \subseteq G$。直接估計得到

$$M_\lambda(x_0) = \int_a^b \frac{\delta^\lambda(y)}{|x_0 - y|^{1+\lambda}} dy \geq 2\eta^\lambda \int_0^\eta \frac{dt}{t^{1+\lambda}} = +\infty。$$

另外，如果 $x_0 \in F$ 且 F 在 x_0 的一邊都沒有點，我們仍然會得到 $M_\lambda(x_0) = +\infty$。比如說，$F = [1/2, 1] \subseteq (0, 2)$，$x_0 = 1$，得到 $\delta(1) = 0$。但是經由類似地估計，我們有

$$M_\lambda(1) = \int_0^2 \frac{\delta^\lambda(y)}{|1-y|^{1+\lambda}} dy \geq \int_0^1 \frac{t^\lambda}{t^{1+\lambda}} dt = \int_0^1 \frac{dt}{t} = +\infty。$$

這說明了即使 $\delta(x)$ 滿足一個均勻、階數為 $\alpha = 1$ 的利普希茨條件也是無法保證 $M_\lambda(x)$ 在 F 上的某些點 x 為有限的。因此，馬爾欽凱維奇定理基本上講明了閉集合 F 在其上幾乎每一個點 x 附近都是分佈很多、很稠密的點，而且在點 x 的雙邊都是如此。即使當 F 包含了點 x 的一整邊還是無法保證 $M_\lambda(x)$ 是有限的。

關於富比尼定理另外一個應用，就是用以估算二個函數的捲積 (convolution)。捲積是數學分析上一個非常重要的工具，主要是可以幫助我們構造一些更平滑的逼近函數。

假設 f 與 g 為 $\mathbb{R}^n$ 上二個可測函數，我們定義它們的捲積 $(f * g)(x)$ 如下：

$$(f * g)(x) = \int_{\mathbb{R}^n} f(x-t)g(t)dt，$$

如果積分存在。假設 $x \in \mathbb{R}^n$，令 $h(t) = f(x-t)g(t)$，一個簡單的觀察就是

$$\int_{\mathbb{R}^n} h(t)dt = \int_{\mathbb{R}^n} h(x-t)dt。$$

當 $h \geq 0$ 時，這是平移的一個結果。對於一般的可測函數 h，只要利

用 $h = h^+ - h^-$ 就可以了。因此，我們便得到

$$(f * g)(x) = \int_{\mathbb{R}^n} f(x-t)g(t)dt = \int_{\mathbb{R}^n} f(t)g(x-t)dt。 \quad (8.2.1)$$

引理 8.2.2. 如果 f 為 $\mathbb{R}^n$ 上的一個可測函數，則函數 $\tilde{f}(x,t) = f(x-t)$ 為 $\mathbb{R}^{2n} = \mathbb{R}^n \times \mathbb{R}^n$ 上的一個可測函數。

證明： 如果我們假設 $g(x,t) = f(x)$，則 $g(x,t)$ 為 $\mathbb{R}^{2n}$ 上的可測函數。主要因為 f 是 $\mathbb{R}^n$ 上的一個可測函數，對於任意 $\lambda \in \mathbb{R}$，$\{(x,t) \mid g(x,t) > \lambda\} = \{x \in \mathbb{R}^n \mid f(x) > \lambda\} \times \{t \mid t \in \mathbb{R}^n\}$ 是一個柱狀體集合，它的底 $\{x \in \mathbb{R}^n \mid f(x) > \lambda\}$ 是 $\mathbb{R}^n$ 上的可測集合。因此，由定理 7.1.2 知道，$g(x,t)$ 為 $\mathbb{R}^{2n}$ 上的可測函數。

接著我們考慮非奇異 (nonsingular) 線性轉換 $x = \xi - \eta$、$t = \xi + \eta$，它滿足一個均勻、階數為 $\alpha = 1$ 的利普希茨條件。因此，由定理 5.3.22，就可知道 $g(\xi - \eta, \xi + \eta) = f(\xi - \eta)$ 也是 $\mathbb{R}^{2n}$ 上的可測函數。證明完畢。 $\square$

下面則是一個關於捲積最基本的性質。

定理 8.2.3. 假設 $f \in L^1(\mathbb{R}^n)$ 與 $g \in L^1(\mathbb{R}^n)$，則對於 $x \in \mathbb{R}^n$ a.e.，$(f*g)(x)$ 存在，並且 $f * g \in L^1(\mathbb{R}^n)$ 滿足

$$\int_{\mathbb{R}^n} |(f*g)(x)|dx \leq \left(\int_{\mathbb{R}^n} |f(x)|dx\right)\left(\int_{\mathbb{R}^n} |g(x)|dx\right)。$$

特別地，如果 f 與 g 皆為非負之可測函數，則

$$\int_{\mathbb{R}^n} (f*g)(x)dx = \left(\int_{\mathbb{R}^n} f(x)dx\right)\left(\int_{\mathbb{R}^n} g(x)dx\right)。$$

證明： 首先，假設 $f \in L^1(\mathbb{R}^n)$，$g \in L^1(\mathbb{R}^n)$，並且 $f \geq 0$，$g \geq 0$。

§8.2 富比尼定理之應用

由引理 8.2.2 知道 $f(x-t)g(t)$ 為 $\mathbb{R}^n \times \mathbb{R}^n$ 上的一個非負之可測函數。直接利用托內利定理，便得到

$$\int_{\mathbb{R}^n} (f*g)(x)dx = \int_{\mathbb{R}^n} \left(\int_{\mathbb{R}^n} f(x-t)g(t)dt \right) dx$$
$$= \int_{\mathbb{R}^n} g(t) \left(\int_{\mathbb{R}^n} f(x-t)dx \right) dt$$
$$= \left(\int_{\mathbb{R}^n} f(x)dx \right) \left(\int_{\mathbb{R}^n} g(x)dx \right) \circ$$

至於一般的情形，也很容易推得如下：

$$\int_{\mathbb{R}^n} |(f*g)(x)|dx = \int_{\mathbb{R}^n} \left| \int_{\mathbb{R}^n} f(x-t)g(t)dt \right| dx$$
$$\leq \int_{\mathbb{R}^n} (|f|*|g|)(x)dx$$
$$= \left(\int_{\mathbb{R}^n} |f(x)|dx \right) \left(\int_{\mathbb{R}^n} |g(x)|dx \right) \circ$$

證明完畢。 □

底下是與本章內容相關的一些習題。

習題 8.1. 假設 $E = \{(x,y) \in \mathbb{R}^2 \mid 0 < x < +\infty, 0 < y < 1\}$。計算重積分

$$\int_E ye^{-xy}\sin x\, dxdy \circ$$

習題 8.2. 假設 $a > 0$。利用函數 $e^{-xy}\sin x$ 在集合 $(0,a) \times (0,+\infty)$ 上的積分，證明

$$\int_0^a \frac{\sin x}{x}dx = \frac{\pi}{2} - \cos a \int_0^\infty \frac{e^{-ay}}{1+y^2}dy - \sin a \int_0^\infty \frac{ye^{-ay}}{1+y^2}dy \circ$$

習題 8.3. 利用上一題，證明
$$\lim_{a \to +\infty} \int_0^a \frac{\sin x}{x} dx = \frac{\pi}{2}。$$

習題 8.4. 證明 $\frac{\sin x}{x} \notin L^1(0, +\infty)$。

習題 8.5. 假設 $f(x, y) = \frac{x^2 - y^2}{(x^2 + y^2)^2}$。證明
$$\int_0^1 \left(\int_0^1 f(x, y) dy \right) dx = \frac{\pi}{4} \quad \text{且} \quad \int_0^1 \left(\int_0^1 f(x, y) dx \right) dy = -\frac{\pi}{4}。$$

習題 8.6. 假設 $a_k > 0$，$1 \leq k \leq n$，$J = (0, 1) \times \cdots \times (0, 1)$。證明
$$\int_J \frac{1}{x_1^{a_1} + x_2^{a_2} + \cdots + x_n^{a_n}} dx < +\infty \quad \text{若且唯若} \quad \sum_{k=1}^n \frac{1}{a_k} > 1。$$

習題 8.7. 假設 E_1 與 E_2 為 $\mathbb{R}^n$ 上的可測子集合。證明 $E_1 \times E_2 = \{(x, y) \mid x \in E_1, y \in E_2\}$ 為 $\mathbb{R}^n \times \mathbb{R}^n$ 上的可測子集合，且 $|E_1 \times E_2| = |E_1||E_2|$。

習題 8.8. 假設 E 為 $\mathbb{R}^2$ 上的可測子集合滿足，對於 $x \in \mathbb{R}$ a.e.，集合 $E_x = \{y \mid (x, y) \in E\}$ 是一維零測度。證明 $|E| = 0$，且對於 $y \in \mathbb{R}$ a.e.，集合 $E_y = \{x \mid (x, y) \in E\}$ 是一維零測度。

習題 8.9. 假設 f 為 $\mathbb{R}^2$ 上一個非負且可測的函數，並且對於 $x \in \mathbb{R}$ a.e.，$f(x, y)$ 是有限的對於 $y \in \mathbb{R}$ a.e.。證明，對於 $y \in \mathbb{R}$ a.e.，$f(x, y)$ 是有限的對於 $x \in \mathbb{R}$ a.e.。

§8.2 富比尼定理之應用

習題 8.10. 假設 f 是 $(0,1)$ 上的可測函數且 f 是有限的 a.e.。如果 $f(x) - f(y)$ 在 $[0,1] \times [0,1]$ 上是可積分的，證明 $f \in L^1(0,1)$。

習題 8.11. 假設 f 是 $\mathbb{R}$ 上的可測函數，且具有週期 1，亦即，$f(x+1) = f(x)$，$x \in \mathbb{R}$。如果存在一個 $M \in \mathbb{R}$，$M > 0$，使得

$$\int_0^1 |f(a+x) - f(b+x)| dx \leq M,$$

對於所有的 a 與 b 都成立，證明 $f \in L^1(0,1)$。

習題 8.12. 假設 (a,b) 為一個有界之開區間滿足 $b-a<1$，F 為 (a,b) 的一個閉子集合。定義 $\delta(x) = \mathrm{dist}(x,F)$。證明函數

$$M_0(x) = \int_a^b \frac{dy}{|x-y|\log(1/\delta(y))}$$

在 F 上是有限的 a.e.。

習題 8.13. 假設 F 是 $\mathbb{R}$ 上的一個閉子集合。定義 $\delta(x) = \mathrm{dist}(x,F)$。如果 $\lambda > 0$，f 是非負且在 $\mathbb{R} - F$ 上可積分的函數，證明函數

$$\int_{\mathbb{R}} \frac{\delta^\lambda(y) f(y)}{|x-y|^{1+\lambda}} dy$$

在 F 上是可積分的。

習題 8.14. 假設 f 是 E 上一個非負且可測的函數。當 $y > 0$ 時，令 $\omega(y) = |\{x \in E \mid f(x) > y\}|$。利用托內利定理，證明 $\int_E f = \int_0^\infty \omega(y) dy$。

§8.3　參考文獻

1. Folland, G. B., Real Analysis: Modern Techniques and Their Applications, Second Edition, John Wiley and Sons, Inc., New York, 1999.

2. Jones, F., Lebesgue Integration on Euclidean Space, Jones and Bartlett Publishers Inc., Boston, MA, 1993.

3. Royden, H. L., Real Analysis, Third Edition, Macmillan, New York, 1988.

4. Rudin, W., Real and Complex Analysis, Third Edition, McGraw-Hill, New York, 1987.

5. Stein, E. M. and Shakarchi, R., Real Analysis: Measure Theory, Integration, and Hilbert Spaces, Princeton Lectures in Analysis III, Princeton University Press, Princeton, NJ, 2005.

6. Wheeden, R. L. and Zygmund, A., Measure and Integral: An Introduction to Real Analysis, Marcel Dekker, Inc., New York, 1977.

第 9 章
L^p 空間

§9.1 L^p 空間

假設 E 是 $\mathbb{R}^n$ 上的一個可測子集合。在 7.2 節裡，為了討論可測函數 f 在 E 上的勒貝格積分，我們定義了 $L^p(E)$ 空間。在本章我們將對 $L^p(E)$ 空間作一個詳盡地講述。同時我們會把函數擴大到複函數空間，也就是說，我們將考慮 E 上的複函數 $f = f_1 + if_2$，其中 f_1 與 f_2 為 E 上之實函數。

我們說 f 是可測的，如果對於每一個開集合 $G \subseteq \mathbb{R}^2$ (或 $\mathbb{C}$)，$f^{-1}(G)$ 是 E 上的可測集合。不難看出，f 是可測的複函數若且唯若 f_1 與 f_2 為 E 上可測之實函數。因此，對於任意 p，$0 < p < +\infty$，定義 E 上的 $L^p(E)$ 空間

$$L^p(E) = \left\{ f = f_1 + if_2 \;\middle|\; \int_E |f|^p dx < +\infty \right\}。$$

因為 $|f|^2 = f_1^2 + f_2^2$，我們有

$$|f_j| \leq |f| \leq |f_1| + |f_2|, \quad j = 1, 2。$$

所以，$f \in L^p(E)$ 若且唯若 $f_1, f_2 \in L^p(E)$。當 $0 < p < +\infty$ 時，定義符號

$$\|f\|_{p,E} = \left(\int_E |f|^p dx \right)^{1/p} 。 \tag{9.1.1}$$

如果當定義域 E 不會引起混淆時，我們會略去符號 E，以 L^p 代替 $L^p(E)$，以 $\|f\|_p$ 代替 $\|f\|_{p,E}$。

當 $p = +\infty$ 時，我們也定義 E 上的 $L^\infty(E)$ 空間。假設 $|E| > 0$，f 為 E 上的可測實函數。定義 f 在 E 上的本質最小上界 (essential supremum) 如下：如果 $|\{x \in E \mid f(x) > \alpha\}| > 0$，對於每一個 $\alpha \in \mathbb{R}$ 都成立，定義 $\mathrm{ess}_E \sup f = +\infty$；否則，定義

$$\underset{E}{\mathrm{ess\,sup}}\, f = \inf\{\alpha \mid |\{x \in E \mid f(x) > \alpha\}| = 0\} 。 \tag{9.1.2}$$

由於分佈函數 $\omega(\alpha) = |\{x \in E \mid f(x) > \alpha\}|$ 是右連續 (定理 7.3.3)，如果 $\mathrm{ess}_E \sup f$ 是有限的，則 $\omega(\mathrm{ess}_E \sup f) = 0$。是以由定義上來看 $\mathrm{ess}_E \sup f$ 就是最小的數 M，$-\infty \leq M \leq +\infty$，使得在 E 上 a.e. $f(x) \leq M$。

定義 9.1.1. 我們說 E 上一個實或複可測函數 f 是本質有界 (essentially bounded)，或簡稱為有界 (bounded)，如果 $\mathrm{ess}_E \sup |f|$ 是有限的。E 上所有本質有界的可測函數 f 所形成的類 (class) 則記為 $L^\infty(E)$。

不難看出，$f = f_1 + if_2 \in L^\infty(E)$ 若且唯若 $f_1, f_2 \in L^\infty(E)$。定義符號

$$\|f\|_\infty = \|f\|_{\infty,E} = \underset{E}{\mathrm{ess\,sup}}\, |f| 。$$

因此，$\|f\|_\infty$ 就是最小的數 M，$-\infty \leq M \leq +\infty$，使得在 E 上 a.e.

§9.1 L^p 空間

$|f(x)| \leq M$。同時,

$$L^\infty = L^\infty(E) = \{f \mid \|f\|_\infty < +\infty\}。$$

底下我們整理一些 $L^p(E)$ 空間上的基本性質。

定理 9.1.2. 假設 $|E| < +\infty$。則

(i) $\|f\|_\infty = \lim_{p \to \infty} \|f\|_p$。
(ii) 如果 $0 < p_1 < p_2 \leq +\infty$,則 $L^{p_2} \subseteq L^{p_1}$。

證明: (i) 令 $M = \|f\|_\infty$。則

$$\|f\|_p = \left(\int_E |f|^p\right)^{1/p} \leq M|E|^{1/p}。$$

所以,得到 $\limsup_{p \to \infty} \|f\|_p \leq M$。

反過來說,如果 $M' < M$,則依據定義集合 $A = \{x \in E \mid |f(x)| > M'\}$ 具有正測度,亦即,$|A| > 0$。因此,推得

$$\|f\|_p = \left(\int_E |f|^p\right)^{1/p} \geq \left(\int_A |f|^p\right)^{1/p} \geq M'|A|^{1/p}。$$

由於 M' 是任意小於 M 的數,因而得到 $\liminf_{p \to \infty} \|f\|_p \geq M$。所以,證得 (i)。

(ii) 首先,我們考慮 $p_2 < +\infty$ 的情形。如果 $f \in L^{p_2}$。令 $E_1 = \{x \in E \mid |f| \leq 1\}$ 與 $E_2 = \{x \in E \mid |f| > 1\}$。則

$$\int_E |f|^{p_1} = \int_{E_1} |f|^{p_1} + \int_{E_2} |f|^{p_1}$$
$$\leq \int_{E_1} 1 + \int_{E_2} |f|^{p_2} \leq |E_1| + \int_E |f|^{p_2} < +\infty。$$

所以，$L^{p_2} \subseteq L^{p_1}$。

當 $p_2 = +\infty$ 時，很自然地，我們有
$$\|f\|_{p_1} = \left(\int_E |f|^{p_1} \right)^{1/p_1} \leq \|f\|_\infty |E|^{1/p_1} < +\infty \text{。}$$
證明完畢。 □

在定理 9.1.2 的敘述裡，假設 $|E| < +\infty$ 是不能省略的。比如說，當 $E = (1, +\infty)$ 時，常數函數 $f \equiv c \neq 0$，$c \in \mathbb{R}$，是本質有限的。但是，對於任意 $0 < p < +\infty$，$f \notin L^p(E)$。同樣地，當 $E = (1, +\infty)$，$0 < p_1 < p_2 < +\infty$ 時，考慮 $f(x) = x^{-1/p_1}$。則不難看出 $f \in L^{p_2}(E)$，但是 $f \notin L^{p_1}(E)$。

例 9.1.3. 令 $E = (0, 1)$。如果 $0 < p_1 < p_2 < +\infty$，考慮函數 $f(x) = x^{-1/p_2}$。則 $f \in L^{p_1}(E)$，但是 $f \notin L^{p_2}(E)$。特別地，如果選取 $g(x) = \log(1/x)$，便可推得 $f \in L^p(0,1)$，對於所有 $0 < p < +\infty$ 都成立。但是 $f \notin L^\infty(0,1)$。

定理 9.1.4. 假設 f 在 E 上是有界的，且 $f \in L^p(E)$ ($0 < p < +\infty$)。則 $f \in L^{p_1}(E)$，對於所有 $0 < p < p_1 \leq +\infty$ 都成立。

證明： 因為 f 在 E 上是有界的，所以我們只要考慮 $p < p_1 < +\infty$ 的情形就可以了。令 $M = \sup_{x \in E} |f(x)| < +\infty$。考慮函數 $g(x) = f(x)/M$，所以 $|g(x)| \leq 1$。直接估算就可以得到
$$M^{-p_1} \|f\|_{p_1}^{p_1} = \int_E \left| \frac{f}{M} \right|^{p_1} dx \leq \int_E \left| \frac{f}{M} \right|^p dx = M^{-p} \|f\|_p^p \text{。}$$
所以，
$$\|f\|_{p_1} \leq M^{1 - \frac{p}{p_1}} \|f\|_p^{\frac{p}{p_1}} < +\infty \text{。}$$

證明完畢。 □

下面的定理說明 $L^p(E)$，$0 < p \leq +\infty$，為佈於 $\mathbb{C}$ 的向量空間。

定理 9.1.5. 假設 $f, g \in L^p(E)$，$0 < p \leq +\infty$，$c \in \mathbb{C}$。則 $f + g \in L^p(E)$ 且 $cf \in L^p(E)$。

證明： 對於 a.e. x，只要利用底下的不等式就可以了。

(i) 當 $0 < p \leq 1$ 時，$|f + g|^p \leq |f|^p + |g|^p$。
(ii) 當 $1 \leq p < +\infty$ 時，$|f + g|^p \leq 2^{p-1}(|f|^p + |g|^p)$。
(iii) 當 $p = +\infty$ 時，$|f(x) + g(x)| \leq |f(x)| + |g(x)| \leq \|f\|_\infty + \|g\|_\infty$。所以，$\|f + g\|_\infty \leq \|f\|_\infty + \|g\|_\infty$。

證明完畢。 □

§9.2 巴拿赫空間

在這一節我們要引進一個數學分析裡很重要的空間，即所謂的巴拿赫空間 (Banach space)。我們的目標就是要證明，當 $1 \leq p \leq +\infty$ 時，$L^p(E)$ 是一個巴拿赫空間。是以我們先給巴拿赫空間一個完整的定義。

巴拿赫 (Stefan Banach，1892–1945) 為一位波蘭的數學家。

假設 X 是一個佈於 $\mathbb{C}$ 的線性空間 (linear space) 或向量空間。我們說 X 是一個賦範線性空間 (normed linear space)，記為 $(X, \|\cdot\|)$，其中 $\|\cdot\|$ 為 X 上的一個非負函數，稱為範數，滿足下列條件：

(a) $\|x\| = 0$ 若且唯若 $x = 0$,

(b) $\|\alpha x\| = |\alpha|\|x\|$,對於所有 $x \in X$,$\alpha \in \mathbb{C}$ 都成立,

(c) $\|x + y\| \leq \|x\| + \|y\|$,對於所有 $x, y \in X$ 都成立。

因此在賦範線性空間 $(X, \|\cdot\|)$ 上,若我們定義 $d(x,y) = \|x - y\|$,$x, y \in X$,(X, d) 便形成一個度量空間。接著如果依據 1.3 節中的定義,(X, d) 是完備的,亦即,X 上的每一個柯西點列在此度量之下都會收斂到 X 裡的一個點,我們便說 X 是一個完備的賦範線性空間 (complete normed linear space)。巴拿赫空間指的就是一個完備的賦範線性空間。另外,類似的定義也可以敘述在佈於 $\mathbb{R}$ 的線性空間。不過在此我們將只討論佈於 $\mathbb{C}$ 的線性空間。

現在我們回到 $L^p(E)$ 空間,$1 \leq p \leq +\infty$。不難看出,對於 $f \in L^p(E)$,$\alpha \in \mathbb{C}$,我們有

(a) $\|f\|_p = 0$ 若且唯若 $f = 0$ a.e.,

(b) $\|\alpha f\|_p = |\alpha|\|f\|_p$。

因此,為了證明 $\|\cdot\|_p$ 為 $L^p(E)$ 上的一個範數,我們必須證明三角不等式 (c) 這一部分。底下的揚氏不等式 (Young's inequality) 給了我們很大的助益。

揚 (William Henry Young,1863–1942) 為一位英國的數學家。

定理 9.2.1(揚). 當 $x \geq 0$ 時,假設 $y = \phi(x)$ 為一個嚴格上升、連續之實函數,且 $\phi(0) = 0$。同時假設 $x = \psi(y)$ 為 ϕ 的反函數。則對

§9.2 巴拿赫空間

於任意 $a > 0$，$b > 0$，我們有

$$ab \leq \int_0^a \phi(x)dx + \int_0^b \psi(y)dy \text{。} \tag{9.2.1}$$

等式成立若且唯若 $b = \phi(a)$。

證明： 一個幾何的證明如圖 9-2-1 所示。

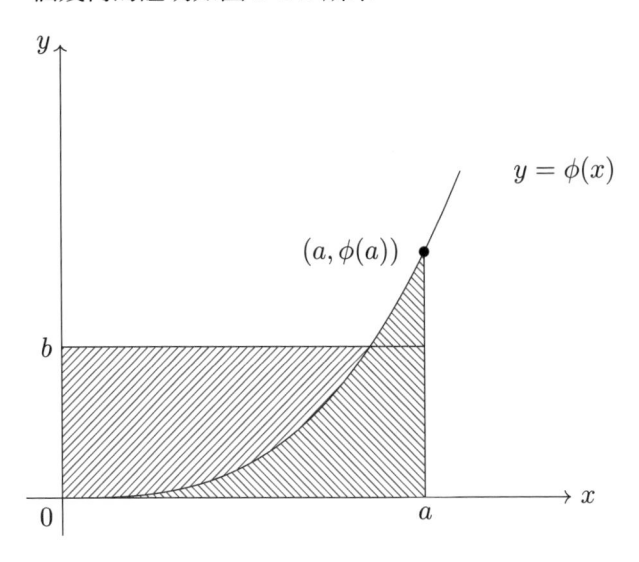

圖 9-2-1

很明顯地，等式成立若且唯若點 (a,b) 落在函數 ϕ 的圖上。證明完畢。 □

數學上二個正數 p 與 q，$1 < p, q < +\infty$，被稱為共軛指數 (conjugate exponents)，如果它們滿足 $\frac{1}{p} + \frac{1}{q} = 1$。為了方便起見，有時候我們也會稱 $p = 1$ 與 $q = +\infty$ (或 $p = +\infty$ 與 $q = 1$) 互為共軛指數。

當 $1 < p < +\infty$ 時，令 $\alpha = p - 1 > 0$。我們便可以考慮 $\phi(x) = $

x^α,$\alpha > 0$,與 $\psi(y) = y^{1/\alpha}$。很明顯地,ϕ 與 ψ 滿足定理 9.2.1的假設條件。因此,對於任意二正數 a 與 b,得到

$$ab \leq \int_0^a x^\alpha dx + \int_0^b y^{1/\alpha} dy = \frac{1}{1+\alpha}a^{1+\alpha} + \frac{\alpha}{1+\alpha}b^{\frac{1+\alpha}{\alpha}} = \frac{a^p}{p} + \frac{b^q}{q},$$

其中 $q = 1 + \frac{1}{\alpha} > 1$ 為 p 的共軛指數。底下是赫爾德不等式 (Hölder's inequality),當 $1 < p < +\infty$ 時,它有助於我們來證明 $L^p(E)$ 空間上的三角不等式。

赫爾德 (Otto Ludwig Hölder,1859–1937) 為一位德國的數學家。

定理 9.2.2(赫爾德不等式). 假設 p 與 q 為二個非負擴張實數 (non-negative extended real numbers),亦即,$1 \leq p, q \leq +\infty$,滿足 $\frac{1}{p} + \frac{1}{q} = 1$。如果 $f \in L^p(E)$,$g \in L^q(E)$,則 $fg \in L^1(E)$,且

$$\int_E |fg| \leq \|f\|_p \|g\|_q。 \qquad (9.2.2)$$

如果 $1 < p, q < +\infty$ 時,等式成立若且唯若存在不同時為零之常數 α 與 β 滿足 $\alpha|f(x)|^p = \beta|g(x)|^q$ a.e.;如果 $p = 1$,$q = +\infty$ 時,等式成立若且唯若在集合 $\{x \in E \mid |f(x)| \neq 0\}$ 上,$|g(x)| = \|g\|_\infty$ a.e.。

證明:當 $p = 1$,$q = +\infty$ 時,(9.2.2) 與等式成立的條件是明顯的。因此,我們可以假設 $1 < p, q < +\infty$。首先,我們假設 $\|f\|_p = 1$ 與 $\|g\|_q = 1$。透過揚氏不等式,直接得到

$$\int_E |fg| \leq \int \left(\frac{|f|^p}{p} + \frac{|g|^q}{q} \right) = \frac{\|f\|_p^p}{p} + \frac{\|g\|_q^q}{q}$$
$$= \frac{1}{p} + \frac{1}{q} = 1 = \|f\|_p \|g\|_q。$$

§9.2 巴拿赫空間

至於一般的情形,我們可以假設 $0 < \|f\|_p < +\infty$,$0 < \|g\|_q < +\infty$,否則 (9.2.2) 是明顯的。接著令 $f_1 = f/\|f\|_p$ 與 $g_1 = g/\|g\|_q$,得到 $\|f_1\|_p = 1$ 與 $\|g_1\|_q = 1$。所以,經由上述的論證,便得到 $\int_E |f_1 g_1| \leq 1$,亦即,$\int_E |fg| \leq \|f\|_p \|g\|_q$。

至於等式成立的部分,如果 $\|f\|_p = 0$ 或 $\|g\|_q = 0$,這是明顯的。如果 $0 < \|f\|_p < +\infty$,$0 < \|g\|_q < +\infty$,還是經由揚氏不等式知道,對於 a.e. x,$|g(x)|/\|g\|_q = (|f(x)|/\|f\|_p)^{p-1} = (|f(x)|/\|f\|_p)^{p/q}$ 必須成立。也就是說,$\|f\|_p^p |g(x)|^q = \|g\|_q^q |f(x)|^p$ a.e.。證明完畢。
□

當 $p = q = 2$ 時,赫爾德不等式就是柯西-施瓦茨不等式。

推論 9.2.3. 假設 $f, g \in L^2(E)$。則

$$\int_E |fg| \leq \|f\|_2 \|g\|_2 \text{。}$$

利用赫爾德不等式,我們就可以證明 $L^p(E)$ 空間上的三角不等式,亦即,所謂的閔考斯基不等式 (Minkowski's inequality)。

閔考斯基 (Hermann Minkowski,1864–1909) 為一位德國的數學家。

定理 9.2.4 (閔考斯基不等式). 假設 $f, g \in L^p(E)$,$1 \leq p \leq +\infty$。則 $f + g \in L^p(E)$,且

$$\|f + g\|_p \leq \|f\|_p + \|g\|_q \text{。} \tag{9.2.3}$$

證明: 利用定理 9.1.5,我們只要證明,當 $1 < p < +\infty$ 時,(9.2.3) 成立就可以了。如果 $\|f + g\|_p = 0$,則 (9.2.3) 成立是明顯的;如果

$\|f+g\|_p = +\infty$,同樣經由定理 9.1.5,得到 $\|f\|_p = +\infty$ 或 $\|g\|_p = +\infty$,因此 (9.2.3) 也是成立的。

所以,我們可以假設 $0 < \|f+g\|_p < +\infty$。令 $1 < q < +\infty$ 為 p 的共軛指數,得到 $q(p-1) = p$。經由赫爾德不等式,我們便有

$$\|f+g\|_p^p = \int_E |f+g|^p = \int_E |f+g|^{p-1}|f+g|$$
$$\leq \int_E |f+g|^{p-1}|f| + \int_E |f+g|^{p-1}|g|$$
$$\leq \|f+g\|_p^{p-1}\|f\|_p + \|f+g\|_p^{p-1}\|g\|_p 。$$

這個時候二邊分別除以 $\|f+g\|_p^{p-1}$,就可以得到 (9.2.3)。證明完畢。
□

當 $0 < p < 1$ 時,閔考斯基不等式是不成立的,如下例所示。

例 9.2.5. 考慮 $L^p([0,1])$,$0 < p < 1$。令 $f = \chi_{(0,1/2)}$,$g = \chi_{(1/2,1)}$。直接計算就可以得到

$$\|f\|_p + \|g\|_p = 2^{-\frac{1}{p}} + 2^{-\frac{1}{p}} = 2^{1-\frac{1}{p}} < 1 = \|f+g\|_p 。$$

定理 9.2.6. 當 $1 \leq p \leq +\infty$ 時,$L^p(E)$ 為一個巴拿赫空間,$\|\cdot\|_p$ 則為其上的範數。

證明: 首先,在 $L^p(E)$ 上當二個函數 f 與 g 滿足 $f = g$ a.e. 時,我們將把它們視為同一個函數。因此,經由前面的討論得到 $(L^p(E), \|\cdot\|_p)$,$1 \leq p \leq +\infty$,為一個賦範空間。

是以我們只要驗證 $L^p(E)$ 在此範數所定義的度量之下的完備性就可以了。因此,假設 $\{f_k\}_{k=1}^{\infty}$ 為 $L^p(E)$ 上的一個柯西序列函數。如果 $p = +\infty$,對於任意 $k, m \in \mathbb{N}$,存在一個零測度集合 $Z_{k,m}$ 使

§9.2 巴拿赫空間

得 $|f_k(x) - f_m(x)| \leq \|f_k - f_m\|_\infty$，對於 $x \notin Z_{k,m}$ 都成立。令 $Z = \bigcup_{k,m=1}^\infty Z_{k,m}$，得到 $|Z| = 0$。所以，當 $x \notin Z$ 時，$|f_k(x) - f_m(x)| \leq \|f_k - f_m\|_\infty$ 都成立。這表示在 $E - Z$ 上，$\{f_k\}$ 會均勻收斂到一個有界的函數 f，且 $\|f_k - f\|_\infty \to 0$。

如果 $1 \leq p < +\infty$，當給定一個正數 η 時，利用柴比雪夫不等式 (7.3.8) 可以得到

$$|\{x \in E \mid |f_k(x) - f_m(x)| > \eta\}|\eta^p \leq \int_E |f_k - f_m|^p \text{。}$$

由於 $\{f_k\}$ 為 $L^p(E)$ 上的柯西序列函數，經由定理 6.3.5 知道 $\{f_k\}$ 測度收斂到一個函數 f。再依據定理 6.3.4，存在一個子序列函數 $\{f_{k_j}\}$ 逐點收斂到 f a.e.。因此，對於任意給定之正數 ϵ，存在一個 $K(\epsilon) \in \mathbb{N}$，使得

$$\left(\int_E |f_{k_j} - f_k|^p\right)^{1/p} = \|f_{k_j} - f_k\|_p < \epsilon \text{，}$$

當 $k_j, k > K(\epsilon)$ 時都成立。再利用法圖引理 (定理 7.2.15)，推得

$$\left(\int_E |f - f_k|^p\right)^{1/p} = \left(\int_E \liminf_{k_j \to \infty} |f_{k_j} - f_k|^p\right)^{1/p}$$
$$\leq \liminf_{k_j \to \infty} \left(\int_E |f_{k_j} - f_k|^p\right)^{1/p} \leq \epsilon \text{，}$$

當 $k > K(\epsilon)$ 時都成立。這表示 $\lim_{k \to \infty} \|f - f_k\|_p = 0$。最後，選取一個夠大的 k 便可以得到 $\|f\|_p \leq \|f - f_k\|_p + \|f_k\|_p \leq 1 + \|f_k\|_p < +\infty$。所以，$f \in L^p(E)$。證明完畢。 □

當 $p = 2$ 時，$L^2(E)$ 的範數 $\|\cdot\|_2$ 來自於一個內積定義如下：

$$(f, g) = \int_E f\overline{g}, \quad f, g \in L^2(E) \text{。}$$

所以，$L^2(E)$ 除了是一個巴拿赫空間，也是一個希爾伯特空間 (Hilbert space)。由於希爾伯特空間在數學上有更清楚的結構，也因此

我們可以得到更多、更好的結果。有興趣的讀者可以自行參閱這一方面的文獻。

希爾伯特 (David Hilbert，1862–1943) 為一位德國數學家。

到此為止，我們對巴拿赫空間 $L^p(E)$ $(1 \leq p \leq +\infty)$ 應該已有相當的認識。同時我們也知道，當 $0 < p < 1$ 時，閔考斯基不等式是不成立的。因此，$L^p(E)$ $(0 < p < 1)$ 是無法形成一個巴拿赫空間。不過在 $L^p(E)$ $(0 < p < 1)$ 上，如果我們把距離函數 (distance function) 定義為

$$d(f,g) = \|f-g\|_p^p = \int_E |f-g|^p， \tag{9.2.4}$$

則我們有下面的定理。

定理 9.2.7. 如果 $0 < p < 1$，則 $(L^p(E), \|\cdot\|_p^p)$ 是一個完備的度量空間。

證明： 為了證明一個度量所需之三角不等式，我們還是利用在定理 9.1.5 之證明中所提到的不等式：當 $0 < p < 1$ 時，$|a+b|^p \leq |a|^p + |b|^p$，對於任意 $a \geq 0$ 與 $b \geq 0$ 都成立。因此，得到

$$\|f+g\|_p^p = \int_E |f+g|^p \leq \int_E |f|^p + \int_E |g|^p = \|f\|_p^p + \|g\|_p^p。$$

所以，$\|\cdot\|_p^p$ 形成 $L^p(E)$ 上的一個度量。至於 $L^p(E)$ 空間在此度量 $\|\cdot\|_p^p$ 的完備性，只要重複定理 9.2.6 的證明就可以了。證明完畢。 □

我們說一個空間是可分離的 (separable)，如果在此空間裡存在一個可數的稠密子集合。比如說，$\mathbb{R}$ 是可分離的，因為在 $\mathbb{R}$ 裡有一個可數的稠密子集合 $\mathbb{Q}$。

定理 9.2.8. 如果 $0 < p < +\infty$，則 $L^p(E)$ 是可分離的。

證明： 首先，令 $E = \mathbb{R}^n$。同時也令 Σ 為所有中心點的座標為有理數，以及邊長為 2^m, $m \in \mathbb{Z}$, 之二元立方體 (dyadic cubes) 所形成的類。定義函數集合

$$F = \left\{ \sum_{k=1}^{N} c_k \chi_{E_k} \mid c_k = a_k + ib_k \text{，} a_k, b_k \in \mathbb{Q} \text{，} E_k \in \Sigma \text{，} N \in \mathbb{N} \right\}.$$

則 F 是可數的。我們說 F 是 $L^p(\mathbb{R}^n)$ 的一個稠密子集合。這樣的結論是可以經由逐步逼近的觀察來得到。比如說，先假設 $f \in L^p(\mathbb{R}^n)$ 是一個非負可測之函數。接著再以簡單函數 $s = \sum_{j=1}^{N_1} c'_j \chi_{E_j}$，$c'_j > 0$，$|E_j| < +\infty$ $(1 \le j \le N_1)$，來逼近。很明顯地，c'_j 可以用有理數來逼近。至於可測集合 E_j 可以先用開集合來逼近。再把開集合寫成可數個非重疊之二元立方體的聯集。因此，簡單函數 s 就可以用 F 裡面的函數來逼近。至於一般的函數 $f \in L^p(\mathbb{R}^n)$，$f = f_1 + if_2$，我們只要分別去逼近 f_1^+、f_1^-、f_2^+ 與 f_2^- 就可以了。

對於一般的可測集合 E，令 $F|_E = \{g|_E \mid g \in F\}$。如果 $f \in L^p(E)$，定義延伸函數 $f_e = f$，當 $x \in E$；$f_e = 0$，當 $x \notin E$。則 $f_e \in L^p(\mathbb{R}^n)$。因此，對於任意給定之正數 ϵ，存在一個 $g \in F$ 滿足 $\int_{\mathbb{R}^n} |f_e - g|^p < \epsilon$。所以，也得到 $\int_E |f - (g|_E)|^p < \epsilon$。這說明了 $F|_E$ 在 $L^p(E)$ 裡是稠密的。證明完畢。 □

然而當 $p = +\infty$ 時，則 $L^p(E)$ 是不可分離的如下例所示。

例 9.2.9. 考慮 $L^\infty(0,1)$。如果 $0 < t < 1$，則函數 $g_t = \chi_{(0,t)} \in L^\infty(0,1)$。由於這些 g_t 形成的子集合是不可數的，再加上 $\|g_t - g_{t'}\|_\infty = 1$，如果 $t \neq t'$，導致於任意稠密子集合都必須是不可數的。所以，$L^\infty(0,1)$ 是不可分離的。

定理 9.2.10. 假設 $1 \leq p < +\infty$。如果 $f \in L^p(\mathbb{R}^n)$，則

$$\lim_{|h| \to 0} \|f(x+h) - f(x)\|_p = 0。 \tag{9.2.5}$$

證明： 首先，假設 $f = \chi_E$，其中 E 是一個立方體。則 (9.2.5) 成立是明顯的。其次，如果 $f = \sum_{k=1}^{m} c_k f_k$，其中 $c_k \in \mathbb{C}$，$f_k \in L^p(\mathbb{R}^n)$ ($1 \leq k \leq m$) 且滿足 (9.2.5)。則 f 也滿足 (9.2.5)。主要是利用閔考斯基不等式直接估算如下：

$$\lim_{|h| \to 0} \|f(x+h) - f(x)\|_p \leq \lim_{|h| \to 0} \sum_{k=1}^{m} |c_k| \|f_k(x+h) - f_k(x)\|_p = 0。$$

另外，如果 $f, f_k \in L^p(\mathbb{R}^n)$，$f_k$ 滿足 (9.2.5) ($k \in \mathbb{N}$)，且 $\|f_k - f\|_p \to 0$，當 $k \to +\infty$，則 f 也滿足 (9.2.5)。這也是利用閔考斯基不等式直接估算得到。也就是說，對於任意給定之正數 ϵ，選取一個 k_0 使得 $\|f_{k_0} - f\|_p < \epsilon/3$，以及一個正數 δ 使得，當 $|h| < \delta$ 時，$\|f_{k_0}(x+h) - f_{k_0}(x)\|_p < \epsilon/3$，便可推得

$$\|f(x+h) - f(x)\|_p$$
$$\leq \|f(x+h) - f_{k_0}(x+h)\|_p + \|f_{k_0}(x+h) - f_{k_0}(x)\|_p$$
$$+ \|f_{k_0}(x) - f(x)\|_p$$
$$< \frac{\epsilon}{3} + \frac{\epsilon}{3} + \frac{\epsilon}{3} = \epsilon。$$

最後再由定理 9.2.8 的證明知道，當 $1 \leq p < +\infty$ 且 $f \in L^p(\mathbb{R}^n)$ 時，在 $L^p(\mathbb{R}^n)$ 空間內，我們可以利用二元立方體之特徵函數的有限線性組合來逼近函數 f。所以，f 便具有 (9.2.5) 的性質。證明完畢。 □

定理 9.2.10，在 $p = +\infty$ 時，也是不成立的。例 9.2.9 就是一個典型的例子。

相較於 $L^p(E)$ 空間，我們也可以定義離散的 l^p 空間。如果 $a =$

§9.2 巴拿赫空間

$\{a_k\}_{k=1}^{\infty}$ 為一序列之複數，簡記為 $a = \{a_k\}$，令

$$\|a\|_p = \left(\sum_{k=1}^{\infty} |a_k|^p\right)^{1/p}, \quad 0 < p < +\infty ;$$

$$\|a\|_{\infty} = \sup_k \{|a_k|\} 。$$

接著定義 l^p ($0 < p \leq +\infty$) 空間如下：

$$l^p = \{a = \{a_k\} \mid \|a\|_p < +\infty\}, \quad 0 < p < +\infty ;$$
$$l^{\infty} = \{a = \{a_k\} \mid \|a\|_{\infty} < +\infty\} 。$$

定理 9.2.11. 如果 $0 < p_1 < p_2 \leq +\infty$，則 $l^{p_1} \subsetneq l^{p_2}$。

證明： 如果 $p_2 = +\infty$，則結論是明顯地。我們可以取 $a = \{a_k\}$，其中 $a_1 = 1$，$a_k = (\log k)^{-1}$，當 $k \geq 2$。則 $a \in l^{\infty}$，但是 $a \notin l^p$，任意 $0 < p < +\infty$。因為當 k 足夠大時，$(\log k)^{-p} > k^{-1}$。

如果 $p_2 < +\infty$，且 $a \in l^{p_1}$，得到 $\sum_{k=1}^{\infty} |a_k|^{p_1} < +\infty$。因此，存在一個 $k_0 \in \mathbb{N}$ 使得，當 $k \geq k_0$ 時，$|a_k| \leq 1$。又因為 $p_1 < p_2$，得到

$$\|a\|_{p_2}^{p_2} = \sum_{k=1}^{k_0-1} |a_k|^{p_2} + \sum_{k=k_0}^{\infty} |a_k|^{p_2} \leq \sum_{k=1}^{k_0-1} |a_k|^{p_2} + \sum_{k=k_0}^{\infty} |a_k|^{p_1} < +\infty 。$$

所以，$l^{p_1} \subseteq l^{p_2}$。為了證明等號不會成立，這個時候我們可以取 $a = \{a_k\}$，其中 $a_1 = 1$，$a_k = (k\log^2 k)^{-1/p_2}$，當 $k \geq 2$。則 $a \in l^{p_2}$，但是 $a \notin l^{p_1}$，任意 $0 < p_1 < p_2$。證明完畢。 □

定理 9.2.12. 如果 $a \in l^p$，某一個 $p < +\infty$，則 $\lim_{p \to \infty} \|a\|_p = \|a\|_{\infty}$。

證明： 假設 $a \in l^{p_0}$，所以 $\lim_{k \to \infty} |a_k| = 0$。因此，存在一個指

標 k_0 使得 $|a_{k_0}| \geq |a_k|$，對於所有 $k \in \mathbb{N}$ 都成立。由於 $\|a\|_{p_0}^{p_0} = |a_{k_0}|^{p_0} \sum_{k=1}^{\infty} |a_k/a_{k_0}|^{p_0} < +\infty$，得到 $\sum_{k=1}^{\infty} |a_k/a_{k_0}|^{p_0} < +\infty$。因此，當 $p > p_0$ 時，

$$\sum_{k=1}^{\infty} |a_k/a_{k_0}|^p \leq \sum_{k=1}^{\infty} |a_k/a_{k_0}|^{p_0} = M < +\infty,$$

也就是說，我們有

$$|a_{k_0}|^p \leq \|a\|_p^p = \sum_{k=1}^{\infty} |a_k|^p \leq M|a_{k_0}|^p \,.$$

由此便可以推得 $\lim_{p \to \infty} \|a\|_p = |a_{k_0}| = \|a\|_\infty$。證明完畢。 □

對於任意二個複數之序列 $a = \{a_k\}$ 與 $b = \{b_k\}$，定義它們的乘積與加法如下：

$$ab = \{a_k b_k\} \quad , \quad a + b = \{a_k + b_k\} \,.$$

我們也會有類似的定理如下，其證明可以由讀者自行補上。

定理 9.2.13（赫爾德不等式）. 假設 $a = \{a_k\}$ 與 $b = \{b_k\}$ 為二個複數之序列滿足 $a \in l^p$，$b \in l^q$，$1 \leq p, q \leq +\infty$，且 $\frac{1}{p} + \frac{1}{q} = 1$。則 $\|ab\|_1 \leq \|a\|_p \|b\|_q$。

定理 9.2.14（閔考斯基不等式）. 假設 $a = \{a_k\}$ 與 $b = \{b_k\}$ 為二個複數之序列滿足 $a, b \in l^p$，$1 \leq p \leq +\infty$。則 $a + b \in l^p$，且 $\|a + b\|_p \leq \|a\|_p + \|b\|_p$。

同樣地，當 $0 < p < 1$ 時，閔考斯基不等式是不成立的。比如說，選取 $a = \{a_k\}$，$a_1 = 1$ 其餘 $a_k = 0$ 與 $b = \{b_k\}$，$b_2 = 1$ 其餘

§9.2 巴拿赫空間

$b_k = 0$。則

$$\|a+b\|_p = 2^{1/p} > 1 + 1 = \|a\|_p + \|b\|_p。$$

但是，不難看出當 $0 < p < 1$ 時，l^p 仍然是一個佈於 $\mathbb{C}$ 的向量空間。

所以，我們也有下面類似的定理。

定理 9.2.15. (i) 如果 $1 \leq p \leq +\infty$，則 l^p 是一個巴拿赫空間，對於 $a \in l^p$，其範數為 $\|a\|_p$。當 $1 \leq p < +\infty$ 時，l^p 是可分離的。l^∞ 則是不可分離的。

(ii) 如果 $0 < p < 1$，則在度量 $d(a,b) = \|a-b\|_p^p$ 之下，l^p 是一個可分離的、完備的度量空間。

證明：(i) 當 $1 \leq p \leq +\infty$ 時，我們只要證明 l^p 是完備的，就可以知道 l^p 是一個巴拿赫空間。所以，先考慮 $1 \leq p < +\infty$。假設 $\{a^{(k)}\}_{k=1}^\infty$，$a^{(k)} = \{a_j^{(k)}\}_{j=1}^\infty \in l^p$，為 l^p 上的一個柯西序列滿足

$$\|a^{(m)} - a^{(n)}\|_p \to 0，\quad \text{當 } m, n \to +\infty。$$

因為對於每一個 j，$|a_j^{(m)} - a_j^{(n)}| \leq \|a^{(m)} - a^{(n)}\|_p$，所以 $\{a_j^{(k)}\}_{k=1}^\infty$ 形成 $\mathbb{C}$ 上的一個柯西點列，並且得到 $a_j = \lim_{k \to \infty} a_j^{(k)}$。

我們說 $a = \{a_j\}_{j=1}^\infty \in l^p$，且滿足 $\|a - a^{(k)}\|_p \to 0$，當 $k \to +\infty$。所以，對於任意給定之正數 ϵ，選取一個正整數 N 使得

$$\left(\sum_{j=1}^\infty |a_j^{(m)} - a_j^{(n)}|^p\right)^{1/p} = \|a^{(m)} - a^{(n)}\|_p \leq \epsilon，\quad \text{如果 } m, n \geq N。$$

這說明了對於任意之正整數 M，當 $n \geq N$ 時，我們有

$$\left(\sum_{j=1}^M |a_j - a_j^{(n)}|^p\right)^{1/p} = \lim_{m \to \infty} \left(\sum_{j=1}^M |a_j^{(m)} - a_j^{(n)}|^p\right)^{1/p} \leq \epsilon。$$

也就是說，當 $n \geq N$ 時，我們可以推得 $\|a - a^{(n)}\|_p \leq \epsilon$。所以，$\lim_{k \to \infty} \|a - a^{(k)}\|_p = 0$。至於 $a \in l^p$ 的事實，我們只要選取一個夠大的指標 k，再利用閔考斯基不等式 $\|a\|_p \leq \|a - a^{(k)}\|_p + \|a^{(k)}\|_p$ 就可以了。

類似地，我們也可以證明 l^∞ 是一個巴拿赫空間，與 (ii) 當 $0 < p < 1$ 時，在度量 $d(a, b) = \|a - b\|_p^p$ 之下，l^p 是一個完備的度量空間。

至於，當 $0 < p < +\infty$ 時，l^p 空間的可分離性，我們證明如下。首先，對於任意 $m \in \mathbb{N}$，令 $A_m = \{c = \{c_k\}_{k=1}^\infty\}$，其中

$$c_k = \begin{cases} a_k + ib_k \text{，} a_k, b_k \in \mathbb{Q} \text{，如果 } 1 \leq k \leq m \text{，} \\ 0 \text{，如果 } k > m \text{。} \end{cases}$$

然後令 $A = \bigcup_{m=1}^\infty A_m$。所以，$A$ 是可數的。現在如果 $d = \{d_k\}_{k=1}^\infty \in l^p$ $(0 < p < +\infty)$，則 $\sum_{k=1}^\infty |d_k|^p < +\infty$。因此，對於任意給定之正數 ϵ，選取一個正整數 m 使得 $\sum_{k=m+1}^\infty |d_k|^p < \epsilon/2$。這個時候不難看出我們可以選取一個 $c \in A_m$ 使得

$$\|c - d\|_p^p = \sum_{k=1}^m |c_k - d_k|^p + \sum_{k=m+1}^\infty |d_k|^p < \frac{\epsilon}{2} + \frac{\epsilon}{2} = \epsilon \text{。}$$

這說明了 A 是 l^p 空間裡的一個可數且稠密的子集合。所以，l^p 空間 $(0 < p < +\infty)$ 是可分離的。

當 $p = +\infty$ 時，令 $B = \{a = \{a_k\}_{k=1}^\infty \mid a_k = 0 \text{ 或 } 1\text{，} k \in \mathbb{N}\}$。則 B 是不可數的。又因為 $\|a - b\|_\infty = 1$，對於任意二個 $a, b \in B$，$a \neq b$，都成立，因此在 l^∞ 裡是不存在任何可數且稠密的子集合。所以，l^∞ 是不可分離的。證明完畢。 □

§9.3　對偶空間

對於賦範空間的基本結構有了初步的瞭解之後，在這裡我們要先討論一下它們之間的線性轉換 (linear transformation)。這對於後續的發展與瞭解將會有很大的助益。

定義 9.3.1. 假設 $(X, \|\cdot\|_X)$ 與 $(Y, \|\cdot\|_Y)$ 為二個賦範空間，$T: X \to Y$ 為一個線性轉換。定義 T 的範數如下：

$$\|T\| = \sup \{\|Tx\|_Y \mid x \in X, \|x\|_X \leq 1\}。$$

如果 $\|T\| < +\infty$，我們便稱 T 是一個有界的線性轉換。

首先，注意到在定義 $\|T\|$ 時，我們可以把 x 限制在單位向量 $\|x\|_X = 1$ 上，而不會改變 $\|T\|$ 的值。接著，考慮所有滿足下列不等式之常數 C，

$$\|Tx\|_Y \leq C\|x\|_X， \tag{9.3.1}$$

對於所有 $x \in X$ 都成立。則 $\|T\|$ 是這些常數 C 中最小的數。另外，當我們對所處理的空間沒有疑慮時，我們會省略掉此空間的下標，也就是說，以 $\|x\|$ 代替 $\|x\|_X$，以 $\|Tx\|$ 代替 $\|Tx\|_Y$。

關於有界線性轉換，底下是一個有用的觀察。

定理 9.3.2. 假設 $(X, \|\cdot\|_X)$ 與 $(Y, \|\cdot\|_Y)$ 為二個賦範空間，$T: X \to Y$ 為一個線性轉換。則下列三個敘述是彼此等價的。

(i) T 是有界的。
(ii) T 是連續的。
(iii) T 在 X 上的一個點連續。

證明： 由於 T 是線性的，所以 (i)$\Rightarrow$(ii) 是明顯的。因為 $\|Tx - Ty\| = \|T(x-y)\| \leq \|T\|\|x-y\|$。(ii)$\Rightarrow$(iii) 也是明顯的。

現在假設 (iii) 成立，亦即，T 在 X 上的一個點 x_0 連續。依據函數連續的定義，給定任意正數 ϵ，存在一個正數 $\delta > 0$ 滿足 $\|Tx - Tx_0\| < \epsilon$，當 $\|x - x_0\| < \delta$ 時都成立。也就是說，當 $\|x\| < \delta$ 時，我們有
$$\|Tx\| = \|T(x+x_0) - Tx_0\| < \epsilon。$$
由此不難推得 $\|T\| \leq \epsilon/\delta$。所以，(iii)$\Rightarrow$(i)。證明完畢。 □

底下是一個關於 $L^p(E)$ ($1 \leq p \leq +\infty$) 空間之間有界線性轉換非常實用的結果。

定理 9.3.3. 假設 $K(x,y)$ 為 $\mathbb{R}^n \times \mathbb{R}^n$ 上的可測函數，並且存在一個正數 $C > 0$ 滿足
$$\int_{\mathbb{R}^n} |K(x,y)| dx \leq C, \quad \text{對於 a.e. } y \in \mathbb{R}^n \text{ 都成立}$$
與
$$\int_{\mathbb{R}^n} |K(x,y)| dy \leq C, \quad \text{對於 a.e. } x \in \mathbb{R}^n \text{ 都成立}。$$
令 $1 \leq p \leq +\infty$。如果 $f \in L^p(dy)$，則對於 a.e. $x \in \mathbb{R}^n$，積分
$$Tf(x) = \int_{\mathbb{R}^n} K(x,y)f(y) dy$$
都會絕對收斂，且函數 $Tf(x) \in L^p(dx)$，並滿足
$$\|Tf\|_p \leq C\|f\|_p。$$

證明： 首先，由托內利定理知道，$Tf(x)$ 是一個可測函數。我們直接估算它的積分。

§9.3 對偶空間

當 $p = 1$ 時，利用托內利定理，便可以得到

$$\|Tf\|_1 = \int_{\mathbb{R}^n} |Tf(x)|dx \leq \int_{\mathbb{R}^n} \left(\int_{\mathbb{R}^n} |K(x,y)||f(y)|dy \right) dx$$
$$= \int_{\mathbb{R}^n} |f(y)| \left(\int_{\mathbb{R}^n} |K(x,y)|dx \right) dy$$
$$\leq C \int_{\mathbb{R}^n} |f(y)|dy = C\|f\|_1 \circ$$

當 $p = +\infty$ 時，對於 a.e. $x \in \mathbb{R}^n$，直接估算得到

$$|Tf(x)| \leq \int_{\mathbb{R}^n} |K(x,y)||f(y)|dy \leq \|f\|_\infty \int_{\mathbb{R}^n} |K(x,y)|dy \leq C\|f\|_\infty \circ$$

因此，我們有 $\|Tf\|_\infty \leq C\|f\|_\infty$。

當 $1 < p < +\infty$ 時，令 q 為 p 的共軛指數滿足 $\frac{1}{p} + \frac{1}{q} = 1$。利用赫爾德不等式，對於 a.e. $x \in \mathbb{R}^n$，我們估算

$$|Tf(x)|^p \leq \left(\int_{\mathbb{R}^n} |K(x,y)||f(y)|dy \right)^p = \left(\int_{\mathbb{R}^n} |K(x,y)|^{\frac{1}{q}+\frac{1}{p}} |f(y)|dy \right)^p$$
$$\leq \left(\int_{\mathbb{R}^n} |K(x,y)|dy \right)^{p/q} \int_{\mathbb{R}^n} |K(x,y)||f(y)|^p dy$$
$$\leq C^{p/q} \int_{\mathbb{R}^n} |K(x,y)||f(y)|^p dy \circ$$

因此，再利用托內利定理，便可以得到

$$\|Tf\|_p^p = \int_{\mathbb{R}^n} |Tf(x)|^p dx \leq C^{p/q} \int_{\mathbb{R}^n} \left(\int_{\mathbb{R}^n} |K(x,y)||f(y)|^p dy \right) dx$$
$$= C^{p/q} \int_{\mathbb{R}^n} |f(y)|^p \left(\int_{\mathbb{R}^n} |K(x,y)|dx \right) dy$$
$$\leq C^{\frac{p}{q}+1} \int_{\mathbb{R}^n} |f(y)|^p dy = C^{\frac{p}{q}+1} \|f\|_p^p \circ$$

接著再對上式二邊各取 p 次方，就得到 $\|Tf\|_p \leq C\|f\|_p$。

最後，對於 a.e. $x \in \mathbb{R}^n$，$Tf(x)$ 會絕對收斂的事實便可以由上述的估算看出。證明完畢。 □

例 9.3.4. 考慮定義在 $(0, +\infty) \times (0, +\infty)$ 的函數 $K(x, y) = (1 + x^2 + y^2)^{-1}$。因為

$$\int_0^\infty \frac{dx}{1 + x^2 + y^2} \leq \frac{\pi}{2} \quad , \quad \int_0^\infty \frac{dy}{1 + x^2 + y^2} \leq \frac{\pi}{2},$$

所以，依據定理 9.3.3，線性映射

$$Tf(x) = \int_0^\infty \frac{f(y)}{1 + x^2 + y^2} dy,$$

對於 $f \in L^p(0, +\infty)$ $(1 \leq p \leq +\infty)$，定義了一個有界線性轉換 $T : L^p(0, +\infty) \to L^p(0, +\infty)$ 滿足 $\|Tf\|_p \leq \frac{\pi}{2} \|f\|_p$。

定理 9.3.5. 假設 $1 \leq p \leq +\infty$，如果 $f \in L^p(\mathbb{R}^n)$，$g \in L^1(\mathbb{R}^n)$。則 $f * g \in L^p(\mathbb{R}^n)$ 且滿足

$$\|f * g\|_p \leq \|g\|_1 \|f\|_p。$$

證明：依據捲積 $f * g$ 的定義，我們有

$$(f * g)(x) = \int_{\mathbb{R}^n} f(t) g(x - t) dt。$$

由於

$$\int_{\mathbb{R}^n} |g(x - t)| dx = \|g\|_1, \text{ 對於每一個 } t \in \mathbb{R}^n \text{ 都成立，}$$

與

$$\int_{\mathbb{R}^n} |g(x - t)| dt = \|g\|_1, \text{ 對於每一個 } x \in \mathbb{R}^n \text{ 都成立，}$$

利用定理 9.3.3，便得到所要的不等式。證明完畢。 □

§9.3 對偶空間

現在我們考慮從一個賦範空間 $(X, \|\cdot\|_X)$ 到巴拿赫空間 $(\mathbb{C}, |\cdot|)$ 的連續線性轉換，亦即，連續線性泛函 (continuous linear functional)。這些連續線性泛函所形成的一個收集 X^* 就是 X 的對偶空間 (dual space)。數學上泛函分析 (functional analysis) 主要就是在討論賦範空間 X 與對偶空間 X^* 之間的連結。在這裡我們直接給出下面基本且重要的定理。

定理 9.3.6. 假設 $(X, \|\cdot\|_X)$ 為一個賦範空間，X^* 為其對偶空間，$\|\cdot\|$ 為連續線性泛函的範數。則 $(X^*, \|\cdot\|)$ 形成一個巴拿赫空間。

證明： 首先，很明顯地 X^* 是一個佈於 $\mathbb{C}$ 的向量空間。當 $\Lambda_1, \Lambda_2 \in X^*$，$\alpha \in \mathbb{C}$，底下三個條件成立也是明顯的：

(a) $\|\Lambda_1\| = 0$ 若且唯若 $\Lambda_1 = 0$，

(b) $\|\alpha \Lambda_1\| = |\alpha| \|\Lambda_1\|$，

(c) $\|\Lambda_1 + \Lambda_2\| \leq \|\Lambda_1\| + \|\Lambda_2\|$。

所以，$(X^*, \|\cdot\|)$ 是一個賦範空間。最後，我們要證明的是其完備性。

假設 $\{\Lambda_k\}_{k=1}^{\infty}$ 為 X^* 上的一個柯西序列，亦即，給定任意正數 ϵ，存在一個 $k_0 \in \mathbb{N}$，使得 $\|\Lambda_j - \Lambda_k\| < \epsilon$，當 $j, k \geq k_0$。因此，當 $k \geq k_0$ 時，

$$\|\Lambda_k\| \leq \|\Lambda_k - \Lambda_{k_0}\| + \|\Lambda_{k_0}\| < \epsilon + \|\Lambda_{k_0}\|。$$

這說明了 $\{\|\Lambda_k\|\}_{k=1}^{\infty}$ 是有界的，亦即，存在一個 $M > 0$ 使得 $\|\Lambda_k\| \leq M$，對所有 k 都成立。現在對於任意點 $x \in X$，由

$$|\Lambda_j(x) - \Lambda_k(x)| \leq \|\Lambda_j - \Lambda_k\| \|x\|_X，$$

推得 $\{\Lambda_k(x)\}_{k=1}^{\infty}$ 為 $\mathbb{C}$ 上的一個柯西點列。也就是說，$\lim_{k\to\infty}\Lambda_k(x)$ $= \Lambda(x)$，此等式定義了映射 Λ。不難看出，當 $x,y \in X$，$\alpha, \beta \in \mathbb{C}$，我們有

$$\Lambda(\alpha x + \beta y) = \lim_{k\to\infty} \Lambda_k(\alpha x + \beta y) = \lim_{k\to\infty}(\alpha \Lambda_k(x) + \beta \Lambda_k(y))$$
$$= \alpha \Lambda(x) + \beta \Lambda(y) \text{。}$$

所以，Λ 是線性的。再加上

$$|\Lambda(x)| = \lim_{k\to\infty}|\Lambda_k(x)| \leq \lim_{k\to\infty}\|\Lambda_k\|\|x\|_X \leq M\|x\|_X \text{，}$$

得到 Λ 是 X 上的一個連續線性泛函，亦即，$\Lambda \in X^*$。最後，當 $x \in X$ 滿足 $\|x\|_X \leq 1$ 時，如果 $j, k \geq k_0$ 便可推得

$$|\Lambda(x) - \Lambda_k(x)| = \lim_{j\to\infty}|\Lambda_j(x) - \Lambda_k(x)| \leq \lim_{j\to\infty}\|\Lambda_j - \Lambda_k\|\|x\|_X \leq \epsilon \text{。}$$

這說明了，當 $k \geq k_0$ 時，$\|\Lambda - \Lambda_k\| \leq \epsilon$。所以，$\lim_{k\to\infty}\|\Lambda_k - \Lambda\| = 0$。證明完畢。 $\square$

接下來，我們回到 $L^p(E)$ 空間，$1 \leq p \leq +\infty$。$L^p(E)$ 是一個巴拿赫空間，因此由定理 9.3.6 知道，$(L^p(E))^*$ 也是一個巴拿赫空間。赫爾德不等式 (定理 9.2.2) 告訴我們，如果 q 是 p 的共軛指數，則任意 $g \in L^q(E)$ 都會誘導出一個 $L^p(E)$ 上唯一的一個連續線性泛函 $\Lambda_g(f) = \int_E fg$，$f \in L^p(E)$，且 $\|\Lambda_g\| \leq \|g\|_q$。

在這裡主要的一個目標就是希望能釐清這些關係。同時為了方便起見，我們只考慮實函數的 $L^p(E)$ 空間，$1 \leq p \leq +\infty$。因此，連續線性泛函也是實數的。由於討論上的需要，我們在此先引進集合函數 (set function) 的概念。

定義 9.3.7. 假設 Σ 為 $\mathbb{R}^n$ 上由可測集合所形成的 σ-代數。我們說一個實函數 $\phi(E)$，$E \in \Sigma$，為 Σ 上一個集合函數如果 ϕ 滿足下列二條件：

§9.3 對偶空間

(i) 對於每一個 $E \in \Sigma$，$\phi(E)$ 是有限的，
(ii) ϕ 具有可數的可加性 (countably additive)，亦即，若 $\{E_k\}_{k=1}^\infty$ 為 Σ 上可數個彼此分離的集合，則 $\phi(\bigcup_{k=1}^\infty E_k) = \sum_{k=1}^\infty \phi(E_k)$。

由於聯集 $\bigcup_{k=1}^\infty E_k$ 是無關於這些集合 E_k 的順序，所以在 (ii) 中的級數是絕對收斂的 (absolutely convergent)。下面是二個典型之集合函數的例子。

例 9.3.8. 如果 Σ 為可測集合 S 之所有可測子集合所形成的 σ-代數，x_0 為 S 上的一個點。則 $\phi(E) = \chi_E(x_0)$，$E \in \Sigma$，即為 Σ 上的一個集合函數。

例 9.3.9. 假設 f 為一個實函數，且 $f \in L^1(\mathbb{R}^n)$。對於 $\mathbb{R}^n$ 上每一個可測子集合 E，定義 $\phi(E) = \int_E f$。則 ϕ 是一個集合函數。

定義 9.3.10. 假設 Σ 為可測集合所形成的 σ-代數。ϕ 為 Σ 上的一個集合函數，$E \in \Sigma$。我們說 ϕ 是連續的，如果 $\phi(E) \to 0$，當 $\mathrm{diam}(E) \to 0$ 時，都成立。我們說 ϕ 是絕對連續 (absolutely continuous)，相對於勒貝格測度，如果 $\phi(E) \to 0$，當 $|E| \to 0$ 時，都成立。

很明顯地，一個絕對連續的集合函數 ϕ 也是連續的。然而其逆敘述是不成立的，如下例所示。

例 9.3.11. 假設 $I^2 = [0,1] \times [0,1]$，$D = \{(t,t) \mid t \in [0,1]\}$ 為 I^2 上的對角線。考慮由 I^2 上之所有滿足 $E \cap D$ 為一維線性可測之可測子集合 E 所形成的 σ-代數 Σ。定義 Σ 上的一個集合函數 $\phi(E) =$

$|E \cap D|_{(1)}$，即 $E \cap D$ 的一維線性測度。不難看出，ϕ 是連續的。同時 Σ 裡也存在包含 D 上一個固定線段且 $|E|$ 可以任意小的二維可測子集合 E。所以，ϕ 不是絕對連續的。

定理 9.3.12. 假設 S 為 $\mathbb{R}^n$ 上的一個可測子集合，$f \in L^1(S)$。則其不定積分 (indefinite integral) $\phi(E) = \int_E f$，E 為 S 上之可測子集合，是絕對連續的集合函數。

證明： 依據集合函數絕對連續的定義，我們要證明：對於任意給定之正數 ϵ，存在一個 $\delta = \delta(\epsilon) > 0$ 滿足

$$\left| \int_E f \right| \leq \int_E |f| < \epsilon，$$

如果 E 是 S 的一個可測子集合且 $|E| < \delta$。因此，對於任意 $k \in \mathbb{N}$，定義函數 g_k 如下：$g_k = \min\{k, |f|\}$。則 $0 \leq g_k \nearrow |f|$，且 $|f| = g_k + h_k$。函數 $h_k \geq 0$ 由此等式來定義。所以，得到 $\int_S h_k \to 0$，當 $k \to +\infty$。因此，對於給定之任意正數 ϵ，我們可以選取一個 $k_0 \in \mathbb{N}$ 使得 $\int_S h_{k_0} < \epsilon/2$。接著令 $\delta = \epsilon/(2k_0)$。現在，如果 E 是 S 的一個可測子集合且 $|E| < \delta$，便可推得

$$\int_E |f| = \int_E g_{k_0} + \int_E h_{k_0} < k_0 |E| + \frac{\epsilon}{2} < \frac{\epsilon}{2} + \frac{\epsilon}{2} = \epsilon。$$

證明完畢。 □

值得注意的是，如果一個定義在 $\mathbb{R}^n$ 上可測集合 S 之可測子集合的集合函數 ϕ 是絕對連續，則 ϕ 必定是由某一個 $f \in L^1(S)$ 所生成的不定積分。這個極其重要的定理是由拉東與尼科迪姆所得到的。

拉東 (Johann Radon，1887–1956) 為一位奧地利的數學家。尼科迪姆 (Otto Marcin Nikodym，1887–1974) 為一位波蘭的數學家。

§9.3 對偶空間

定理 9.3.13（拉東-尼科迪姆）. 假設 S 是 $\mathbb{R}^n$ 上的可測子集合，ϕ 是定義在 S 之可測子集合上的集合函數。如果在勒貝格測度之下，ϕ 是絕對連續，則存在唯一的一個 $f \in L^1(S)$ 使得

$$\phi(E) = \int_E f，$$

對於每一個可測子集合 $E \subseteq S$ 都成立。

由於此定理之證明牽涉的層面比較廣，所以在此我們將略去其證明。底下就是我們要證的定理。

定理 9.3.14. 假設 $1 \leq p < +\infty$，$\frac{1}{p} + \frac{1}{q} = 1$，$E$ 是 $\mathbb{R}^n$ 上的一個可測子集合。如果 $\Lambda \in (L^p(E))^*$，則存在唯一的一個 $g \in L^q(E)$ 使得

$$\Lambda(f) = \int_E fg，$$

對於所有 $f \in L^p(E)$ 都成立，並且 $\|\Lambda\| = \|g\|_q$。也就是說，對應 $\Lambda \to g$ 是 $(L^p(E))^*$ 與 $L^q(E)$ 之間的一個等距同構 (isometry)。

證明： 首先，假設 $|E| < +\infty$。令 $\Lambda \in (L^p(E))^*$，且 $\|\Lambda\| = c > 0$。如果 $c = 0$，就不需要證了。然後在 E 所有可測子集合上定義一個集合函數 ϕ 如下：

$$\phi(A) = \Lambda(\chi_A)，\quad A \subseteq E。$$

因為 $|\phi(A)| = |\Lambda(\chi_A)| \leq c\|\chi_A\|_p = c|A|^{1/p}$，所以 $\phi(A)$ 是有限的。同時不難看出 ϕ 是有限的可加。事實上，ϕ 是可數的可加。因為如果 $A = \bigcup_{k=1}^{\infty} A_k$，可數個彼此分離之集合 A_k 的聯集，我們就可以把 A 寫成 $A = (\bigcup_{k=1}^{m} A_k) \cup (\bigcup_{k=m+1}^{\infty} A_k) = A' \cup A''$。再由 ϕ 的定義便得到

$$\phi(A) = \phi(A') + \phi(A'') = \sum_{k=1}^{m} \phi(A_k) + \phi(A'')。$$

因為 $|A| = \sum_{k=1}^{\infty} |A_k| \leq |E| < +\infty$ 所以，

$$\lim_{m \to \infty} |\phi(A'')| \leq c \lim_{m \to \infty} |A''|^{1/p} = c \lim_{m \to \infty} \left(\sum_{k=m+1}^{\infty} |A_k| \right)^{1/p} = 0，$$

亦即，$\phi(A) = \sum_{k=1}^{\infty} \phi(A_k)$。所以，$\phi$ 是可數的可加。這說明了 ϕ 是一個集合函數。又因為 $|\phi(A)| \leq c|A|^{1/p}$，所以在勒貝格測度之下，$\phi$ 是絕對連續的。

是以由拉東-尼科迪姆的定理知道，存在一個 $g \in L^1(E)$ 使得 $\phi(A) = \int_A g$，對於 E 的每一個可測子集合 A 都成立。這也就是說，對於 E 的每一個可測子集合 A，我們有

$$\Lambda(\chi_A) = \phi(A) = \int_A g = \int_E \chi_A g。$$

因此，對於任何一個簡單函數 $f \in L^p(E)$，$\Lambda(f) = \int_E fg$ 恆成立。

為了證明同一公式，對於任何一個函數 $f \in L^p(E)$，都成立，我們先證明 $g \in L^q(E)$，且 $\|g\|_q \leq c$。

當 $p = 1$ 時，對於任意正數 η，令 $E_{c+\eta} = \{x \in E \mid |g(x)| > c + \eta\}$。然後考慮簡單函數 $f = \chi_{E_{c+\eta}} \operatorname{sign} g$，得到

$$(c + \eta)|E_{c+\eta}| \leq \int_{E_{c+\eta}} |g| = \int_E fg = \Lambda(f) \leq c\|f\|_1 = c|E_{c+\eta}|。$$

因為 $c > 0$，所以對於任意正數 η，得到 $|E_{c+\eta}| = 0$。這也表示 $g \in L^\infty(E)$，且 $\|g\|_\infty \leq c$。

當 $1 < p < +\infty$ 時，選取一序列之簡單函數 h_k 滿足 $0 \leq h_k \nearrow |g|^q$。接著定義簡單函數 $g_k = h_k^{1/p} \operatorname{sign} g$，得到 $\|g_k\|_p = \|h_k\|_1^{1/p}$ 與

$$\|h_k\|_1 = \int_E h_k = \int_E h_k^{\frac{1}{p} + \frac{1}{q}} \leq \int_E h_k^{1/p} |g| = \int_E g_k g$$
$$= \Lambda(g_k) \leq c\|g_k\|_p = c\|h_k\|_1^{1/p}。$$

§9.3 對偶空間

這個時候我們可以假設，當 k 很大時，$\|h_k\|_1 > 0$，否則也不需要證了。因此，得到
$$\|h_k\|_1^{1-\frac{1}{p}} = \|h_k\|_1^{\frac{1}{q}} \leq c。$$
接著，再利用單調收斂定理，便得到 $\|g\|_q \leq c$。

現在，如果 $f \in L^p(E)$，選取一序列之簡單函數 s_k 滿足 $\lim_{k \to \infty} \|f - s_k\|_p = 0$。因此，$\lim_{k \to \infty} \Lambda(s_k) = \Lambda(f)$。另外，藉由赫爾德不等式，我們也有

$$\left|\Lambda(s_k) - \int_E fg\right| = \left|\int_E s_k g - \int_E fg\right| \leq \int_E |s_k - f||g|$$
$$\leq \|s_k - f\|_p \|g\|_q \to 0,$$

當 k 趨近於 $+\infty$。這證明了 $\Lambda(f) = \int_E fg$。

最後，要完成 $|E| < +\infty$ 情形的證明，我們須再解釋二件事。首先，給定一個 $\Lambda \in (L^p(E))^*$，則不難看出 Λ 所對應的 $g \in L^q(E)$ 是唯一的。其次，再由赫爾德不等式，對於任意 $f \in L^p(E)$，我們也有

$$|\Lambda(f)| = \left|\int_E fg\right| \leq \|f\|_p \|g\|_q。$$

因此，$c = \|\Lambda\| \leq \|g\|_q$。再加上前面所得的不等式 $\|g\|_q \leq c$，得到 $\|g\|_q = c = \|\Lambda\|$。

至於在一般的可測集合 E 上，$|E| = +\infty$，選取一序列 E 之可測子集合 $\{E_k\}_{k=1}^\infty$ 滿足 $E_k \nearrow E$ 與 $|E_k| < +\infty$，對每一個 k 都成立。假設 $\Lambda \in (L^p(E))^*$。因此，把 Λ 限制到 $L^p(E_k)$ 時，便得到一個連續線性泛函 $\Lambda_k \in (L^p(E_k))^*$。所以，由前半的論證得到唯一的一個 $g_k \in L^q(E_k)$ 滿足 $\|g_k\|_{q,E_k} \leq \|\Lambda\|$ 與

$$\Lambda(f) = \int_{E_k} fg_k,$$

對於每一個屬於 $L^p(E)$ 且在 E_k 外等於零的 f 都成立。特別地，對於這樣的 f 我們也會有

$$\Lambda(f) = \int_{E_{k+1}} fg_{k+1} = \int_{E_k} fg_k \text{。}$$

這表示在 E_k 上 $g_k = g_{k+1}$ a.e.。所以，我們不妨假設 $g_k(x) = g_{k+1}(x)$，對於每一個點 $x \in E_k$ 都成立。因此，在 E 上定義函數 $g(x) = g_k(x)$，如果 $x \in E_k$。很明顯地，g 是 E 上的可測函數，且 $\|g\|_q \leq \|\Lambda\|$。現在如果 $f \in L^p(E)$，考慮函數序列 $\{f\chi_{E_k}\}_{k=1}^\infty$。藉由勒貝格控制收斂定理，便可得到

$$\lim_{k \to \infty} \|f\chi_{E_k} - f\|_p^p = \lim_{k \to \infty} \int_E |f|^p(1 - \chi_{E_k}) = 0 \text{。}$$

因此，由 Λ 的連續性與 $fg \in L^1(E)$，推得

$$\Lambda(f) = \lim_{k \to \infty} \Lambda(f\chi_{E_k}) = \lim_{k \to \infty} \int_{E_k} fg_k = \lim_{k \to \infty} \int_{E_k} fg = \int_E fg \text{。}$$

所以，$\|\Lambda\| \leq \|g\|_q$。因而我們有 $\|\Lambda\| = \|g\|_q$。證明完畢。□

當 $p = +\infty$ 時，由赫爾德不等式，很自然地我們有 $L^1(E) \subsetneq (L^\infty(E))^*$。但是等號是不會成立的。

在這裡值得一提的是，在任意的賦範空間上，哈恩-巴拿赫定理 (Hahn-Banach theorem) 提供了很多的連續線性泛函。然而對於一般的度量空間，比如說，其上的度量不是來自於一個範數，我們似乎沒有甚麼現成的工具可以用來證明連續線性泛函的存在。底下由戴所證得的定理更說明了在巴拿赫空間與一般度量空間上，連續線性泛函之存在性的巨大落差。這是一個令人驚訝的結果。

哈恩 (Hans Hahn，1879–1934) 為一位奧地利的數學家。戴 (Mahlon Marsh Day，1913–1992) 為一位美國的數學家。

§9.3 對偶空間

定理 9.3.15（戴）. 在勒貝格測度之下，空間 $L^p([0,1])$ $(0<p<1)$ 的對偶空間裡，除了零泛函之外，沒有其他的連續線性泛函。

證明： 假設在 $L^p([0,1])$ 上有一個不恆等於零的連續線性泛函 Λ。因此，存在一個函數 $f \in L^p([0,1])$ 使得 $\Lambda(f) = 1$。由於映射

$$g : [0,1] \to L^p([0,1])$$
$$x \mapsto g(x) = f\chi_{[0,x]}$$

是連續的，所以合成函數 $\phi = \Lambda \circ g : [0,1] \to \mathbb{R}$ 也是連續的函數滿足 $\phi(0) = 0$ 與 $\phi(1) = \Lambda(f) = 1$。現在經由連續實函數的中間值定理，選取一個點 $x_0 \in (0,1)$ 使得 $\phi(x_0) = 1/2$。接著，令 $h_1 = f\chi_{[0,x_0]}$ 與 $h_2 = f\chi_{[x_0,1]}$。由於

$$\Lambda(h_1) + \Lambda(h_2) = \Lambda(h_1 + h_2) = \Lambda(f) = 1$$

且 $\Lambda(h_1) = \Lambda(f\chi_{[0,x_0]}) = 1/2$，所以我們也有 $\Lambda(h_2) = 1/2$。然而

$$\int_0^1 (|h_1(x)|^p + |h_2(x)|^p)dx = \int_0^1 |f(x)|^p dx = \|f\|_p^p,$$

這表示 $\|h_1\|_p^p$ 與 $\|h_2\|_p^p$ 之中有一個值必須小於或等於 $2^{-1}\|f\|_p^p$。也就是說，有一個 j，$j = 1$ 或 2，會使得

$$\Lambda(2h_j) = 1 \quad \text{且} \quad \|2h_j\|_p^p = \int_0^1 |2h_j|^p dx = 2^p \|h_j\|_p^p \leq 2^{p-1}\|f\|_p^p。$$

這個時候，選取滿足此條件的指標 j，再令 $f_1 = 2h_j$，我們便得到一個新的函數 $f_1 \in L^p([0,1])$ 使得

$$\Lambda(f_1) = 1 \quad \text{且} \quad \|f_1\|_p^p \leq 2^{p-1}\|f\|_p^p。$$

接著，以 f_1 代替 f 重複以上的步驟，我們便可以得到另一個新的函數 $f_2 \in L^p([0,1])$ 使得

$$\Lambda(f_2) = 1 \quad \text{且} \quad \|f_2\|_p^p \leq 2^{p-1}\|f_1\|_p^p \leq 2^{2(p-1)}\|f\|_p^p。$$

很明顯地，這樣的步驟可以一直重複下去，因而得到 $L^p([0,1])$ 上的一序列函數 $\{f_k\}_{k=1}^\infty$ 滿足

$$\Lambda(f_k) = 1 \quad \text{且} \quad \|f_k\|_p^p \leq 2^{k(p-1)} \|f\|_p^p,$$

對於每一個 $k \in \mathbb{N}$ 都成立。由於 $0 < p < 1$，所以在 $L^p([0,1])$ 裡，$\lim_{k\to\infty} f_k = 0$。又因為 Λ 是 $L^p([0,1])$ 上的一個連續線性泛函，得到 $\lim_{k\to\infty} \Lambda(f_k) = \Lambda(0) = 0$。這是一個矛盾。所以在 $L^p([0,1])$ 上，不恆等於零的連續線性泛函 Λ 是不存在的。證明完畢。 □

§9.4 逼近函數

在這一節我們將討論如何以較好、較平滑的函數來逼近 $L^p(\mathbb{R}^n)$ ($1 \leq p < +\infty$) 中的函數。一個主要的工具就是捲積。通常我們會選取一個適當的核 (kernel) K，定義一個捲積算子 (convolution operator) $T: f \to f * K$ 來得到所需要的函數。是以在此我們先回顧一些名詞與符號。

對於任意 $m \in \mathbb{N}$，符號 $C^m(\mathbb{R}^n)$，簡記為 C^m，表示 $\mathbb{R}^n$ 上所有可以偏微 k 次 ($k \leq m$) 且偏微 k 次後仍然為連續之函數所形成的類。符號 C_0^m 則表示 C^m 裡具有緊緻支撐集合 (compact support) 之函數所形成的子類。至於符號 C^∞ 與 C_0^∞ 則代表同樣的意義，只是其內的函數是可以微分無窮多次的。這些函數的存在性通常在微積分裡就曾討論過，所以我們不再重覆其論述。另外，在高維度空間做微分時我們需要使用多指標 (multiindex)。符號 $\alpha = (\alpha_1, \cdots, \alpha_n)$，$\alpha_j \in \{0\} \cup \mathbb{N}$ 即為一個多指標，定義 $|\alpha| = \alpha_1 + \cdots + \alpha_n$ 與 $\alpha! = \alpha_1! \cdots \alpha_n!$。當我們對一個函數 f 做 α 次的偏微分時，以下列之符號

§9.4 逼近函數

記之：

$$(D^\alpha f)(x) = \left(\frac{\partial^\alpha f}{\partial x^\alpha}\right)(x) = \left(\frac{\partial^{\alpha_1}}{\partial x_1^{\alpha_1}} \cdots \frac{\partial^{\alpha_n}}{\partial x_n^{\alpha_n}} f\right)(x)$$
$$= \left(\frac{\partial^{|\alpha|} f}{\partial x_1^{\alpha_1} \cdots \partial x_n^{\alpha_n}}\right)(x) \, \circ$$

定理 9.4.1. 如果 $1 \le p \le +\infty$，$f \in L^p(\mathbb{R}^n)$ 且 $K \in C_0^m$。則 $f * K \in C^m$ 且

$$D^\alpha(f * K)(x) = (f * D^\alpha K)(x) \, \text{,}$$

其中 $\alpha = (\alpha_1, \cdots, \alpha_n)$ 滿足 $|\alpha| \le m$。

證明： 首先，我們說明當核 K 為連續函數且有緊緻支撐集合時，$f * K$ 是連續的。利用赫爾德不等式，直接估算就可以得到

$$|(f * K)(x+h) - (f * K)(x)|$$
$$= \left|\int_{\mathbb{R}^n} f(t) K(x+h-t) dt - \int_{\mathbb{R}^n} f(t) K(x-t) dt\right|$$
$$= \left|\int_{\mathbb{R}^n} f(x-t)(K(t+h) - K(t)) dt\right|$$
$$\le \|f\|_p \|K(t+h) - K(t)\|_q \, \text{,}$$

其中 q 為 p 的共軛指數。因為 K 為連續函數且有緊緻支撐集合，所以很自然地 $\lim_{|h| \to 0} \|K(t+h) - K(t)\|_q = 0$。也因此得到 $f * K$ 是連續的函數。

現在假設 $K \in C_0^m$，$m \ge 1$。令 $h_j = (0, \cdots, 0, h, 0, \cdots, 0)$，其

中 h 在第 j 個座標的位置。因此，經由平均值定理，便可推得

$$\frac{(f*K)(x+h_j)-(f*K)(x)}{h}$$
$$=\int_{\mathbb{R}^n} f(t)\left(\frac{K(x-t+h_j)-K(x-t)}{h}\right)dt$$
$$=\int_{\mathbb{R}^n} f(t)\frac{\partial K}{\partial x_j}(x-t+h'_j)dt,$$

其中 $h'_j = (0,\cdots,0,h',0,\cdots,0)$，$h'$ 介於 0 與 h 之間。因此，當 $h \to 0$ 時，$\frac{\partial K}{\partial x_j}(x-t+h'_j)$ 會均勻地收斂到 $\frac{\partial K}{\partial x_j}(x-t)$。因為 $\frac{\partial K}{\partial x_j}$ 有緊緻支撐集合，所以得到

$$\frac{\partial(f*K)}{\partial x_j}(x) = \lim_{h\to 0}\frac{(f*K)(x+h_j)-(f*K)(x)}{h}$$
$$= \lim_{h\to 0}\int_{\mathbb{R}^n} f(t)\frac{\partial K}{\partial x_j}(x-t+h'_j)dt$$
$$= \int_{\mathbb{R}^n} f(t)\frac{\partial K}{\partial x_j}(x-t)dt$$
$$= f*\frac{\partial K}{\partial x_j}(x)。$$

同時由前半的證明知道，$f*\frac{\partial K}{\partial x_j}(x)$ 是連續的函數。如此便完成了 $m=1$ 的證明。當 $m>1$ 時，只要重覆以上的步驟就可以了。證明完畢。 □

因此，當 $f \in L^p(\mathbb{R}^n)$ $(1 \leq p \leq +\infty)$ 且 $K \in C_0^\infty$，則 $f*K \in C^\infty$。如果我們再假設 f 有緊緻支撐集合，則 $f*K$ 也有緊緻支撐集合。理由很簡單。如果我們假設 S_f 為 f 的緊緻支撐集合，S_K 為 K 的緊緻支撐集合，則由捲積的積分公式

$$f*K(x) = \int_{\mathbb{R}^n} f(x-t)K(t)dt$$

可以看出，此積分會有作用必須 $x-t \in S_f$ 與 $t \in S_K$ 同時成立，亦即，$x = x_f + x_K$，$x_f \in S_f$，$x_K \in S_K$ 必須成立。所以，$f*K$ 也有緊緻支撐集合。

§9.4 逼近函數

如果重覆定理 9.4.1 中證明 $f * K$ 為連續函數的部分，很容易地便可得到底下的定理。

定理 9.4.2. 如果 $f \in L^1(\mathbb{R}^n)$ 且 K 是 $\mathbb{R}^n$ 上有界且均勻連續的函數。則 $f * K$ 也是 $\mathbb{R}^n$ 上有界且均勻連續的函數。

證明： 假設 $|K(x)| \leq M$，對於所有 $x \in \mathbb{R}^n$ 都成立。則

$$|f * K(x)| \leq \int_{\mathbb{R}^n} |f(x-t)||K(t)|dt \leq M \int_{\mathbb{R}^n} |f(x-t)|dt = M\|f\|_1 \text{。}$$

所以，$f * K$ 是有界的。又由於 K 是 $\mathbb{R}^n$ 上均勻連續的函數，對於任意給定之正數 ϵ，存在一個正數 δ 使得 $|K(x+h) - K(x)| < \epsilon$，當 $|h| < \delta$ 時，都成立。因此，如果 $|h| < \delta$，由定理 9.4.1 中之證明便得到

$$\begin{aligned}|(f * K)(x+h) &- (f * K)(x)| \\ &= \left|\int_{\mathbb{R}^n} f(t)K(x+h-t)dt - \int_{\mathbb{R}^n} f(t)K(x-t)dt\right| \\ &\leq \int_{\mathbb{R}^n} |f(t)||K(x+h-t) - K(x-t)|dt \\ &\leq \epsilon\|f\|_1 \text{。}\end{aligned}$$

所以，$f * K$ 是均勻連續的函數。證明完畢。 □

接下來，我們將選取適當的核 K，並透過捲積的輔助來產生平滑的逼近函數。首先，我們引進符號與函數。假設 K 為一個函數，ϵ 為一個給定之正數，定義

$$K_\epsilon(x) = \epsilon^{-n} K\left(\frac{x}{\epsilon}\right) = \epsilon^{-n} K\left(\frac{x_1}{\epsilon}, \cdots, \frac{x_n}{\epsilon}\right) \text{。} \quad (9.4.1)$$

定義 (9.4.1) 有幾層的意義。

引理 9.4.3. 如果 $K \in L^1(\mathbb{R}^n)$，$\epsilon > 0$，則

(i) $\int_{\mathbb{R}^n} K_\epsilon = \int_{\mathbb{R}^n} K$。
(ii) 對於任意固定之 $\delta > 0$，我們有 $\lim_{\epsilon \to 0} \int_{|x| > \delta} |K_\epsilon| = 0$。

證明：(i) 由變數轉換 $t = x/\epsilon$ 就可以得到。(ii) 令 δ 為一個固定之正數。同樣考慮變數轉換 $t = x/\epsilon$，得到

$$\int_{|x|>\delta} |K_\epsilon(x)|dx = \epsilon^{-n} \int_{|x|>\delta} \left|K\left(\frac{x}{\epsilon}\right)\right| dx = \int_{|t|>\delta/\epsilon} |K(t)|dt。$$

因為 δ 為一個固定之正數，所以當 $\epsilon \to 0$ 時，$\delta/\epsilon \to +\infty$。因此，$\lim_{\epsilon \to 0} \int_{|t|>\delta/\epsilon} |K(t)|dt = 0$。證明完畢。 $\square$

如果假設 K 是非負的函數，比如說，$K(x) = \chi_{\{|x|<1\}}(x)$，很明顯地，$K_\epsilon(x) = \epsilon^{-n}\chi_{\{|x|<\epsilon\}}(x)$，則引理 9.4.3(i) 顯示了 K 與 K_ϵ 在 $\mathbb{R}^n$ 上所圍出來之域的測度是一樣的。但是，K_ϵ 所圍出來之域的測度，當 ϵ 很小時，卻是集中在點 0 附近，而且會產生一個很高的尖峰，如同引理 9.4.3(ii) 所示。因此，如果 $K \in L^1$，從捲積的公式

$$(f * K_\epsilon)(x) = \int_{\mathbb{R}^n} f(x-t)K_\epsilon(t)dt$$

來看，當 ϵ 很小時，$(f * K_\epsilon)(x)$ 其實就是在點 x 附近對函數 f 做加權平均。導致於在不同的情形之下 (範數或逐點收斂)，當 ϵ 趨近於零時，$(f * K_\epsilon)(x)$ 也會趨近於 $f(x)$。因此，我們稱一個核函數族 $\{K_\epsilon \mid \epsilon > 0\}$ 為恆等映射的逼近 (an approximation of the identity)，如果在某種意義之下 (範數或逐點收斂) $f * K_\epsilon \to f$。

底下我們將列舉幾個典型的定理。

定理 9.4.4. 假設 $f_\epsilon = f * K_\epsilon$，其中 $K \in L^1(\mathbb{R}^n)$ 且 $\int_{\mathbb{R}^n} K = 1$。如果

§9.4 逼近函數

$f \in L^p(\mathbb{R}^n)$，$1 \leq p < +\infty$，則
$$\|f_\epsilon - f\|_p \to 0 \text{，當 } \epsilon \to 0 \text{。}$$

證明：首先，令 $1 < q \leq +\infty$ 為 p 的共軛指數。接著由假設、引理 9.4.3(i) 與赫爾德不等式，我們有

$$|f_\epsilon(x) - f(x)|^p = \left| \int_{\mathbb{R}^n} (f(x-t) - f(x)) K_\epsilon(t) dt \right|^p$$

$$\leq \left(\int_{\mathbb{R}^n} |f(x-t) - f(x)| |K_\epsilon(t)|^{1/p} |K_\epsilon(t)|^{1/q} dt \right)^p$$

$$\leq \left(\int_{\mathbb{R}^n} |f(x-t) - f(x)|^p |K_\epsilon(t)| dt \right) \left(\int_{\mathbb{R}^n} |K_\epsilon(t)| dt \right)^{p/q}$$

$$= \|K\|_1^{p/q} \int_{\mathbb{R}^n} |f(x-t) - f(x)|^p |K_\epsilon(t)| dt \text{。}$$

如果我們令 $\phi(t) = \int_{\mathbb{R}^n} |f(x-t) - f(x)|^p dx$，利用托內利定理，便可以得到

$$\|f_\epsilon - f\|_p^p = \int_{\mathbb{R}^n} |f_\epsilon(x) - f(x)|^p dx$$

$$\leq \|K\|_1^{p/q} \int_{\mathbb{R}^n} \left(\int_{\mathbb{R}^n} |f(x-t) - f(x)|^p dx \right) |K_\epsilon(t)| dt$$

$$= \|K\|_1^{p/q} \int_{\mathbb{R}^n} \phi(t) |K_\epsilon(t)| dt$$

$$= \|K\|_1^{p/q} \left(\int_{|t| < \delta} \phi(t) |K_\epsilon(t)| dt + \int_{|t| \geq \delta} \phi(t) |K_\epsilon(t)| dt \right)$$

$$= \|K\|_1^{p/q} (I_1 + I_2) \text{，}$$

其中 δ 為一個正數，I_1 與 I_2 則由最後的等式定義。

現在對於任意給定之正數 η，利用定理 9.2.10，選取一個正數 δ 使得，當 $|t| < \delta$ 時，$0 \leq \phi(t) < \eta$。因此，得到

$$I_1 = \int_{|t| < \delta} \phi(t) |K_\epsilon(t)| dt \leq \eta \|K\|_1 \text{。}$$

至於 I_2 的估算,利用 $0 \leq \phi(t) \leq (2\|f\|_p)^p$ 與引理 9.4.3(ii),當 ϵ 足夠小時,

$$I_2 = \int_{|t| \geq \delta} \phi(t)|K_\epsilon(t)|dt \leq (2\|f\|_p)^p \int_{|t| \geq \delta} |K_\epsilon(t)|dt \leq \eta(2\|f\|_p)^p。$$

這說明了 $\lim_{\epsilon \to 0} \|f_\epsilon - f\|_p = 0$。證明完畢。 □

值得注意的是定理 9.4.4 在 $p = +\infty$ 時是不成立的,如下例所示。

例 9.4.5. 在 $\mathbb{R}$ 上考慮 $f = \chi_{[0,1]} \in L^\infty(\mathbb{R})$。令 $K = \frac{1}{2}\chi_{[-1,1]} \in L^1(\mathbb{R})$ 且 $\int_\mathbb{R} K = 1$。對於任意給定之正數 ϵ,令 $f_\epsilon = f * K_\epsilon$。經由簡單的計算即可得知 $\|f - f_\epsilon\|_\infty = 1/2$,對於每一個 ϵ,$0 < \epsilon < 1/10$,都成立。所以,當 $\epsilon \to 0$ 時,$\|f - f_\epsilon\|_\infty$ 不會趨近到零。

接著由定理 9.4.4 我們便可以得到下面蠻有用的結果。

定理 9.4.6. 當 $1 \leq p < +\infty$ 時,C_0^∞ 在 $L^p(\mathbb{R}^n)$ 裡是稠密的。

證明: 假設 $f \in L^p(\mathbb{R}^n)$,$1 \leq p < +\infty$,η 則為任意給定之一個正數。把 f 寫成 $f = g + h$,其中 $|g| \leq |f|$ 且 g 有緊緻支撐集合,h 則滿足 $\|h\|_p < \eta/2$。接著選取一個核 $K \in C_0^\infty$ 滿足 $\int_{\mathbb{R}^n} K = 1$。考慮 $g_\epsilon = g * K_\epsilon \in C_0^\infty$。當 ϵ 足夠小時,由定理 9.4.4 推得 $\|g - g_\epsilon\|_p < \eta/2$。因此,當 ϵ 足夠小時,我們由閔考斯基不等式便可得到

$$\|f - g_\epsilon\|_p = \|g - g_\epsilon + h\|_p \leq \|g - g_\epsilon\|_p + \|h\|_p < \eta。$$

證明完畢。 □

同樣地,定理 9.4.6 在 $p = +\infty$ 時是不成立的。

§9.4 逼近函數

定理 9.4.7. 假設 $f_\epsilon = f * K_\epsilon$，其中 $K \in L^1(\mathbb{R}^n)$ 且 $\int_{\mathbb{R}^n} K = 1$。如果 $f \in L^\infty(\mathbb{R}^n)$，則在 f 的每一個連續點 x，我們有

$$|f_\epsilon(x) - f(x)| \to 0 \text{，當 } \epsilon \to 0\text{。}$$

證明： 首先假設 f 在點 x 連續，則對於任意給定之正數 η，存在一個正數 δ 滿足 $|f(x-t) - f(x)| < \eta$，當 $|t| < \delta$ 時都成立。因此，直接做類似的估算，得到

$$\begin{aligned}
|f_\epsilon(x) - f(x)| &\leq \int_{\mathbb{R}^n} |f(x-t) - f(x)||K_\epsilon(t)|dt \\
&= \int_{|t|<\delta} |f(x-t) - f(x)||K_\epsilon(t)|dt \\
&\quad + \int_{|t|\geq\delta} |f(x-t) - f(x)||K_\epsilon(t)|dt \\
&\leq \eta \int_{|t|<\delta} |K_\epsilon(t)|dt + 2\|f\|_\infty \int_{|t|\geq\delta} |K_\epsilon(t)|dt \\
&\leq \eta\|K\|_1 + 2\eta\|f\|_\infty,
\end{aligned}$$

如同引理 9.4.3(ii) 所示，當 ϵ 足夠小時都成立。證明完畢。 □

為了敘述下一個定理，在這裡我們先回顧一下數學上小 o (little o) 與大 O (big O) 的定義。假設函數 ψ 與 ϕ 定義在點 x_0 附近的一個開鄰域 G，且 $\phi(x) > 0$ 當 $x \in G$。我們說

$$\psi(x) = O(\phi(x))\text{，當 } x \to x_0\text{，}$$

如果存在一個常數 c 使得 $|\psi(x)/\phi(x)| \leq c$，在點 x_0 附近都成立。若再加上條件 $\lim_{x \to x_0} \psi(x)/\phi(x) = 0$，我們便說

$$\psi(x) = o(\phi(x))\text{，當 } x \to x_0\text{。}$$

一般而言，我們會考慮點 $x_0 = 0$ 或 $x_0 = \pm\infty$ 的情形。另外，小 o 與大 O 的概念也可以定義在數列上面。因此，當 $k \to +\infty$ 時，

$a_k = O(1)$ 與 $a_k = o(1)$ 分別表示 $|a_k| \leq c$ ($k \in \mathbb{N}$) 與 $a_k \to 0$，當 $k \to +\infty$。

定理 9.4.8. 假設 $f_\epsilon = f * K_\epsilon$，其中 $f \in L^1(\mathbb{R}^n)$，$K \in L^1(\mathbb{R}^n) \cap L^\infty(\mathbb{R}^n)$，$\int_{\mathbb{R}^n} K = 1$，且 $K(x) = o(|x|^{-n})$，當 $|x| \to +\infty$。則在 f 的每一個連續點 x，我們有

$$|f_\epsilon(x) - f(x)| \to 0 \text{，當 } \epsilon \to 0\text{。}$$

證明： 本定理前半的證明與定理 9.4.7 的證明幾乎雷同如下：假設 f 在點 x 連續，則對於任意給定之正數 η，存在一個正數 δ 滿足 $|f(x-t) - f(x)| < \eta$，當 $|t| < \delta$ 時都成立。因此，得到

$$\begin{aligned}|f_\epsilon(x) - f(x)| &\leq \int_{\mathbb{R}^n} |f(x-t) - f(x)||K_\epsilon(t)|dt \\ &= \int_{|t|<\delta} |f(x-t) - f(x)||K_\epsilon(t)|dt \\ &\quad + \int_{|t|\geq\delta} |f(x-t) - f(x)||K_\epsilon(t)|dt \\ &\leq \eta \int_{|t|<\delta} |K_\epsilon(t)|dt + \int_{|t|\geq\delta} |f(x-t)||K_\epsilon(t)|dt \\ &\quad + |f(x)| \int_{|t|\geq\delta} |K_\epsilon(t)|dt \\ &\leq \eta \|K\|_1 + \int_{|t|\geq\delta} |f(x-t)||K_\epsilon(t)|dt + \eta|f(x)|\text{，}\end{aligned}$$

如果 ϵ 足夠的小。現在依據假設把 $K(x)$ 寫成 $|K(x)| = \mu(x)|x|^{-n}$，

§9.4 逼近函數

其中 $\mu(x) \to 0$，當 $|x| \to +\infty$。所以，

$$\int_{|t|\geq\delta} |f(x-t)||K_\epsilon(t)|dt = \int_{|t|\geq\delta} |f(x-t)|\mu\left(\frac{t}{\epsilon}\right)|t|^{-n}dt$$

$$\leq \delta^{-n}\left\{\sup_{|t|\geq\delta} \mu\left(\frac{t}{\epsilon}\right)\right\}\int_{|t|\geq\delta} |f(x-t)|dt$$

$$\leq \eta\delta^{-n}\|f\|_1,$$

如果 ϵ 足夠的小。因此，當 f 在點 x 連續時，得到 $\lim_{\epsilon\to 0}|f_\epsilon(x) - f(x)| = 0$。證明完畢。 □

最後我們將利用以上所得到的結果來解決在 $\mathbb{R}^2$ 上半空間 $\Pi_+ = \{(x,y)\in\mathbb{R}^2 \mid y>0\}$ 的狄利克雷特問題。也就是說，如果 $f \in C(\mathbb{R})\cap L^1(\mathbb{R})$，能否將 f 連續延拓到上半空間 Π_+，記為 $f(x,y)$，滿足 (i) $f(x,y)$ 在 Π_+ 上是一個調和函數 (harmonic function)，亦即，在 Π_+ 上

$$\Delta f(x,y) = \left(\frac{\partial^2}{\partial x^2} + \frac{\partial^2}{\partial y^2}\right)f(x,y) = 0,$$

與 (ii) $\lim_{y\to 0} f(x,y) = f(x)$。

為了解決此一問題，我們考慮 $\mathbb{R}$ 上的函數

$$P(x) = \frac{1}{\pi}\frac{1}{1+x^2}, \quad x \in \mathbb{R}。$$

很明顯地，$P \in L^1(\mathbb{R})\cap L^\infty(\mathbb{R})$，$\int_{-\infty}^\infty P = 1$，$P > 0$ 且 $P(x) = o(|x|^{-1})$，當 $|x| \to +\infty$。事實上，我們也有 $P(x) = O(|x|^{-2})$，當 $|x| \to +\infty$。對於任意給定之正數 ϵ，我們有

$$P_\epsilon(x) = \frac{1}{\epsilon}P\left(\frac{x}{\epsilon}\right) = \frac{1}{\pi}\frac{\epsilon}{\epsilon^2 + |x|^2}。$$

我們稱 P_ϵ 為帕松核 (Poisson kernel)。另外，稱函數 f 與帕松核 P_ϵ 的捲積

$$f_\epsilon(x) = (f * P_\epsilon)(x) = \frac{1}{\pi}\int_{-\infty}^\infty f(t)\frac{\epsilon}{\epsilon^2 + (x-t)^2}dt$$

為 f 的帕松積分 (Poisson integral)。

帕松 (Siméon Denis Poisson,1781–1840) 為一位法國數學家。

如果我們把 ϵ 寫成 y,把 $f_\epsilon(x)$ 寫成 $f(x,y)$,則經由 f 與帕松核 P_ϵ 的捲積便得到 $\mathbb{R}^2$ 上半空間 Π_+ 的一個函數

$$f(x,y) = \frac{1}{\pi}\int_{-\infty}^{\infty} f(t)\frac{y}{y^2+(x-t)^2}dt \,\text{。}$$

因為在 Π_+ 上,$\frac{y}{x^2+y^2} = -\operatorname{Im}\frac{1}{z}$,所以 $\frac{y}{x^2+y^2}$ 在 Π_+ 上是一個調和函數。因此,當 $y > 0$ 時,不難看出

$$\left(\frac{\partial^2}{\partial x^2}+\frac{\partial^2}{\partial y^2}\right)f(x,y) = \frac{1}{\pi}\int_{-\infty}^{\infty} f(t)\left(\frac{\partial^2}{\partial x^2}+\frac{\partial^2}{\partial y^2}\right)\frac{y}{y^2+(x-t)^2}dt = 0 \,\text{。}$$

所以,在 Π_+ 上 $f(x,y)$ 是一個調和函數。由於函數 f 與 P 都滿足定理 9.4.8 的假設條件,因此得到 $\lim_{y\to 0^+} f(x,y) = f(x)$。這樣便解決了 Π_+ 上的狄利克雷特問題。

底下是與本章內容相關的一些習題。

習題 9.1. 證明 $f = f_1 + if_2 : \mathbb{R}^n \to \mathbb{C}$ 是 E 上可測的複函數若且唯若 f_1 與 f_2 為 E 上可測之有限實函數。

習題 9.2. 假設 $1 \leq p < +\infty$,$f, \{f_k\}_{k=1}^{\infty} \in L^p(E)$。如果 $f_k \to f$ a.e.,且 $\|f_k\|_p \to \|f\|_p$,當 $k \to +\infty$,證明 $\|f - f_k\|_p \to 0$。

習題 9.3. 假設 $1 < p_k < +\infty$,$1 \leq k \leq N$,且 $\sum_{k=1}^{N} \frac{1}{p_k} = 1$。如果 $f_k \in L^{p_k}(E)$,證明 $f_1 f_2 \cdots f_N \in L^1(E)$ 且

$$\int_E |f_1 f_2 \cdots f_N| \leq \|f_1\|_{p_1}\|f_2\|_{p_2}\cdots\|f_N\|_{p_N} \,\text{。}$$

§9.4 逼近函數

習題 9.4. 利用上一題證明揚氏捲積定理 (Young's convolution theorem)。假設 p 與 q 滿足 $\frac{1}{p} + \frac{1}{q} \geq 1$，$1 \leq p, q \leq +\infty$，且令 r 由等式 $\frac{1}{r} = \frac{1}{p} + \frac{1}{q} - 1$ 來定義。如果 $f \in L^p(\mathbb{R}^n)$，$g \in L^q(\mathbb{R}^n)$，則 $f * g \in L^r(\mathbb{R}^n)$ 且

$$\|f * g\|_r \leq \|f\|_p \|g\|_q。$$

習題 9.5. 假設 $0 < p < 1$。證明在 $L^p(0,1)$ 裡，零的開鄰域 $\{f \mid \|f\|_p < \epsilon\}$ 不是凸的 (convex)。

習題 9.6. 構造一個函數 $f \in L^1(-\infty, +\infty)$，但是 $f \notin L^2(a,b)$，任意 $-\infty < a < b < +\infty$。

習題 9.7. 假設 $1 \leq p \leq +\infty$，q 為 p 的共軛指數。如果 $f \in L^p(\mathbb{R}^n)$，$g \in L^q(\mathbb{R}^n)$，證明 $f * g$ 為 $\mathbb{R}^n$ 上一個有界且連續的函數。

習題 9.8. 證明算子

$$Tg(x) = \int_0^\infty \frac{g(y)}{x+y} dy$$

在空間 $L^2(0, +\infty)$ 上是有界的，且範數 $\|T\| \leq \pi$。

習題 9.9. 假設 $1 < p < +\infty$，$f, \{f_k\} \in L^p(E)$，且 $f_k \to f$ a.e.。如果 $\sup_k \|f_k\|_p \leq M < +\infty$。對於任意 $g \in L^q(E)$，q 為 p 的共軛指數，證明 $\lim_{k \to \infty} \int_E f_k g = \int_E f g$。

習題 9.10. 證明黎曼-勒貝格引理。假設 $f \in L^1(0, 2\pi)$，證明

$$\lim_{k \to \infty} \int_0^{2\pi} f(x) \cos kx \, dx = \lim_{k \to \infty} \int_0^{2\pi} f(x) \sin kx \, dx = 0。$$

習題 9.11. 證明 $L^1(0,1) \subsetneq (L^\infty(0,1))^*$。

§9.5　參考文獻

1. Folland, G. B., Real Analysis: Modern Techniques and Their Applications, Second Edition, John Wiley and Sons, Inc., New York, 1999.

2. Jones, F., Lebesgue Integration on Euclidean Space, Jones and Bartlett Publishers Inc., Boston, MA, 1993.

3. Royden, H. L., Real Analysis, Third Edition, Macmillan, New York, 1988.

4. Rudin, W., Real and Complex Analysis, Third Edition, McGraw-Hill, New York, 1987.

5. Stein, E. M. and Shakarchi, R., Real Analysis: Measure Theory, Integration, and Hilbert Spaces, Princeton Lectures in Analysis III, Princeton University Press, Princeton, NJ, 2005.

6. Wheeden, R. L. and Zygmund, A., Measure and Integral: An Introduction to Real Analysis, Marcel Dekker, Inc., New York, 1977.

國家圖書館出版品預行編目資料

積分導論 = Introduction to integration/ 程守慶著. -- 初版.
-- 新北市：華藝數位股份有限公司學術出版部出版：華藝數
位股份有限公司發行, 2025.07
　　面；　公分
ISBN 978-986-437-221-8(平裝)

1.CST: 積分

314.3　　　　　　　　　　　　　　　　114009579

積分導論
Introduction to Integration

作　　　者　程守慶
責 任 編 輯　黃文彥
封 面 設 計　陳奕璇
版 面 編 排　黃文彥

發 行 人　常效宇
總 編 輯　張慧銖
業　　務　蕭杰如
出　　版　華藝數位股份有限公司　學術出版部（Ainosco Press）
　　　　　地　　址：234 新北市永和區成功路一段 80 號 18 樓
　　　　　電　　話：(02)2926-6006　傳真：(02)2923-5151
　　　　　服務信箱：press@airiti.com
發　　行　華藝數位股份有限公司
　　　　　戶名（郵政／銀行）：華藝數位股份有限公司
　　　　　郵政劃撥帳號：50027465
　　　　　銀行匯款帳號：0174440019696（玉山商業銀行 埔墘分行）
法 律 顧 問　立暘法律事務所　歐宇倫律師
　　　ISBN　978-986-437-221-8
　　　DOI　10.978.986437/2218
出 版 日 期　2025 年 8 月初版
定　　價　新臺幣 680 元

版權所有・翻印必究　　Printed in Taiwan
（如有缺頁或破損，請寄回本社更換，謝謝）